生成式人工智能前沿丛书

U0394372

深度稀疏多尺度网络及应用

总主编　焦李成

编　著　焦李成　高　捷　赵　进
　　　　刘　旭　刘　芳　李玲玲
　　　　杨淑媛　马文萍

西安电子科技大学出版社

内 容 简 介

本书全面且系统地阐述了深度稀疏多尺度网络的技术理论及其应用。首先介绍了深度稀疏学习理论、多尺度几何逼近理论以及多尺度神经网络表征学习理论；然后介绍了深度稀疏及多尺度相关的具体应用；最后对深度稀疏多尺度网络理论的研究难点及未来发展方向进行了详细分析与展望，为后续的研究工作提供了探索方向。

本书可作为人工智能、计算机科学与技术、电子信息工程、智能科学与技术、控制科学与工程等专业的教学用书，适用于专科、本科以及研究生层次的教学，也可作为相关领域科研人员的技术参考书，为培养应用型、技能型、实战型人才提供坚实的基础。此外，本书也可以为具有一定知识储备的深度学习、图像处理、特征分析等领域的从业者及爱好者提供参考。

图书在版编目（CIP）数据

深度稀疏多尺度网络及应用 / 焦李成等编著. -- 西安：西安电子科技大学出版社，2025.3. -- ISBN 978-7-5606-7497- 1

Ⅰ. TP183

中国国家版本馆 CIP 数据核字第 2025LM3960 号

策　　划	刘芳芳
责任编辑	许青青

出版发行　西安电子科技大学出版社（西安市太白南路 2 号）

电　　话　(029) 88202421　88201467　　邮　　编　710071

网　　址　www.xduph.com　　　　　　　电子邮箱　xdupfxb001@163.com

经　　销　新华书店

印刷单位　陕西天意印务有限责任公司

版　　次　2025 年 3 月第 1 版　　　　　2025 年 3 月第 1 次印刷

开　　本　787 毫米×960 毫米　1/16　　印张　20

字　　数　407 千字

定　　价　55.00 元

ISBN 978-7-5606-7497-1

XDUP 7798001-1

＊＊＊如有印装问题可调换＊＊＊

前　言

近年来，随着深度学习方法与神经网络技术的发展，多尺度特征及多尺度网络结构逐渐成为了研究热点。同时，稀疏特征及其在网络中的稀疏性也受到了越来越多的关注。此外，多尺度表征理论、稀疏表征理论、多尺度稀疏框架等也已经被成功融入深度神经网络的设计及理论分析中。

对于复杂图像，人们在早期的理论研究和实践中已经探索得到了较为成熟的数据驱动式深度学习算法。通过有效的特征分析和网络结构设计，深度神经网络已成功应用于各种实际场景。作为一种新的学习、计算与识别范式，稀疏学习理论将会对深度学习、模式识别、计算智能以及大数据等领域产生深远影响。然而，由于环境、外观或光照等因素的影响，特征表征仍面临着诸多挑战。为了更好地解决这些问题，研究者们近年来利用稀疏学习理论和多尺度几何理论，对神经网络中的特征学习和表征优化方法不断进行探索，取得了显著的理论及应用突破。

针对以上需求和背景，在总结笔者所在团队教学与实践经验的基础上，本书系统全面地对多尺度稀疏深度网络理论及应用进行了梳理，介绍了深度稀疏学习理论、多尺度几何逼近系统、多尺度神经网络表征学习理论等核心概念，并给出了一些深度稀疏及多尺度神经网络的相关具体应用。本书的主要特点如下：

（1）本书与深度学习和神经网络息息相关，着眼于稀疏特征提取和多尺度表征学习理论。近年来，稀疏学习理论逐渐受到国际学术界的广泛关注，稀疏学习过程往往具有更好的解释性，有助于数据可视化、减少计算量和传输存储。同时，随着深度网络的发展，有效的多尺度表征在分类、检测等任务中发挥着决定性的作用。多种多尺度基函数及其与深度神经网络结构的融合方法也在被逐步探索，近年来在理论及应用方面取得了较大的突破。

（2）本书深入浅出、可读性强，且具有较好的可迁移性。从稀疏认知学习、计算与识别，多尺度几何变换，多尺度神经网络表征学习等基础理论出发，本书深入介绍了多种具体的稀疏深度网络、深度多尺度网络框架。本书介绍的基础理论和相关任务中涉及的具体算法，广泛适用于深度学习、图像处理、特征分析等领域。对于本书介绍的深度稀疏理论分析及多尺度深度网络框架，研究者们在进行特征提取、表征学习相关的探索时，均可进行参考及迁移应用。

（3）本书基础理论全面丰富，涵盖了近年来深度稀疏多尺度相关领域的最新进展及应用。本书的深度网络及其应用部分涉及到快速稀疏深度神经网络、稀疏深度组合神经网络、稀疏深度堆栈神经网络、稀疏深度判别神经网络、稀疏深度差分神经网络、深度 Wishart 稀疏编码器、深度小波散射网络、深度脊波网络、深度曲线波散射网络、深度动态曲线波散射网络、深度轮廓波网络、深度复数神经网络等。针对这些深度稀疏多尺度网络及其相关的具体应用任务，本书详细整理了一些原创性的深度稀疏多尺度网络模型以及相应的参数优化学习算法，为深度稀疏多尺度网络理论的后续研究提供了探索方向。

本书依托西安电子科技大学人工智能学院、计算机科学与技术学部、智能感知与图像理解教育部重点实验室、智能感知与计算国际合作联合实验室以及智能感知与计算国际联合研究中心的强大资源，并得到团队中众多老师及各单位领导的支持与帮助。感谢团队中刘芳、侯彪、杨淑媛、刘静、公茂果、王爽、马文萍、张向荣、李卫斌、缑水平、李阳阳、尚荣华、王晗丁、刘若辰、白静、冯婕、田小林、慕彩虹、唐旭等教授，马晶晶、冯志玺、郭雨薇、陈璞花、任博、张梦璇、丁静怡、毛莎莎、权豆等副教授，以及张丹、黄思婧老师等对本书编写工作的关心与支持。

特别感谢中国人工智能学会、西安电子科技大学领导的支持与关怀。本书的研究与撰写工作得到了国家自然科学基金重点研发计划以及双一流高校建设等项目基金支持。同时，衷心感谢西安电子科技大学出版社的辛勤付出与精心策划。最后，我们还要感谢书中所有被引用的参考文献的作者。

本团队已相继出版了《现代神经网络教程》《图像多尺度几何分析理论与应用：后小波分析理论与应用》《稀疏学习、分类与识别》《深度学习基础理论与核心算法》等涉及人工智能前沿技术的著作。本书是在先前研究工作的基础上，对深度稀疏神经网络和多尺度表征理论的进一步深入探索。

由于编者水平有限，书中难免存在一些不妥之处，恳请广大读者批评指正。

编　者

2024 年 9 月

目　录

第 1 章　深度稀疏学习理论

随着机器学习与深度学习理论的快速发展，深度稀疏学习理论成为了亟待研究的重要课题。本章首先给出了深度学习的基本概况、研究现状、瓶颈问题，接着对稀疏认知学习、计算与识别进行了简要介绍。在此基础上，本章进一步引出稀疏深度学习研究，并对深度学习中的稀疏性以及稀疏深度学习的理论研究难点进行了具体讨论。

1.1　深度学习的发展与研究现状

大数据时代的到来以及 GPU 等各种强大的计算设备的发展，使得深度学习可以充分利用各种海量数据(标注数据、弱标注数据或者无标注数据)完全自动地学习到抽象的知识表达。目前，深度学习已经深刻改变了语音识别、图像处理、文本理解等众多应用领域的算法设计思路，逐渐形成了一种从训练数据出发，经过一个端到端的模型，然后直接输出得到最终结果的一种新模式。这种简单高效的处理方式深受工程技术人员的欢迎。

伴随着研究与应用的不断深入，涌现出了多种设计优良的深度网络结构，解决了传统机器学习不能解决的许多困难问题。与传统的机器学习相比，深度学习本质上就是一种特征学习方法，能够把原始数据通过一些简单的、非线性的模型转变成为更高层次、更加抽象的表达。但是，深度学习虽善于建立输入与输出之间的映射关系，却不能较好地发现其中的内在物理联系。相比于应用研究，深度学习的理论研究仍任重道远。

1.1.1　深度学习的基本概况

深度学习的网络设计突破了传统神经网络对层数的限制，使得特征学习的能力得到大幅度的提升，但层数的增加却给网络的训练方式带来了巨大的挑战。为了设计出与浅层网络不同的训练方式，深度学习采用了贪婪无监督逐层学习的方式进行网络的预训练，之后再对网络进行端到端方式的有监督精调。毫无疑问，这种训练方式不仅拉开了深度学习时代的序幕，也使得改良后的浅层网络以堆栈的方式形成深度网络的设计思路成了研究焦点。随着网络层数的加深，参数优化成为亟待解决的问题，以反向传播误差为核心思想的一系列随机梯度下降算法应运而生，不仅有效地解决了该问题，而且使得深度学习的优化理论取得了长足的进步。目前，标记数据的特征学习仍然占据主导地位，而真实世界存在着海量的无标记数据，对这些无标记数据逐一添加人工标签显然是不现实的。不过，对于无标注数据集，无监督方式下的深度学习目前也取得了一些积极的进展，生成式对抗网络、变分自编码器等模型的提出再一次掀起了深度学习的研究热潮。

1. 基础模型及其演变过程

伴随着不同的应用需求，深度学习的网络结构在设计上也呈现出多种多样的形态，但仍离不开像受限玻尔兹曼机、卷积神经网络、循环神经网络、自编码器和生成式对抗网络这样的一系列基础模型。下面简要概述这些基础模型的思想以及向深度结构演变的过程。

1）受限玻尔兹曼机（Restricted Boltzmann Machines，RBM）

受限玻尔兹曼机是一种基于能量的模型。其网络结构分为可见层和隐藏层两层，连接方式为层内无连接、层间全连接。当能量最小化时，网络模型达到稳定状态。常用的网络模型一般是二值的，即可见层和隐藏层上的神经元的取值只为 0 或 1。由若干个 RBM 以堆栈的形式可以得到深度置信网络（Deep Belief Networks，DBN）。进一步，DBN 的训练方式通过贪婪无监督逐层学习与有监督精调来完成，它也是一种经典的深度生成网络。

2）卷积神经网络（Convolutional Neural Networks，CNN）

卷积神经网络是一种特殊的前馈神经网络。其网络的基本模块称为卷积流，包括了四种操作：卷积、池化、非线性抑制和批量归一化。每个卷积流具有局部连接、权值共享和平移不变性等特点。将若干个卷积流通过堆叠的方式与全连接层结合便可以形成深度卷积神经网络，经典的深度卷积神经网络包括 LeNet、AlexNet、VGGNet、ResNet、全卷积网络等等。另外，卷积神经网络的训练通过反向传播框架内的随机梯度下降算法及其变体算法来完成。通常，卷积神经网络在监督学习问题下有着广泛的应用，但也可以使用无标签数据进行无监督学习，经典的网络结构包括卷积自编码器和卷积受限玻尔兹曼机等。

3）循环神经网络（Recurrent Neural Networks，RNN）

循环神经网络通过使用带有自反馈的神经元，理论上能够处理任意长度且存在时间关联特性的序列。RNN 和前馈神经网络最大的不同在于前者能够实现某种"记忆功能"，是目前进行时间序列分析最好的选择。另外，RNN 的训练方式采用了随时间变化的反向传播算法。由于 RNN 也有梯度消失问题（即很难学习到长序的依赖性），因此很难处理长序列的数据。为了解决梯度消失问题，人们提出了带有特殊隐式单元的长短时记忆（Long Short-

Term Memory，LSTM)网络。理论上已经证明，LSTM 是解决长序依赖问题的有效技术，并且这种技术的普适性非常高。

4）自编码器(Auto-Encoder，AE)

自编码器是一种输入等于输出的前馈神经网络。其网络结构包括三层：输入层、隐藏层、输出层。另外，AE 网络采用无监督学习自动从无标注的数据中学习特征，是一种以重构输入信息为目标的三层神经网络。常用的 AE 网络包括稀疏自编码器(Sparse Auto-Encoder，SAE)、降噪自编码器(Denoising Auto-Encoder，DAE)、收缩自编码器(Contractive Auto-Encoder，CAE)、卷积自编码器(Convolutional Auto-Encoder，C-AE)和变分自编码器(Variational Auto-Encoder，VAE)等。若干个自编码器通过堆栈的形式可以形成深度栈式自编码器(Deep Stacked Auto-Encoder，DSAE)。进一步，DSAE 网络的训练方式通过贪婪无监督逐层学习与有监督精调来完成。

5）生成式对抗网络(Generative Adversarial Networks，GAN)

生成式对抗网络是一种无监督学习下的深度学习框架。该框架中包括两个网络：生成网络与判别网络，生成网络用于捕获数据的分布，判别网络用于估计样本来自真实数据的概率。在训练过程中，通过零和博弈让这两个网络同时得到增强，即生成网络产生更接近真实的数据，相应地，判别网络能够分辨真实数据与生成数据。常见的 GAN 包括深度卷积生成式对抗网络(Deep Convolutional Generative Adversarial Networks，DCGAN)、沃森斯坦生成式对抗网络(Wasserstein Generative Adversarial Networks，WGAN)、条件生成式对抗网络(Conditional GAN，CGAN)、拉普拉斯塔式生成式对抗网络(Laplacian Pyramid Generative Adversarial Networks，LPGAN)等。在应用中，GAN 常用于图像生成和数据增强。

2. 各处理环节的方法与技巧

人们在处理实际应用问题时，围绕着数据的预处理、激活函数的选择、权值初始化策略、训练优化技巧以及反馈评价等环节，采用了诸多有效的处理技巧，使得深度学习的处理能力大幅度提升。下面简要概述在这些环节中涌现的一些代表性方法或技巧。

1）数据的预处理

数据的预处理包括数据归一化、数据增强等。

(1) 数据归一化是指将数据归一化到[0，1]或者[−1，1]。

(2) 数据增强(Data Augmentation)的目的是增加训练的数据量，提高模型的泛化能力；增加噪声数据，提升模型的鲁棒性。

2）激活函数的选择

激活函数包括 ReLU、Sparsemax、Maxout 等。

(1) ReLU(Rectified Linear Unit，修正线性单元)不仅可以防止梯度消失，而且有利于加快计算速度。另外，ReLU 会使一部分神经元的输出为 0，这样就造成了网络的稀疏性，并且减少了参数的相互依存关系，缓解了过拟合问题。

(2) 稀疏概率激活函数 Sparsemax 类似于传统的 Softmax，它能够输出稀疏概率，也可作为稀疏分类器。

(3) Maxout 是一种新型的激活函数，其主要工作方式就是选择每一组向量中最大的那个数作为输出值。在前馈神经网络中，Maxout 的输出即取该层的最大值；在卷积神经网络中，一个最大化的特征映射(Feature Mapping)可以由多个特征映射取最大值得到。另外，Maxout 的拟合能力是非常强的，可以拟合任意的凸函数。

3）权值初始化策略

权值初始化需满足两个条件，一是各层激活值不会出现饱和现象，二是各层激活值不为 0。权值初始化策略包括 Xavier 初始化、He 初始化、迁移学习初始化等。

(1) Xavier 初始化的基本思想是保持输入和输出的方差一致，避免了所有输出值都趋向于 0。Xavier 初始化的推导过程是基于线性函数的，所以它不适用于 ReLU 函数，而适用于 Tanh 和 Sigmoid 函数。

(2) He 初始化(He Initialization)是一种改进的 Xavier 初始化方法，以适用于 ReLU 函数。

(3) 迁移学习初始化是指将其他任务上的预训练模型的参数作为新任务上的初始化参数。

4）训练优化技巧

训练优化技巧包括批量处理参数 Batch Size、随机失活 Dropout、批量归一化、随机梯度下降算法、正则化技巧等。

(1) 在合理的范围之内，Batch Size 越大，下降方向越准确，震荡越小。如果 Batch Size 过大，则可能会出现局部最优的情况。较小的 Batch Size 引入的随机性更大，难以达到收敛的目的，极少数情况下可能会使效果变好。

(2) 随机失活 Dropout 是指在神经网络训练的过程中，对所有神经元按照一定的概率进行消除的处理方式。在训练深度神经网络时，Dropout 能够在很大程度上简化神经网络结构，防止神经网络过拟合。所以，从本质上而言，Dropout 也是一种神经网络的正则化方法。

(3) 批量归一化(Batch Normalization)是一个深度神经网络训练的技巧，它不仅可以加快模型的收敛速度，而且在一定程度上缓解了深层网络中梯度消失的问题，从而使得训练深层网络模型更加容易和稳定。

(4) 随机梯度下降算法(Stochastic Gradient Descent，SGD)是梯度下降算法的一个扩展。SGD 每次只用一个样本，其训练速度快，但是在更新参数的时候，由于每次只有一个样本，并不能代表全部的训练样本，因此在训练的过程中 SGD 会一直波动，使得收敛于某个最小值较为困难。

（5）正则化技巧旨在减少泛化误差而不是训练误差，常见的正则化技巧有参数范数惩罚、提前终止（Early Stopping）、Dropout 等。

5）反馈评价

反馈评价包括准确率、混淆矩阵、精准率与召回率等。

（1）准确率一般用来评估模型的全局准确程度，不能包含太多信息，无法全面评价一个模型性能。

（2）混淆矩阵中的横轴是模型预测的类别数量统计，纵轴是数据真实标签的数量统计。性能优异的模型的混淆矩阵对角线上的值较高，而非对角线上的值较低。

（3）精准率用于反映预测为正的样本中有多少是真正的正样本；召回率用于反映样本中的正例有多少被正确预测了。

1.1.2 深度学习的研究现状

众所周知，深度学习的优势在于能够自动地学习高维数据的内在结构。作为一种高效的特征学习方法，深度学习已经被越来越多的科研人员和工程技术人员所接受。当前，深度学习应用最广泛的研究领域包括图像识别、语音识别、自然语言处理、遥感影像分类、医学影像目标检测和分割处理等。特别地，受益于计算力和获取数据能力的提升，新一代的深度学习模型正在不断涌现，为突破这些应用领域中的技术瓶颈提供了新的解决思路。可见，应用任务驱动下的数据表示正在不断地从网络模型设计、优化算法和训练技巧等方面丰富着这一深度认知体系。为了理解新形势下的这一深度认知体系，我们在表 1.1 中通过五条主线归纳了新一代深度学习模型的特点以及代表性应用任务，这五条主线及摘选的代表性模型如下。

（1）卷积神经网络（Convolutional Neural Networks，CNN）系列，包括残差网络（ResNet）、全卷积神经网络（Fully Convolutional Networks，FCN）、U 形卷积神经网络（U-Net）、复卷积神经网络（Complex-Value CNN，CV-CNN）、超分辨卷积神经网络（Super-Resolution CNN，SR-CNN）、掩模基于区域的卷积神经网络（Mask Region-based CNN，Mask RCNN）、分形网络（Fractal CNN，FractalNet）、密集连接卷积神经网络（Dense CNN，DenseNet）、波形卷积神经网络（Wave CNN，WaveNet）。

（2）生成式对抗网络（Generative Adversarial Networks，GAN）系列，包括深度卷积生成式对抗网络（Deep Convolution GAN，DC-GAN）、拉普拉斯生成式对抗网络（Laplacian GAN，LAPGAN）、互信息生成式对抗网络（Information Maximizing GAN，Info GAN）、

耦合生成式对抗网络(Coupled GAN,CoGAN)、行人重识别生成式对抗网络(Person Transfer GAN,PTGAN)、文本条件辅助分类生成式对抗网络(Text Conditioned Auxiliary Classifier GAN,TAC-GAN)、循环生成式对抗网络(CycleGAN)、分割生成式对抗网络(Segment GAN,SegGAN)。

表 1.1 新一代代表性深度学习模型总结

系列	方法(提出时间)	模型描述与学习的方式	应用任务
CNN 系列	ResNet (2015)	ResNet 可以解决随着层数的加深导致层级信息不断地发散这一瓶颈难题。有监督学习	图像分类 图像分割 图像降噪
	FCN (2015)	FCN 在像素水平的识别任务上有着优异的性能,另外,FCN 不受输入尺寸的限制。有监督学习	图像目标检测 图像分割
	U-Net (2015)	U-Net 可以看作是 FCN 的一种改进,其优点是可以在样本较少的情况下使用,尤其是对于样本较少的医学图像。有监督学习	医学图像分割
	CV-CNN (2016)	与传统 CNN 相比,CV-CNN 更偏好于处理复值图像,但计算代价较高。有监督学习	PolSAR 图像分类 PolSAR 图像目标检测
	SR-CNN (2016)	SR-CNN 可将低分辨图像恢复至高分辨图像,但对纹理细节的恢复不理想。有监督学习	图像超分辨 医学影像胸部 CT 图像超分辨
	Mask RCNN (2017)	Mask RCNN 可以对每个感兴趣的区域位置实现对准校正。有监督学习	图像目标检测 图像分割
	FractalNet (2016)	FractalNet 表明,路径长度是训练超深神经网络的关键,然而残差的影响是偶然的。有监督学习	图像分类 遥感影像分割 医学图像分割
	DenseNet (2017)	与 ResNet 相比,DenseNet 提出了一种密集连接机制:每个层接受前面的所有层作为其附加输入。有监督学习	图像分类 脑部影像分割
	WaveNet (2017)	WaveNet 是一种自回归全卷积模型,该模型完全是概率的和自回归的,该网络以文本作为输入,音频作为输出,主要缺陷是生产力低。有监督学习	文本转语音

系列	方法（提出时间）	模型描述与学习的方式	应用任务
GAN系列	DC-GAN（2014）	DC-GAN 是一种将 CNN 和 GAN 结合起来而形成的模型，但仍存在训练不稳定等缺点。无监督学习	图像生成 图像修复
	LAPGAN（2015）	LAPGAN 的创新点在于使用拉普拉斯金字塔的结构，以从粗糙到细致的方式用 CGAN 生成图片。无监督学习	图像超分辨
	Info GAN（2016）	Info GAN 可以生成具有某种特征的图像，即可以解决隐变量的可解释性问题。无监督学习	图像合成
	CoGAN（2016）	两个 GAN 网络通过权值共享的方式耦合为 CoGAN，其目的是生成跨域样本。无监督学习	风格迁移
	PTGAN（2017）	PTGAN 的优势是保证前景（即行人）不变的前提下实现不同背景域间的迁移。无监督学习	背景风格迁移
	TAC-GAN（2017）	TAC-GAN 主要用于从文本描述合成相应的图像。无监督学习	从文本描述来合成图像
	CycleGAN（2017）	CycleGAN 通过训练两个 GAN 以将图像从一个领域转换为另一个领域。该模型解决了在不同图像领域之间转换而不需要特定图像对的困境。无监督学习	转化目标或风格化目标
	SegGAN（2018）	SegGAN 是 GAN 的一种有效改进。主要用于医学图像分割任务。半监督学习	医学图像分割
ELM系列	C-ELM（2016）	与 ELM 相比，C-ELM 更偏好于处理复值数据，但在相对复杂的分类任务上性能较差。有监督学习	PolSAR 图像分类 行为识别
	H-ELM（2017）	H-ELM 是 ELM 的一种有效改进，其核心模块是 ELM 稀疏自编码网络。半监督学习	图像分类
	BLS（2018）	BLS 是对 RVFL 和 ELM 的一种有效改进，通过增加节点数来实现网络泛化性能的提升。半监督学习	图像分类 人脸识别
	F-BLS（2018）	F-BLS 将 BLS 的特征节点替换为一组模糊子系统，输入数据由它们各自处理。半监督学习	图像分类

续表二

系列	方法（提出时间）	模型描述与学习的方式	应用任务
RNN系列	IndRNN（2018）	IndRNN 可以避免梯度爆炸和消失问题，而且网络允许学习长期的依赖关系。通过堆叠多层 IndRNN 可以构建比现有 RNN 更深的网络。有监督学习	序贯 MNIST 分类 语言建模 动作识别
	BN-LSTM（2016）	BN-LSTM 通过对递归神经网络 LSTM 的隐藏状态使用批归一化。有监督学习	语音识别 图像分类
	Variational Bi-LSTM（2017）	Variational Bi-LSTM 使用变分自编码器（VAE）在 LSTM 之间创建一个信息交换通道，以学习更好的表征。有监督学习	音乐合成 预测疾病 图像分类
其他系列	VAE（2013）	VAE 是一种生成模型。相比于 GAN，VAE 训练相对简单，但生成的图像质量不高。无监督学习	图像生成 图像降噪
	PCANet（2015）	PCANet 是一个非常简单的图像分类深度学习网络，网络结构主要包括级联 PCA、二进制哈希和分块直方图。有监督学习	图像分类
	DDL（2016）	DDL 是通过学习图像在不同的尺度上的字典，并利用这些字典间的互补相干特性，来构造的一种深度网络模型。有监督学习	图像分类
	ADMMNet（2016）	ADMMNet 是一种通过交替迭代算法在解决通用压缩传感问题时设计出来的模型，具有迭代更新快，但收敛性较好的特点。无监督学习	图像压缩与编码 MRI 图像的压缩感知
	Deep Forest（2017）	Deep Forest 是一种新颖的决策树集成方法。与传统的 DNN 相比，Deep Forest 具有较少的参数个数。半监督学习	图像分类 高光谱图像分类
	CapsuleNet（2017）	CapsuleNet 是一种向量化的 CNN 网络，其优势在于训练需要相对较少的训练样本。有监督学习	图像分类 行为检测
	ML-CSC（2018）	ML-CSC 是一种深度字典模型，其核心模块是 CSC，模型的优点在于层级稀疏化字典表达。无监督学习	图像压缩与编码

（3）极限学习机（Extreme Learning Machine，ELM）系列，包括复极限学习机（Complex Value Extreme Learning Machine，C-ELM）、层次极限学习机（ELM for multilayer perceptron，H-ELM）、宽度学习系统（Broad Learning System，BLS）、模糊宽度学习系统（Fuzzy BLS，F-BLS）。

（4）循环神经网络（Recurrent Neural Networks，RNN）系列，包括独立循环神经网络（Independent RNN，IndRNN）、批归一化长短时记忆神经网络（Batch Normalization Long Short Term Memory Networks，BN-LSTM）、变分双向长短时记忆神经网络（Variational bidirectional LSTM，Variational Bi-LSTM）。

（5）其他深度网络架构系列，包括变分自编码器（Variational AE，VAE）、主成分分析网络（Principle Component Analysis Networks，PCANet）、深度字典学习（Deep Dictionary Learning，DDL）、交替迭代优化网络（ADMMNet）、深度森林（Deep Forest）、胶囊神经网络（Capsule Networks，CapsuleNet）、多层卷积稀疏编码网络（Multi-Layer Convolutional Sparse Coding，ML-CSC）。

虽然深度学习在许多应用领域都取得了巨大的成功，但人们对其的研究仍任重道远。例如深度神经网络在识别图像时容易被欺骗，还有在一些应用领域，带标签的训练数据集仍比较少，这可能会限制深度学习的进一步发展。不可否认的是，数据驱动下的深度学习技术不仅注重数据的量，而且更加注重数据的质。将领域知识和先验融合至深度网络中将成为深度学习应用领域的热点。

1.1.3　深度学习的瓶颈问题

当前，关于深度学习的研究主要集中在应用领域。相对而言，深度学习的理论研究较为滞后。如在深度学习中，常被提及的一个理论瓶颈是模型的可解释性问题，不可解释性意味着安全性得不到保障。本质上，深度学习的模型并非黑盒子，它与传统的计算机视觉系统有着密切的联系，使得这个深度系统的各个模块（即网络的各个隐层）可以通过联合学习，整体优化，从而使泛化性能得到大幅提升。另外，过拟合缺失问题也是一大瓶颈，即当深度网络中的参数量远超训练样本数量时，深度模型仍能具备良好的泛化能力的原因是什么。还有，通常深度学习模型的代价函数是非凸的，导致基于反向传播思想的梯度下降算法经常会出现梯度消失现象，如何设计出避免局部极值和鞍点的高效优化算法成为当前深度学习研究的重点问题。下面，我们简单概述在这三个问题上研究人员所做的一些积极尝试。

1. 可解释性问题

当前，构建可解释性深度模型的关键是可解释性方法。如经典的决策树模型就是一种基于规则的可解释性方法。基于决策树模型，研究人员提出了多粒度级联森林（multigrained cascade Forest，gcForest），亦称深度森林。作为一种基于规则的方法，深度森林比卷积神经网络具备更好的可解释性，但网络的泛化性能仍与卷积神经网络有一定的差距。另外，还有研究人员通过使用"恶意"的对抗图片，让深度网络得到"错误"的预测结果。将这种刻意"误导"的结果和真实的图片结果进行对比分析，从不同的结果上可以探寻深度网络的工作原理，不仅可以分析出深度网络进行正确判断的原理，还可以知道深度网络产生错误的原因，最终在一定程度上了解深度网络的内部机制。通常，大多数深度学习模型是不具有可逆性的。如果一个模型是可逆的，除拟合能力强外，它可能还会提供相对较好的模型可解释性。在应用中，可逆模型的主要用途包括分类任务、密度估计和生成任务等。最近，研究人员针对 ResNet，通过研究残差模块的可逆性条件，提出了可逆 ResNet。在生成图片的任务中，可逆 ResNet 也具有相对优异的效果。虽然，关于深度学习可解释性问题的研究已经取得了一些积极且富有成效的研究成果，但距离系统地阐释黑箱性质仍有很大的差距。

2. 过拟合缺失问题

当前，对深度学习的理论理解涵盖三个方面：深度学习的表征能力、经验风险的优化算法以及过拟合缺失问题。本质上，过拟合缺失问题也可以被理解为过参化（Overparameterized）为什么导致模型的期望误差没有增加。基于经验损失和分类误差之间的差别，已有研究人员证明了深度网络中每一层的权重矩阵可收敛至极小范数解，并得出深度网络的泛化能力取决于多种因素之间的互相影响，包括损失函数定义、任务类型、数据集的复杂程度和隐性正则化技巧（如批量归一化）等。另外，重新思考泛化有助于理解深度学习模型。研究已表明，显式正则化（如权重衰减、Dropout 和数据增强）确实可以提高泛化性能，但其本身既没必要也不足以控制泛化误差。虽然正则化可以通过简单地改变模型架构来获得更大的泛化误差，但仍不确定正则化是否为深层网络泛化能力的根本诱因。

可见，对深度网络性能有用的量化边界仍然是一个开放性问题，这将有助于理解过拟合缺失的本质。

3. 梯度消失问题

从深层网络的角度出发，对于不同的隐层，学习的速度差异很大。具体表现为网络靠近输出的层时，相应的权值矩阵学习的情况很好，而靠近输入的层，其权值矩阵学习很慢，有时甚至训练了很久，前几层的权值矩阵和刚开始随机初始化的值差不多。因此，深度学习中梯度消失问题的根源在于反向传播算法。为了摆脱反向传播思想的限制，研究人员提出了 CapsuleNet，充分利用了数据中组件的朝向和空间上的相对关系，并使用动态路由的算法计算胶囊的输出，但是该网络并没有完全摆脱反向传播算法（如网络中的转换矩阵仍然使用成本函数通过反向传播训练）。近年来，关于梯度消失问题，研究人员已经提出了一系列改良方案，如预训练和精调结合的训练策略，梯度剪切、权重正则，使用不同的激活函数

（如 ReLU），使用批量归一化技巧，使用残差结构，使用 LSTM 网络等等。为了从本质上解决该问题，设计避免局部极值和鞍点的高效优化算法成为当前深度学习研究的重点。

虽然当前的深度学习仍存在着一些瓶颈问题，如深度学习要发挥作用所需要的前置条件太过苛刻，以及输入的数据对其最终的结果有着决定性的影响等，但积极有效的研究探索一直在继续，不断为充实深度学习的理论研究提供着有力的基础支撑。

1.2　稀疏认知学习、计算与识别

稀疏认知学习、计算与识别是近年来受到国际学术界广泛关注的学术前沿领域，这一新的学习、计算与识别范式将对深度学习、模式识别、计算智能以及大数据等领域的研究产生变革性的影响。特别地，稀疏模型在深度学习和图像处理等领域发挥着越来越重要的作用，它具有变量选择功能。在应用中，稀疏模型可以将大量的冗余变量去除，只保留与响应变量最相关的解释变量，简化模型的同时也保留了数据集中最重要的信息，有效地解决了针对高维数据建模中的一些问题（如过拟合问题等）。另外，这一新范式下的稀疏模型具有更好的解释性，具有便于数据可视化、减少计算量和传输存储等优点。为能更好地把握其发展规律，本节以生物视觉稀疏认知机理的研究进展为依据，通过对稀疏编码模型的介绍，来概述稀疏认知学习、计算与识别的研究脉络。另外，由于稀疏编码模型、结构化稀疏模型和层次化稀疏模型之间存在着不同的建模机理，模型也从浅层结构到深层结构逐渐地演变，我们也给出了这一范式的研究脉络图。

1.2.1　生物视觉稀疏认知机理

生物视觉皮层中的初级视觉皮层（即 V1 区）在视觉信息处理中具有极其重要的作用，但是从 20 世纪 60 年代 Hubel 和 Wiesel 开创性的研究工作到 90 年代 Olshausen 和 Field 提出的 V1 区上简单细胞的稀疏编码理论，这 30 余年人们从整体上对生物视觉皮层信息处理机理的了解还是比较少的。为了探讨 V1 区对外界刺激是否采用了神经稀疏编码策略，同时为了避免计算模型设定的过多假设，2008 年，国内学者赵松年、姚力等人对该区进行了初步的功能性核磁共振实验，通过给定两类都具有大尺度特征和不同的细节的视觉刺激图像，得出的实验结论为：针对具有相同的轮廓与形状但细节不同的视觉刺激，所引起 V1 区的活性模式是相似的，即具有近似不变性。本质上，这是生物视觉皮层整合整体特征的体现，即 V1 区对图像整体特征的同步化响应以及高级皮层区形状感知对 V1 区反馈的协同作用，同时也是神经稀疏编码的体现。另外，这一结论与神经生物学家 Houweling 和 Brecht 等人 2008 年在 *Nature* 杂志上发表的文章类似，都从生物视觉神经生理实验的角度有效支撑了神经稀疏编码的假说。

当前，进一步的研究工作已证实，神经稀疏编码原则贯穿于生物视觉皮层处理信息的多个阶段，不只是存在于 V1 区。神经生理科学家通过对生物视觉皮层进行解剖、电生理、功能性核磁共振等技术手段，已经将大脑皮层按功能分成了很多个区，其中与视觉皮层有关的区有 20 多个。目前，从神经生理的角度，研究较为清楚的有 V1 区、次级视觉皮层（即 V2 区）、高级视觉皮层（即 V4 区）和前/后下颞叶皮层（即 PIT/AIT 区）等，而另一些还不是很清楚，如颞中回（即 MT 区）和前额皮层（即 PFC 区）。神经生理实验已表明，生物视觉系统会根据自然场景中的不同特征将视觉皮层分成不同的通路并进行并行处理，其中每一条通路为串行的等级处理结构。当前，最重要的两条通路是背侧视觉通路和腹侧视觉通路，前者完成"在哪儿"的功能，后者完成"是什么"的功能。另外，不同视觉皮层区上的神经细胞对特定形状的视觉图案有最佳的响应或偏好刺激，这可用感受野的术语来描述，即抽象层次越高则感受野越大。受此启发，稀疏性认知机理有助于在深度学习的可解释性和模型压缩等方面发挥积极的引导作用。

1.2.2 稀疏编码模型

根据神经稀疏编码假说，V1 区上的每个神经元对外界场景的刺激均采用了稀疏编码的形式来进行描述。为了理解 V1 区简单细胞的感受野特性，在 1996 年，Olshausen 和 Field 沿着 Barlow 等人给出的"神经元的稀疏性和自然环境的统计特性之间存在着某种联系"的思路，通过假设自然图像与基函数之间存在着线性关系，建立了如下的数学模型：

$$I(x, y) = \sum_i a_i \cdot \phi_i(x, y) \tag{1.1}$$

并采用编码系数的稀疏正则化约束，得到如下的优化问题：

$$\min E = -[\text{Preserve Information}] - \lambda \cdot [\text{Sparseness of } a_i] \tag{1.2}$$

其中，信息保真项和稀疏约束项分别为

$$[\text{Preserve Information}] = -\sum_{x, y} \left[I(x, y) - \sum_i a_i \phi_i(x, y) \right]^2 \tag{1.3}$$

$$[\text{Sparseness of } a_i] = -\sum_i S\left(\frac{a_i}{\sigma}\right) \tag{1.4}$$

这里的 $I(x, y)$ 表示自然图像，$\phi_i(x, y)$ 为基函数，a_i 为编码系数，σ 为一个尺度常数，函数 $S(x)$ 可以选择 e^{-x^2}、$\text{lb}(1+x^2)$ 和 $|x|$ 等形式，这些选择都可以促使得到的编码系数具有稀疏性，即使编码系数具有较少的非零项系数。基于此优化问题，Olshausen 和 Field 等人利用自然图像 $I(x, y)$ 作为输入，学习了基函数和其编码系数，实验表明得到的

基函数能够近似地反映 V1 区上简单细胞的感受野特性，即带通性、方向性和局部化特性，其中带通性指的是多分辨特性，即能够对自然图像从粗分辨率到细分辨率进行连续的逼近；方向性指的是基函数须具有各向异性；局部化特性指的是基函数的时频局部化分析能力。随后在 1997 年，他们又考虑了过完备基（又称为字典），并提出了过完备基的稀疏编码算法。

进一步，神经生理研究发现，V1 区上复杂细胞的感受野与该区简单细胞的感受野特性大体上一致，都具有严格的方向和带通特性，不同的是复杂细胞的感受野具有局部的平移不变性。为了研究 V1 区上复杂细胞的感受野特性，2001 年，芬兰学者 Hyvärinen 和 Hoyer 设计了一个两层的网络结构模型，该模型由简单细胞层和复杂细胞层组成，不仅要求简单细胞层对外界刺激的响应是稀疏的，而且还进一步要求复杂细胞层上的响应需具有空间局部稀疏特性，即任意给定的时间内，简单细胞的非零响应具有聚类特性或空间拓扑特性。模型的具体结构描述为，给出 T 幅训练图像 $I_t(x, y)$，$t = 1, 2, \cdots, T$，并定义复杂细胞层上的输出响应为

$$C_{i, t} = \sum_{j=1}^{n} h(i, j) \langle w_j, I_t \rangle^2 \tag{1.5}$$

其中 $h(i, j)$ 为简单细胞层上的第 j 个细胞与复杂细胞层上的第 i 个细胞的连接或汇聚的权值，w_j 为输入层到简单细胞层上的连接权值，并且有

$$\langle w_j, I_t \rangle = \sum_{x, y} w_j(x, y) \tag{1.6}$$

然后对输出响应进行极大化似然优化，得到如下的优化问题：

$$\max \log L(I_1, I_2, \cdots, I_T; w_1, w_2, \cdots w_T) \sum_{t=1}^{T} \sum_{i=1}^{n} G(C_{i, t}) \tag{1.7}$$

这里的 G 为凸函数，其中 $h(i, j)$ 是事先固定的，即不需要通过训练数据来进行学习。进一步，求解此优化问题，Hyvärinen 和 Hoyer 得到输入层到简单细胞层上的连接权值。实验表明，极大化似然优化问题等价于极大化稀疏约束的优化问题，这点与 Olshausen 和 Field 等人的结论一致。

1.2.3　稀疏认知学习、计算与识别的研究脉络

为了使得稀疏认知学习、计算与识别这一新范式具备学习能力、高容量的表达能力、快速推断能力和多任务信息共享能力，借鉴生物视觉皮层的认知机理已成为一种必然的趋势。目前，关于稀疏认知学习、计算与识别范式的理论研究与应用很多，也取得了较好的研究成果。常见的稀疏化模型包括稀疏编码模型、结构化稀疏模型和层次化稀疏模型。下面，我们通过概述三种经典稀疏模型之间的区别，来进一步理解这一范式研究脉络。

首先，从生物视觉的稀疏认知机理来看，稀疏编码模型、结构化稀疏模型和层次化稀疏模型分别是为了刻画 V1 区简单细胞感受野的特性、V1 区复杂细胞感受野的特性和视觉皮层腹侧通路的机理而提出的。

其次，从稀疏认知计算模型的结构来分析，结构化稀疏模型是在稀疏编码的基础上，通过将表示系数的结构信息融入到稀疏约束项中而得到的，层次化稀疏模型也是在稀疏编码的基础上，通过在每一简单层上利用稀疏编码来学习字典。层次化稀疏模型中每一复杂单元层上的汇聚操作相当于聚类，是为了更好地描述简单单元层上响应的结构特性。另外，从模型的结构来看，层次化稀疏模型可视为是结构化稀疏模型通过逐层学习机制得到的，虽然它与结构化稀疏模型在获取结构的操作上有所不同，但都是通过加入表示系数的结构信息使得模型的最终响应具有局部的变换不变性。

最后，从应用的角度来看，通过稀疏编码或结构化稀疏模型求解得到的稀疏表示系数可以成功地应用在信号处理中的重构、压缩、修复与降噪等任务中，但将稀疏表示系数作为一种特征来实现目标分类却不那么合理奏效，原因是过完备字典的条件数往往比较大，导致稀疏表示系数的微小变化并不能对应着目标的微小变化，而通过层次化稀疏模型求解得到的输出响应却可以作为一种有效的特征来实现目标的分类，原因是该模型采用了稀疏编码与汇聚操作相结合的处理方式，使得模型得到的输出可以较好地刻画输入信号的特性。

由于稀疏编码模型、结构化稀疏模型和层次化稀疏模型之间存在着不同的建模机理，模型也从浅层结构到深层结构逐渐演变。为了探索和理解这三种经典模型中关于稀疏性的作用，我们给出了这一范式的研究脉络图，如图 1.1 所示。

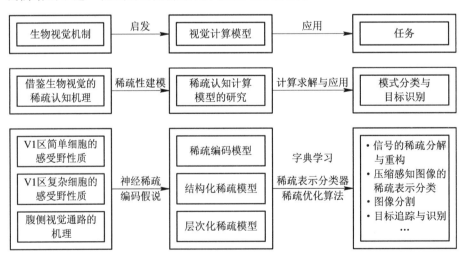

图 1.1　稀疏认知学习、计算与识别范式的脉络结构

1.3　稀疏深度学习研究

深度学习与稀疏认知学习、计算与识别之间的关系非常深刻。从机器学习中的特征工程（包括人工特征提取和特征筛选）到深度学习中的特征学习，稀疏性均在模型中发挥着重要的作用。不可否认，探索深度学习中的稀疏性不仅有助于降低模型的算法复杂度，而且有利于网络的压缩，为探索高性能的深度计算模型提供了一种有效的途径。将稀疏性以显式或隐式的方式嵌入至深度网络中形成的网络结构，本文统称为稀疏深度学习。借鉴生物视觉神经稀疏性机理，构建稀疏深度计算模型，将成为一个极具吸引力的研究方向。当前，与稀疏深度学习有关的研究主要包括稀疏正则化理论、稀疏分类器设计、权值参数初始化的稀疏性以及深度网络的稀疏连接方式等方面。值得指出的是，过分地强调稀疏性将会导致深度模型的稳定性变差，无法学习到有效的特征，从而导致网络的泛化性能下降。因此，未来有必要提出用于深度学习的稀疏化建模理论以及对高维数据具有更强鲁棒性的算法。

1.3.1　深度学习中的稀疏性

众所周知，深度神经网络以不可解释性的黑箱表达为代价，在复杂的应用任务上获取了强大的泛化能力。受生物视觉可解释性的启发，稀疏性将有望成为探索深度学习可解释性的一个重要特性。根据经典的稀疏编码理论，稀疏深度计算模型的一个基本假设是数据的稀疏性。从网络架构和优化的角度，深度学习中的稀疏性主要体现在六个方面：网络的连接方式、激活函数、分类器设计、参数初始化方式、正则化理论以及优化技巧等。另外，对于深度学习模型的压缩问题，稀疏性不仅有助于进一步减少待优化的参数量，而且对网络中的权值连接矩阵还可提供更为紧致的存储方式。下面，我们简要分析在深度学习的研究过程中各阶段所采取的一些代表性的稀疏性策略。

1. 网络的连接方式

深度网络的稀疏性主要体现在三个方面，一是层级间的局部连接，经典的网络为CNN；二是稀疏权值连接，经典的深度网络优化技巧为 Dropout；三是汇聚相应方式，如最大池化（Max pooling）。

2. 激活函数

深度网络中选择不同的激活函数意味着网络具备不同的特性，如经典的 Sigmoid 函数会导致一个非稀疏的神经网络，而 ReLU 却具有很好的稀疏性（非负稀疏性），在一定程度上可以缓解深度神经网络的梯度消失问题。由于 ReLU 函数的输出是非零中心化的,会影响梯度下降的效率。随后改进 ReLU 的变种也被广泛使用,如带泄露的 ReLU(Leaky ReLU),带参数的 ReLU(Parametric ReLU)和最大化输出(Maxout)等。

3. 分类器设计

与经典的 Softmax 分类器不同,常见的稀疏分类器是基于表示学习的,如稀疏表示分类器(Sparse Representation Classifier,SRC)。另外,由于 Softmax 输出处处不为零,为了改进这一点,人们提出了 Sparesmax 分类器。

4. 参数初始化方式

与经典的高斯分布初始化和均匀分布初始化方法不同,稀疏随机分布是根据权值矩阵的稀疏性进行差异化的设置,以避免连接的过饱和导致梯度接近于零的情形。另外,采用逐层学习的方式也可以获得较好的网络参数初值,经典的方法包括稀疏自编码网络、稀疏受限玻尔兹曼机、稀疏编码和卷积稀疏编码等。

5. 正则化理论

由于深度神经网络的拟合能力强,因此特别容易导致过拟合现象的发生。正则化理论的目的是抑制过拟合现象的发生,提升网络的泛化能力。与稀疏有关的正则化方法包括约束参数的 ℓ_1 范数,组稀疏正则化等。

6. 优化技巧

不可否认,深度学习的快速发展在一定程度上也归因于一些优化技巧的出现。虽然这些方法往往是经验性的,但在实践中取得了很好的效果。除了上述提到的,还有与稀疏有关的优化技巧,包括局部响应归一化(Local Response Normalization,LRN)。

目前,深度学习模型压缩方法的研究主要分为三个方向,一是更为精细的模型设计,如 SqueezeNet、MobileNet 等;二是模型裁剪,即将不重要的权值连接或者滤波器进行裁剪来减少模型的冗余;三是核的稀疏化,即在训练过程中,对权重的更新进行诱导,使其更加稀疏,对于稀疏矩阵,可以使用更加紧致的存储方式等,如卷积稀疏编码。特别是基于核的稀疏化方法,能够在不损失精度的前提下,对深度神经网络进行稀疏化,达到加速的目的。代表性的工作为结构化稀疏学习(Structure Sparsity Learning,SSL),即利用正则化技术对深度卷积神经网络中的滤波器按通道、形状和深度做结构化稀疏约束。而非结构化的稀疏学习则主要集中在模型的剪裁。

1.3.2 稀疏深度学习的理论研究

深度学习中融入稀疏性的显式表达和隐藏表达,其目的是期望在保证精度的前提下,加速模型的运算效率,提升模型的可解释性,以及去除相关参数的冗余性等。随着研究的不断深入，稀疏深度学习已经在网络的架构、模型的优化，以及模型的压缩等方面发挥着越来越重要的作用。

　　首先，对于网络的架构，利用浅层稀疏模型堆栈的思想，形成了一批具有代表性的稀疏深度学习模型，如基于稀疏受限玻尔兹曼机构建的稀疏深度置信网络、基于稀疏自编码网络形成的深度堆栈稀疏自编码网络、基于卷积稀疏编码的深度反卷积神经网络，以及基于极限学习机稀疏自编码器的层次极限学习机等。这些网络的优势在于半监督训练方式，即逐层学习与精调结合的方式来学习网络的参数，这种方式不仅可以提升模型的性能，而且加快了调优阶段的收敛速度。虽然这一深度架构方式已经相对较少使用，但理论上，由于浅层模型拥有着较好的可解释性，这一类型的稀疏深度学习依然是一种值得深入研究的模型。

　　其次，对于模型的优化，利用稀疏性可以加速网络训练的特性，形成了一些经典的优化技巧，如激活函数采用内蕴激活特性的 ReLU、稀疏权值连接 Dropout 以及正则化约束权值矩阵的 ℓ_1 范数等。但是，这些技巧在实践应用过程中并不总是奏效，为进行改进，研究人员提出了一大批改良后的变种方法和策略。如对于 ReLU，当网络参数在一次不恰当的更新后，第一个隐层(或其他隐层)中某个 ReLU 神经元对所有的训练数据都处于静默状态，那么这个神经元自身参数的梯度永远都会是零，即在以后的训练过程中永远都不能被激活，这种现象称为死亡 ReLU 问题(Dying ReLU Problem)。为了解决此问题，人们提出了改进版的 Leaky ReLU、Parametric ReLU、噪声线性整流 (Noisy ReLU) 等。如对于 Dropout 策略，当其中某个输出处于静默状态，那么这个输出作为下一级输入时对于下下级也将处于静默状态。为了避免这样的情形发生，研究人员提出了 Maxout 和 Dropconnect 策略。例如，针对权值矩阵的 ℓ_1 范数缺乏结构化稀疏的描述，他们提出了结构化稀疏学习的策略，即通过使用 Group Lasso 将权值矩阵当成组来对待，实现学习出来的权值参数尽可能地呈现结构化稀疏特性，进而使网络优化的整体计算代价呈下降趋势。

　　最后，对于模型的压缩，研究人员已经提出了大量的深度学习模型的压缩与加速技术，与稀疏相关的方法包括低秩逼近、非结构性稀疏化、结构化稀疏性学习等。对于低秩逼近策略，由于训练好的卷积核(或权值连接矩阵)存在着低秩特性，采用低秩分解的方法能够去除冗余并减少权值参数，但是压缩之后精度受损，需要重新再次训练网络。该方法的缺点是低秩逼近需要涉及计算成本高昂的分解操作。对于非结构稀疏化，权重剪枝的策略依然是研究的焦点。如训练一个稀疏度高的网络来降低模型的运算量，即通过在网络的损失函数中增加参数的 ℓ_0 范式约束，实现模型的稀疏化，但 ℓ_0 范数的求解较困难，因此人们提出了一种阶段迭代算法，即首先仅更新权值较大的参数，然后恢复所有网络连接，迭代更新所有参数，在训练中可实现模型裁剪。虽然这种方法可以避免错误剪枝所造成的性能损失，但压缩的力度难以保证。对于结构化稀疏性学习，即利用正则化技术对深度卷积神经网络中的滤波器按通道、形状和深度做结构化稀疏约束，使大部分的权值连接矩阵都为零。

注意，删除为零的参数值可以降低矩阵的维度从而提升模型的运算效率。这种方法的缺点是压缩力度难以保证，并且训练的收敛性和优化难度不确定。

1.4 稀疏深度学习的研究难点

当前，无论是工程应用还是理论分析，与稀疏深度学习有关的研究已经越来越多。特别是，随着稀疏性融入网络的方式呈现多样性，稀疏深度学习这一有效的计算模式在实践应用中取得了显著的效果，但仍有许多的研究难点。从网络的架构、模型的优化以及模型的压缩等角度来看，稀疏深度学习的研究难点包括（但不限于）：

（1）虽然浅层稀疏编码模型具有相对较好的可解释性，但堆栈后形成的稀疏深度模型仍为黑箱表达。探索针对稀疏深度学习的可解释性成了当前研究的瓶颈问题。

（2）与经典的深度学习一样，稀疏深度学习仍采用误差反向传播为思想的梯度下降策略更新网络的参数。虽然一些优化技巧可以缓解梯度消失问题，但本质上，设计避免局部极值和鞍点的高效优化算法仍是有待解决的难题。

（3）稀疏性有助于深度网络的压缩，如何利用稀疏深度学习来探索过拟合缺失问题的本质，是目前研究的一个难点。

（4）由于在深度学习模型中嵌入稀疏性的方式种类繁多，虽然模型的稀疏化有诸多优点，但是过度的稀疏性也常会导致模型的稳定性变差，进而导致网络的泛化性能降低。如何合理地在深度学习模型中引入稀疏性以解决网络模型的稳定性问题是研究的难点之一。

（5）如何利用稀疏深度学习中隐层输出的稀疏特征的特性（如衰减特性）来分析网络的泛化性能以及鲁棒性成为有待解决的难题。

（6）稀疏深度学习可以发现数据的分布式特征表示，但得到的抽象特征往往不能有效地用于重构任务。其中一个合理的原因是：随着网络层级的加深，用于重构任务的有效信息不断地丢失或被遗弃。如何设计一个用于分解重构任务的稀疏深度学习模型是目前的研究难点之一。

本 章 小 结

本章首先对深度学习的基本概况和研究现状进行了简单的介绍，接着从稀疏认知学习、计算与识别的角度，介绍了其对深度学习、模式识别、计算智能以及大数据等领域的研究产生的变革性影响，最后对稀疏深度学习的理论研究和研究难点进行了分析。

本章参考文献

[1]　LECUN Y，BENGIO Y，HINTON G. Deep learning[J]. Nature，2015，521(7553)：436 - 444.

[2]　SCHMIDHUBER J. Deep learning in neural networks：an overview[J]. Neural Networks，2015，61 (3)：85 - 117.

[3]　CHEN X W，LIN X. Big data deep learning：challenges and perspectives[J]. IEEE Access，2014，2 (5)：514 - 525.

[4]　BENGIO Y. Learning deep architectures for AI[J]. Foundations & Trends in Machine Learning，2009，2(1)：1 - 127.

[5]　DONAHUE J，HENDRICKS L A，ROHRBACH M，et al. Long-term recurrent convolutional networks for visual recognition and description[J]. IEEE Transactions on Pattern Analysis & Machine Intelligence，2017，39(4)：677 - 691.

[6]　DENG L，YU D. Deep learning：methods and applications[J]. Foundations & Trends in Signal Processing，2014，7(3)：197 - 387.

[7]　ZHANG Q S，ZHU S C. Visual interpretability for deep learning：a survey[J]. Frontiers of Information Technology & Electronic Engineering，2018，19(1)：27 - 39.

[8]　HATCHER W G，WEI Y. A survey of deep learning：platforms，applications and emerging research trends[J]. IEEE Access，2018，6(99)：24411 - 24432.

[9]　RANZATO M A，BOUREAU Y L，LECUN Y. sparse feature learning for deep belief networks [C]// International Conference on Neural Information Processing Systems. 2007：1 - 8.

[10]　HAN S，LIU X，MAO H，et al. EIE：efficient inference engine on compressed deep neural network [J]. Acm Sigarch Computer Architecture News，2016，44(3)：243 - 254.

[11]　BALDI P，SADOWSKI P. The ebb and flow of deep learning：a theory of local learning[J]. Neural Networks，2015，83(13)：51 - 74.

[12]　MEISTER J A，AKRAM R N，MARKANTONAKIS K. Deep learning application in security and privacy：theory and practice：a position paper[C]// The 12th WISTP International Conference on Information Security Theory and Practice (WISTP'2018). 2018：1 - 16.

[13]　TEMBINE H. Deep learning meets game theory：bregman-based algorithms for interactive deep generative adversarial networks[J]. IEEE Transactions on Cybernetics，PP(99)：1 - 14.

[14]　BENGIO Y，LAMBLIN P，DAN P，et al. Greedy layer-wise training of deep networks[J]. Advances in Neural Information Processing Systems，2007，19(4)：153 - 160.

[15]　NG A Y. Sparse deep belief net model for visual area V2[C]// International Conference on Neural

Information Processing Systems. 2007: 1 - 8.

[16] BARTUNOV S, SANTORO A, Richards B A, et al. Assessing the scalability of biologically-motivated deep learning algorithms and architectures[J]. 2018, 7(3): 1 - 13.

[17] SABOUR S, FROSST N, HINTON G E. Dynamic routing between capsules[C]. International.... International Conference on Neural Information Processing Systems. 2017: 1 - 11.

[18] NAIR V, HINTON G E. Rectified linear units improve restricted boltzmann machines [C]// International Conference on International Conference on Machine Learning. 2010: 1 - 8.

[19] KRIZHEVSKY A, SUTSKEVER I, HINTON G E. ImageNet classification with deep convolutional neural networks[C]// 2012: 1 - 9.

[20] NARENDRA K S, PARTHASARATHY K. Identification and control of dynamical systems using neural networks[J]. IEEE Transactions on Neural Networks, 1990, 1(1): 4 - 27.

[21] VINCENT P, LAROCHELLE H, LAJOIE I, et al. Stacked Denoising Autoencoders: Learning Useful Representations in a Deep Network with a Local Denoising Criterion[J]. Journal of Machine Learning Research, 2010, 11(12): 3371 - 3408.

[22] GOODFELLOW I J, POUGET-ABADIE J, MIRZA M, et al. Generative adversarial nets[C]// International Conference on Neural Information Processing Systems. 2014: 1 - 9.

[23] HINTON G E, OSINDERO S, TEH Y W. A fast learning algorithm for deep belief nets[J]. Neural computation, 2006, 18(7): 1527 - 1554.

[24] YU N, JIAO P, ZHENG Y. Handwritten digits recognition base on improved LeNet5[C]// Control & Decision Conference. 2015: 1 - 8.

[25] SAINATH T N, MOHAMED A R, KINGSBURY B, et al. Deep convolutional neural networks for LVCSR[C]// IEEE International Conference on Acoustics. 2013: 1 - 11.

[26] SIMONYAN K, ZISSERMAN A. Very deep convolutional networks for large-scale image recognition[J]. Computer Science, 2014, 41(1): 1 - 14.

[27] HE K, ZHANG X, REN S, et al. Deep residual learning for image recognition[J]. 2015, 21(2): 1 - 12.

[28] LONG J, SHELHAMER E, DARRELL T. Fully convolutional networks for semantic segmentation [J]. IEEE Transactions on Pattern Analysis & Machine Intelligence, 2014, 39(4): 640 - 651.

[29] MASCI J, MEIER U, CIREşAN D, et al. Stacked convolutional auto-encoders for hierarchical feature extraction[C]// International Conference on Artificial Neural Networks. 2011: 1 - 8.

[30] HU Y, HUBER A, ANUMULA J, et al. Overcoming the vanishing gradient problem in plain recurrent networks[J]. 2018, PP(1): 1 - 20.

[31] LI Z, LU Y, ZHAO Z, et al. Sparse auto-encoder with smoothed L1 regularization[M]// Neural Information Processing, Berlin: Springer Press, 2016: 555 - 563.

[32] JIANG X, ZHANG Y, ZHANG W, et al. A novel sparse auto-encoder for deep unsupervised learning[C]// Sixth International Conference on Advanced Computational Intelligence. 2013: 1 - 9.

[33] VINCENT P, LAROCHELLE H, LAJOIE I, et al. Stacked denoising autoencoders: learning useful

representations in a deep network with a local denoising criterion[J]. Journal of Machine Learning Research, 2010, 11(12): 3371 - 3408.

[34]　RIFAI S, MESNIL G, VINCENT P, et al. Higher order contractive auto-encoder[C]// European Conference on Machine Learning & Knowledge Discovery in Databases. 2011: 1 - 16.

[35]　BODIN E, MALIK I, EK C H, et al. Nonparametric inference for auto-encoding variational Bayes [J]. arxiv preprint arxiv: 1712.06536, 2017.

[36]　GEHRING J, MIAO Y, METZE F, et al. Extracting deep bottleneck features using stacked auto-encoders[C]// IEEE International Conference on Acoustics. 2013: 1 - 11.

[37]　RADFORD A, METZ L, CHINTALA S. Unsupervised representation learning with deep convolutional generative adversarial networks[J]. Computer Science, 2015, (1): 1 - 5.

[38]　ARJOVSKY M, CHINTALA S, BOTTOU L. Wasserstein GAN[J] arXiv, 2017: 1 - 8.

[39]　MIRZA M, OSINDERO S. Conditional generative adversarial nets[J]. Computer Science, 2014: 2672 - 2680.

[40]　FERGUS R. Deep generative image models using a Laplacian pyramid of adversarial networks[C]// International Conference on Neural Information Processing Systems. 2015.

[41]　HARA K, SAITO D, SHOUNO H. Analysis of function of rectified linear unit used in deep learning[C]// International Joint Conference on Neural Networks. 2015: 1 - 14.

[42]　MARTINS A, ASTUDILLO R. From softmax to sparsemax: A sparse model of attention and multi-label classification[C]//International conference on machine learning. PMLR, 2016: 1614 - 1623.

[43]　DE-LA-CALLE-SILOS F. Deep maxout networks applied to noise-robust speech recognition[C]// International Conference on Advances in Speech & Language Technologies for Iberian Languages. 2014: 1 - 8.

[44]　KUMAR S K. On weight initialization in deep neural networks[J]. arXiv, 2017: 1 - 9.

[45]　MINAR M R, NAHER J. Recent advances in deep learning: an overview[J]. arXiv, 2018: 1 - 23.

[46]　RONNEBERGER O, FISCHER P, BROX T. U-net: convolutional networks for biomedical image segmentation[C]// International Conference on Medical Image Computing & Computer-assisted Intervention. 2015: 1 - 14.

[47]　KONDO K, IGUCHI M, ISHIGAKI H, et al. Design of complex-valued CNN filters for medical image enhancement[C]// Ifsa World Congress & Nafips International Conference. 2001: 1 - 12.

[48]　CHEONG J Y, PARK I K. Deep CNN-based super-resolution using external and internal examples [J]. IEEE Signal Processing Letters, 2017, PP(99): 1 - 11.

[49]　HE K, GKIOXARI G, DOLLAR P, et al. Mask R-CNN. [J]. IEEE Transactions on Pattern Analysis & Machine Intelligence, 2017, PP(99): 1 - 16.

[50]　MARSH R. FractalNet: A biologically inspired neural network approach to fractal geometry[J]. Pattern Recognition Letters, 2003, 24(12): 1881 - 1887.

[51]　ZHANG Z, LIANG X, DONG X, et al. A sparse-view CT reconstruction method based on combination of densenet and deconvolution. [J]. IEEE Transactions on Medical Imaging, 2018, 37

(6)：1－13.

[52] MEI L，PING X，LEE W C. Wavenet：A wavelet-based approach to monitor changes on data distribution in networks[C]// International Conference on Distributed Computing Systems. 2008：1－9.

[53] CHEN X，DUAN Y，HOUTHOOFT R，et al. InfoGAN：interpretable representation learning by information maximizing generative adversarial nets[J]. arXiv，2016：1－12.

[54] LIU M Y，TUZEL O. Coupled Generative Adversarial Networks[J]. arXiv，2016：1－12.

[55] WEI L，ZHANG S，GAO W，et al. Person transfer GAN to bridge domain gap for person re-identification[J]. arXiv，2018：1－13.

[56] DASH A，GAMBOA J C B，AHMED S，et al. TAC-GAN-text conditioned auxiliary classifier generative adversarial network[J]. arXiv，2017：1－9.

[57] ZHU J Y，PARK T，ISOLA P，et al. Unpaired image-to-image translation using cycle-consistent adversarial etworks[J]. arXiv，2017：1－10.

[58] LUC P，COUPRIE C，CHINTALA S，et al. Semantic segmentation using adversarial networks[J]. arXiv，2016：1－7.

[59] LI M B，HUANG G B，SARATCHANDRAN P，et al. Fully complex extreme learning machine[J]. Neurocomputing，2005，68(1)：306－314.

[60] TANG J，DENG C，HUANG G B. Extreme learning machine for multilayer perceptron[J]. IEEE Transactions on Neural Networks & Learning Systems，2017，27(4)：1－1.

[61] CHEN C，LIU Z. Broad learning system：an effective and efficient incremental learning system without the need for deep architecture. [J]. IEEE Transactions on Neural Networks & Learning Systems，2018，29(1)：10－24.

[62] SHUANG F，CHEN C L P. Fuzzy broad learning system：a novel neuro-fuzzy model for regression and classification[J]. IEEE Transactions on Cybernetics，PP(99)：1－11.

[63] YAO X，CHENG Q，ZHANG G Q. A novel independent RNN approach to classification of seizures against non-seizures[J]. arXiv，2019：1－18.

[64] PALANGI H，LI D，SHEN Y，et al. Deep sentence embedding using long short-term memory networks：analysis and application to information retrieval[J]. IEEE/ACM Transactions on Audio Speech & Language Processing，2016，24(4)：694－707.

[65] SHABANIAN S，ARPIT D，TRISCHLER A，et al. Variational Bi-LSTMs[J]. arXiv，2017：1－11.

[66] CHAN T H，JIA K，GAO S，et al. PCANet：a simple deep learning baseline for image classification? [J]. IEEE Transactions on Image Processing，2015，24(12)：5017－5032.

[67] TARIYAL S，MAJUMDAR A，SINGH R，et al. Deep dictionary learning[J]. IEEE Access，2016，4(99)：10096－10109.

[68] YANG Y，SUN J，LI H，et al. Deep ADMM-Net for compressive sensing MRI[J]. Advances in Neural Information Processing Systems，2016，5(1)：1－14.

[69] ZHOU Z H，FENG J. Deep forest：towards an alternative to deep neural networks[J]. arXiv，2017：1－6.

[70] SABOUR S, FROSST N, HINTON G E. Dynamic routing between capsules[J]. arXiv, 2017：1 - 9.

[71] SULAM J, PAPYAN V, ROMANO Y, et al. Multi-layer convolutional sparse modeling：pursuit and dictionary learning[J]. IEEE Transactions on Signal Processing, 2017, PP(99)：1 - 11

[72] SAMEK W, WIEGAND T, MüLLER K R. Explainable artificial intelligence：understanding, visualizing and interpreting deep learning models[J]. arXiv, 2017：1 - 13.

[73] DING X, LUO Y, LI Q, et al. Prior knowledge-based deep learning method for indoor object recognition and application[J]. Systems Science & Control Engineering, 6(1)：249 - 257.

[74] ZHANG C, BENGIO S, HARDT M, et al. Understanding deep learning requires rethinking generalization[J]. arXiv, 2016：1 - 15.

[75] GUO H, MAO Y, AL-BASHABSHEH, et al. Aggregated learning：a deep learning framework based on information-bottleneck vector quantization[J]. arXiv, 2018：1 - 17.

[76] 焦李成, 赵进, 杨淑媛, 等. 稀疏认知学习、计算与识别的研究进展[J]. 计算机学报, 2016, 39(4)：835 - 852.

[77] 焦李成, 赵进, 杨淑媛, 等. 深度学习、优化与识别[M]. 北京：清华大学出版社, 2017.

[78] AHARON M, ELAD M, BRUCKSTEIN A. K-SVD：an algorithm for designing overcomplete dictionaries for sparse representation[J]. IEEE Transactions on Signal Processing, 2006, 54(11)：4311 - 4322.

[79] 赵松年, 姚力, 金真, 等. 视像整体特征在人类初级视皮层上的稀疏表象：脑功能成像的证据[J]. 科学通报, 2008(11)：1296 - 1304.

[80] HOUWELING A R, BRECHT M. Behavioural report of single neuron stimulation in somatosensory cortex.[J]. e-Neuroforum, 2008, 14(1)：174 - 176.

[81] MALMIR M, SHIRY S. Object recognition with statistically independent features：a model inspired by the primate visual cortex[C]// Robocup：Robot Soccer World Cup XIII. 2009.

[82] OLSHAUSEN B A, FIELD D J. Sparse coding with an overcomplete basis set：a strategy employed by V1? [J]. Vision Research, 1997, 37(23)：3311 - 3325.

[83] HYVäRINEN A, HOYER P O. A two-layer sparse coding model learns simple and complex cell receptive fields and topography from natural images.[J]. Vision Research, 2001, 41(18)：2413 - 2423.

[84] 刘芳, 武娇, 杨淑媛, 等. 结构化压缩感知研究进展[J]. 自动化学报, 2013, 39(12)：1980 - 1995.

[85] WANG Y, ZHANG Q, HU X. Distributed sparse HMAX model [C]// Chinese Automation Congress. 2015：1 - 8.

[86] ZHAO J, JIAO L, FANG L, et al. 3D fast convex-hull-based evolutionary multiobjective optimization algorithm[J]. Applied Soft Computing, 2018, PP(1) 67 - 78.

[87] LI C L, RAVANBAKHSH S, POCZOS B. Annealing gaussian into ReLU：a new sampling strategy for leaky-ReLU RBM[J]. arXiv, 2016：1 - 15.

[88] YANG J, CHU D, ZHANG L, et al. Sparse representation classifier steered discriminative projection with applications to face recognition[J]. IEEE Transactions on Neural Networks & Learning Systems, 2013, 24(7)：1023 - 1035.

[89] ZHANG X, TRMAL J, POVEY D, et al. Improving deep neural network acoustic models using generalized maxout networks[C]// IEEE International Conference on Acoustics. 2014: 1-8.

[90] PAPYAN V, ROMANO Y, SULAM J, et al. Theoretical foundations of deep learning via sparse representations: a multilayer sparse model and its connection to convolutional neural networks[J]. IEEE Signal Processing Magazine, 2018, 35(4): 72-89.

[91] HAN S, MAO H, DALLY W J. Deep compression: compressing deep neural networks with pruning, trained quantization and huffman coding[J]. Fiber, 2015, 56(4): 3-7.

[92] SHERVASHIDZE N, BACH F. Learning the structure for structured sparsity[J]. IEEE Transactions on Signal Processing, 2015, 63(18): 4894-4902.

[93] CHARALAMPOUS, KOSTAVELIS, AMANATIADIS, et al. Sparse deep-learning algorithm for recognition and categorisation[J]. Electronics Letters, 2012, 48(20): 1265-1266.

[94] BAYDIN A G, PEARLMUTTER B A, SISKIND J M. Tricks from deep learning[J]. arxiv preprint arxiv: 1611.03777, 2016.

[95] LU L, SHIN Y, SU Y, et al. Dying ReLU and initialization: theory and numerical examples[J]. arXiv, 2019: 1-15.

[96] GUPTA A, DUGGAL R. P-TELU: parametric tan hyperbolic linear unit activation for deep neural networks[C]// IEEE International Conference on Computer Vision Workshop. 2017: 1-9.

[97] JIE L, YUAN J S. Analysis and simulation of capacitor-less reram-based stochastic neurons for the in-memory spiking neural network[J]. IEEE Transactions on Biomedical Circuits & Systems, 2018, PP(99): 1-14.

[98] SAINATH T N, KINGSBURY B, SINDHWANI V, et al. Low-rank matrix factorization for Deep Neural Network training with high-dimensional output targets[C]// IEEE International Conference on Acoustics. 2013: 1-13.

[99] YU X, LIU T, WANG X, et al. On compressing deep models by low rank and sparse decomposition [C]// Computer Vision & Pattern Recognition. 2017: 1-7.

[100] WANG S, YUE B, LIANG X, et al. How does the low-rank matrix decomposition help internal and external learnings for super-resolution[J]. IEEE Transactions on Image Processing A Publication of the IEEE Signal Processing Society, 2018, 27(3): 1086.

第 2 章 多尺度几何逼近理论

作为一种良好的逼近工具，神经网络在深度学习日益发展的今天发挥着越来越重要的作用。相较于利用神经网络对简单函数、系统等的逼近，研究者们开始探索深度神经网络与多尺度几何逼近系统的进一步有效结合。

随着非线性逼近理论的逐步发展及数学表征理论的进一步完善，多尺度几何及其逼近系统越来越被重视。由于多尺度几何逼近具有良好的非线性、方向性、平移不变性、逼近性，因此其可以为神经网络逼近系统的后续发展提供很好的补充作用。将多尺度几何分析融入神经网络的逼近理论无疑会是未来的一个重点研究方向。

本章将回顾从傅里叶变换到多尺度几何变换的发展过程，重点介绍多种多尺度几何逼近波函数，以此作为除神经网络外的逼近方式的有效补充。神经网络与多尺度几何逼近方法的有效结合将在后续内容详细介绍。

2.1 小波分析与多尺度几何分析

2.1.1 由傅里叶到小波分析理论

Fourier 在 1807 年提出以下理论：周期为 2π 的任意一个函数均可以被表示成一系列三角函数的代数之和。随着科学的蓬勃发展，科学家们尝试提供一种直接且简便的分析方式来实现某种基下的最优逼近，而这个逼近的误差刚好体现了在此基表示下，分解系数的能量集中程度。

Fourier 分析的核心思想是将函数用一簇三角基展开，也就是将不同频率的谐波函数进行线性叠加，从而将原函数在时域中的讨论变换到频域中。以三角基展开的方式具有很大的局限性，因此人们开始尝试其他的正交体系——小波分析。在数学界，小波分析独一无二，因为其较精确的时频定位特性，小波可有效处理非平稳信号。同时，与 Fourier 分析相比，小波更能稀疏地表示一段分段光滑或者有界变差函数。本节将按照傅里叶→短时傅里叶变换→小波变换的顺序进行简介。

傅里叶变换在处理非平稳信号时有天生缺陷，它仅仅获取信号总体包含的频率成分，但是并不知道各成分出现的具体时刻。然而自然界中的大量信号几乎均为非平稳的，因此单纯傅里叶变换不再适用。对于自然中的非平稳信号，除了频率成分，我们还需要知道各成分出现的具体时间，也就是时频分析。

加窗显然是一个可行方法，通过将整个时域过程分解成为一系列近似平稳的小过程，再进行傅里叶变换，可知各时间点上出现了的频率，也就是短时傅里叶变换（Short-time Fourier Transform，STFT）。

但是，如果窗太窄，会导致窗内的信号太短，进而导致频率分析得不精准。如果窗太宽，在时域上又不够精细，则会引起时间分辨率偏低。窄窗口的时间分辨率高、频率分辨率低，宽窗口的时间分辨率低、频率分辨率高。因此，对于时变的非稳态信号，仍然无法满足信号变化的频率需求，故而需要小波来发挥其作用。

与短时傅里叶变换 STFT 不同，STFT 采取的措施是信号加窗，再分段做 FFT，而小波将傅里叶变换的基进行替换——将无限长的三角函数基换成有限长的会衰减的小波基。在这种情况下，不仅可以获取频率，同时可以定位时间。接着，我们从数学公式的角度进行基函数的分析。

无限长的三角函数被傅里叶变换采用，作为基函数，公式如下：

$$F(\omega) = \int_{-\infty}^{\infty} f(t) * e^{-i\omega t} dt \tag{2.1}$$

该基函数可以有效地伸缩、平移，窄时对应高频，宽时对应低频。将这个基函数和信号不断地进行相乘，通过某一个尺度（宽窄）下相乘得到的结果，即可获取信号所包含的当前尺度所对应频率成分的多少。仔细分析可知，其本质是计算信号与三角函数的相关性。

如上文所说，小波的改变在于，将无限长的三角函数基换成了有限长的衰减的小波基，小波变换公式如下：

$$\begin{cases} F(\omega) = \int_{-\infty}^{\infty} f(t) * e^{-i\omega t} dt \Rightarrow \\ WT(a, \tau) = \frac{1}{\sqrt{a}} \int_{-\infty}^{\infty} f(t) * \psi\left(\frac{t-\tau}{a}\right) dt \end{cases} \tag{2.2}$$

从公式（2.2）可以看出，不同于变量只有频率的傅里叶变换，小波变换具有两个变量：尺度和平移量。尺度可以控制小波函数的伸缩，而平移量可以控制小波函数的平移。在这个过程中，尺度对应于频率（成反比），而平移量对应于时间。

与傅里叶变换不同，这使得小波不仅可以知道信号所具有的频率成分，同时可以知道其在时域上的具体位置。就时频分析而言，傅里叶变换只能获得一个频谱，而小波变换却可以获得一个时频谱。

显然，小波变换也具有一些不足：

（1）就图像处理而言，多尺度几何分析方法（超小波）要优于小波。对于二维信号如图像，二维小波变换仅仅沿两个方向进行，虽然能有效表达图像中的点信息，但是对线信息效果较差。但是图像处理中最重要的信息是边缘线，这种情况下多尺度几何分析方法就具备优势。

（2）就时频分析而言，与希尔伯特-黄变换（HHT）相比，小波依然没脱离海森堡测不准原理，因而在某种尺度下，小波不能在时间和频率上同时获得很高的精度。另外，小波是非适应性的，基函数不能轻易更改。

2.1.2　Gabor 系统的逼近

在进行数字图像处理的过程中，常用方法主要分成两种：空域分析法和频域分析法。顾名思义，空域分析法指的是对图像矩阵进行处理；而频域分析法往往是通过图像变换来将图像从空域变换到频域，从而从另外一个角度来分析图像的特征并进行后续的相关处理。频域分析法在图像增强、图像复原、图像编码压缩及特征编码压缩方面均发挥着广泛的作用。

傅里叶变换作为一种线性系统分析的有力工具，可以将时域信号有效地转换到频域并进行后续分析，故而时域和频域之间会存在一对一的映射关系。图像的频率是一种表征图像中灰度变化剧烈程度的指标，也可以称为灰度在平面空间上的梯度。举个例子，对于大面积的沙漠，其在图像中是一片灰度变化缓慢的区域，因而对应的频率值很低；而地表属性变换较为剧烈的边缘区域，其在图像中往往对应一片灰度变化剧烈的区域，其频率值较高。

如果一个信号 $f(t)$ 在 $(-\infty, +\infty)$ 上满足以下条件：

（1）$f(t)$ 在任一有限区间上满足狄氏条件，即在一个函数周期内，间断点的数目是有限的，极大值和极小值的数目是有限的，来保证最终条件——信号 $f(t)$ 绝对可积；

（2）$f(t)$ 在 $(-\infty, +\infty)$ 上绝对可积，即

$$\int_{-\infty}^{+\infty} (|f(t)|)\, \mathrm{d}t < \infty \tag{2.3}$$

就可以通过傅里叶变换把时域信号 $f(t)$ 转化到频域进行处理。

傅里叶变换函数如下：

$$F(\omega) = \int_{-\infty}^{+\infty} f(t)\mathrm{e}^{-\mathrm{j}\omega t}\, \mathrm{d}t = F[f(t)] \tag{2.4}$$

然后再通过傅里叶反变换把频域信号转化到时域，傅里叶逆变换如下：

$$f(t) = \frac{1}{2\pi} \int_{-\infty}^{+\infty} F(\omega) e^{j\omega t} d\omega = F^{-1}\big[f(t)\big] \qquad (2.5)$$

但是，傅里叶变换也存在着明显不足。经典 Fourier 变换往往只能反映信号的整体特性（时域、频域）。然而，对傅里叶谱中的某一频率，我们无法得到这个频率具体是在什么时间产生的。另外，从傅里叶变换的定义也可以知道，傅里叶变换作为信号在整个时域内的积分，往往反映的是信号频率的一种统计特性，其不具备局部化分析信号的功能。

然而，现实中的信号在某时刻的某个小邻域发生变化，则信号的整个频谱都会受影响。而从根本上来说，频谱的变化无法标定发生变化的具体时间和变化的具体剧烈程度。换句话说，Fourier 变换对信号的齐异性是不敏感的。虽然 Fourier 变换不能给出在各个局部时间范围内部频谱上的谱信息描述，但在实际应用中，齐异性往往是我们所关心的信号局部范围内的特性。因此，局部化时间分析、图形边缘检测、地震勘探反射波的位置等信息显得极其重要。

为了解决傅里叶变换的局限性，科研人员提出了 Gabor 变换。

Gabor 变换是由 D. Gabor 在 1946 年提出的，为了在信号的 Fourier 变换中提取出有效的局部信息，Gabor 引入了时间局部化的窗函数，从而得到窗口 Fourier 变换。由于窗口 Fourier 变换只依赖于部分时间的信号，因此其又被称为短时 Fourier 变换，这个变换又被称为 Gabor 变换。

Gabor 变换相比于 Fourier 变换来说，其改变在于积分时间。Fourier 变换是基于整个时间域 $(-\infty, +\infty)$ 上的积分，而 Gabor 变换则是基于一个局部时间窗口上的积分。

Gabor 变换的定义如下：

（1）具体窗函数：Gaussian 的 Gabor 变换定义式。

Gabor 变换的基本思想是：把信号划分成很多个小的时间间隔，利用傅里叶变换来分析每个时间间隔，从而确定信号在该时间间隔存在的频率，具体的处理方法是对 $f(t)$ 函数添加一个滑动窗，再进行傅里叶变换。

设函数 f 为具体的函数，且 $f \in L^2(R)$，则 Gabor 变换定义为

$$G_f(a, b, \omega) = \int_{-\infty}^{+\infty} f(t) g_a(t-b) e^{-i\omega t} dt \qquad (2.6)$$

其中，$g_a(t) = \dfrac{1}{2\sqrt{\pi a}} \exp\left(-\dfrac{t^2}{4a}\right)$ 是高斯函数，称为窗函数，其中 $a > 0$，$b > 0$。$g_a(t-b)$ 是一个时间局部化的窗函数，其中参数 b 用于平行移动窗口，以便于覆盖整个时域，对参数 b 积分，则有

$$\int_{-\infty}^{+\infty} G_f(a, b, \omega) db = \hat{f}(\omega), \quad \omega \in R \qquad (2.7)$$

信号的重构表达式为

$$f(t) = \frac{1}{2\pi} \int_{-\infty}^{+\infty} \int_{-\infty}^{+\infty} G_f(a, b, \omega) g_a(t-b) e^{i\omega t} d\omega db \tag{2.8}$$

Gabor 取 $g(t)$ 函数为高斯函数，主要基于两个原因，一是高斯函数的 Fourier 变换依然为高斯函数，这就使 Fourier 逆变换也用窗口函数局部化，同时体现了频域的局部化；二是 Gabor 变换作为最优的窗口 Fourier 变换，它的意义在于其出现后引入了真正意义上的时频分析。

Gabor 变换可以实现时频局部化，从而既能够在整体上提供信号的全部信息，又能提供在任意局部时间之内信号变换剧烈的程度信息。换句话说，它可以同时提供时域和频域的局部化信息。

（2）窗口的宽高关系。

经理论推导可知，高斯窗函数条件下的窗口宽和高，其积为一定值，即

$$\left[b - \sqrt{a}, b + \sqrt{a} \right] \times \left[\omega - \frac{1}{a\sqrt{a}}, \omega + \frac{1}{a\sqrt{a}} \right] = (2\Delta G_{b,\omega}^a)(2\Delta H_{b,\omega}^a)$$
$$= (2\Delta g_a)(2\Delta g_{1/4a}) \tag{2.9}$$

由此，可看出 Gabor 变换的局限性：其时间频率的宽度对所有频率是不变的。实际要求为窗口大小应该随频率的变化而变化，频率高，窗口应越小，这样就符合实际问题，高频信号的分辨率应比低频信号要低。

Gabor 变换与傅里叶变换、小波变换的区别如下：

（1）傅里叶变换、Gabor 变换和小波变换分别拥有自己所特定的定义变换式，它们在实际使用中的侧重点也是不同的。总体上讲，傅里叶变换往往更适用于稳定信号；Gabor 变换更适用于较稳定的非稳定信号；小波变换则偏重于被应用在极不稳定的非稳定信号上。

（2）从加窗的角度来说，Gabor 变换属于加窗傅里叶变换，因而 Gabor 函数可以在频域上从不同尺度、不同方向上提取到需要的相关特征。但是，小波变换不仅可以实现在频域上的加窗，同时还可以实现在时域上的加窗，小波继承和发展了傅里叶变换局部化的优良思想，同时又能够克服窗口大小不随频率变化这一缺点，因此，小波是进行信号时频分析和图形图像处理的一种理想工具。

（3）Gabor 变换不是小波变换，但是 Gabor 小波变换是小波变换。值得一提的是，Gabor 变换和 Gabor 小波变换不是一回事。Gabor 函数本身并不具有小波函数所具备的正交特性，但是如果对 Gabor 函数进行正交化处理，就可以将其称为 Gabor 小波。综上所述，将 Gabor 变换正交化，就可以得到 Gabor 小波变换。

Gabor 小波特征如下：

与人类视觉系统中简单细胞的视觉刺激响应对比可知，Gabor 小波与其非常相似。在提取目标的局部空间以及频率域信息方面，Gabor 小波具有非常好的特性。

尽管 Gabor 小波本身不能形成正交基，但在一定的参数下，它们可以形成一个紧凑的

坐标系。Gabor 小波对图像的边缘敏感，进而可以提供良好的方向选择以及尺度选择的特性。Gabor 小波对光的变化不敏感，对光的变化有很好的适应性。这些特性使得 Gabor 小波在视觉信息理解中得到了广泛的应用。二维 Gabor 小波变换是信号时频域分析和处理中的重要工具，它的变换系数具有良好的视觉特征和生物背景，因此在图像处理、模式识别等领域得到了广泛的应用。

与传统的傅里叶变换相比，Gabor 小波变换具有很好的时频局部化特性。换句话说，Gabor 滤波器的方向、基带宽度和中心频率可以很容易地调整，从而在时域和频域上都能最好地应用信号的分辨能力。Gabor 小波变换具有多分辨率特性，也就是所说的变焦能力。采用多通道滤波技术，在图像变换中可以应用一组具有不同频域特征的 Gabor 小波。每个通道都可以得到输入图像的一些局部特征，以便根据需要对图像进行不同的粗度和细度分析。

2.2　多尺度几何分析的基础

本节将根据典型的多尺度几何分析方法出现的时间顺序，对其逼近性能进行进一步讨论。

2.2.1　由小波到多尺度几何理论

小波分析在众多学科领域中取得成就的关键原因就是它比傅里叶分析更稀疏。但是，由于小波只具有有限方向数，因此主要适用于一维奇异性对象，不能简单地推广到二维或含线或者面奇异的更高维。事实上高维空间中具有线或面奇异的函数很普遍，如自然物体的光滑边界。在表示这些函数时，小波分析并不能充分利用其特有的几何特征。因此，在表示这些函数时，需要寻找更优或更稀疏的表示方法。

继小波分析之后，多尺度几何分析(Multiscale Geometric Analysis，MGA)得到了蓬勃发展，并作为高维函数的最优表示方法。这些高维空间数据的主要特点为：它们的某些重要特征往往集中出现于其低维子集中(如曲线、面等)，而对于三维图像，它们的重要特征又体现为丝状物(filaments)和管状物(tubes)。

下面进行奇异性分析和多尺度几何简介。

1. 奇异性分析

首先给出奇异性的定义：若函数在某处有间断或者某阶导数不是连续的，那么可以说该函数在此处具有奇异性。同时，奇异性或非正则结构往往包含着图像的本质信息。举个例子, 图像亮度的不连续性的本质其实是物体的边缘部分, 图像的奇异性在图像处理领域是非常常见的, 这一奇异性可以是光滑曲线的奇异性, 并不仅仅是点奇异性。在数学上, Lipschitz 指数通常被用来刻画信号的奇异性大小。

二维小波基具有的支撑区间是正方形的, 且不同尺寸大小的正方形可以被用在不同的分辨率下。二维小波逼近奇异曲线的过程最终可以被表现为"点"逼近线的过程, 如图 2.1 所示。对于尺度 j, 小波支撑区间的边长近似为 2^{-j}, 幅值超过 2^{-j} 的小波系数的个数至少为 $O(2^{j})$, 如果这一尺度变小, 非零小波系数的个数将会以指数形式增长, 因而出现大量不可忽略的系数, 最终无法实现对原函数的"稀疏"表示。因此, 尝试寻找某种变换使其能在逼近奇异曲线时, 充分利用原函数的几何正则性, 那么其基的支撑区间应该为"长条形", 从而使用最少的系数实现对奇异曲线的有效逼近。同时, "长条形"支撑区间的本质是"方向"性的体现, 因此也可以说这种基具有"各向异性(anisotropy)"。上述变换过程就是"多尺度几何分析"。

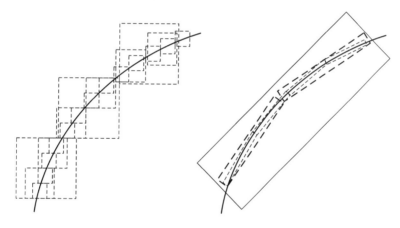

图 2.1　逼近示意图

2. 多尺度几何简介

为了更好地检测、描述高维奇异性, 人们提出了一种带有方向性的稀疏表示方法, 也就是多尺度几何分析。多尺度几何分析作为一种新的图像稀疏表示方式, 能够实现对光滑分段函数的最优逼近。现今, 多尺度几何已经广泛应用于图像去噪、图像压缩、特征提取等多个方向。

多尺度几何的产生符合人类视觉对图像进行有效感知的要求, 也就是说它具有局部性、方向性和多尺度性。对于具有面奇异或线奇异的高维函数, 多尺度几何是一种最优或最稀疏的表示方法。在图像领域, 稀疏表示在数据存储、传输中发挥着广泛的作用。余弦基、小波基再到如今的多尺度几何分析, 图像的稀疏表示逐步发展并出现了一个个全新有效的方法。

目前已有的多尺度几何分析方法包括 Emmanuel J Candès 等人提出的脊波变换（Ridgelet Transform）、单尺度脊波变换（Monoscale Ridgelet Transform）、Curvelet 变换（Curvelet Transform），E. Le Pennec 等人提出的 Bandelet 变换，M. N. Do 等人提出的 Contourlet 变换，David Donoho 提出的 Wedgelet、Beamlet 等。

需要注意的是，多尺度几何分析方法可以简单地分为自适应和非自适应两类，自适应方法一般利用已知的边缘检测信息来对原函数进行最优的表示，即边缘检测和图像表示的结合，例如 Bandelet 和 Wedgelet；非自适应的方法无需先验地计算图像的几何特征，而是采取直接在一组固定的基或框架上对图像分解，从而摆脱了对图像自身结构信息的依赖，例如 Ridgelet、Curvelet 和 Contourlet。

2.2.2　脊波变换

脊波（Ridgelet）变换是一种非自适应的高维函数表示方法，其最早是在 1998 年被 EmmanuelJ Candès 博士在论文中提到的。利用方向选择和识别能力，脊波可有效地表示方向性奇异特征。其具体操作方法如下：通过对图像进行 Radon 变换，可以把图像中的直线映射为一个点，然后使用一维小波进行奇异性检测，可解决小波变换存在的处理二维图像时的问题。但当边缘线条含有较多曲线时，全图 Ridgelet 变换并不是十分有效的。为了解决这个问题，获取含曲线奇异的多变量函数的稀疏逼近，单尺度脊波（Monoscale Ridgelet）变换被提出，或者将图像分块使得每个分块中需表征的线条接近直线，再对每个分块进行 Ridgelet 变换，即多尺度 Ridgelet。

考虑多变量函数 $f \in L^1 \bigcap L^2(\mathbf{R}^n)$，若函数 $\psi: \mathbf{R} \to \mathbf{R}$ 属于 Schwartz 空间 $S(R)$，且满足容许条件：

$$K_{\psi} = \int \frac{|\hat{\psi}(\xi)|^2}{\xi^n} \mathrm{d}\xi < \infty \tag{2.10}$$

则称 ψ 是容许激励函数，称

$$\psi_{\gamma}(x) a^{\frac{1}{2}} \psi\left(\frac{\langle u, x \rangle - b}{a}\right) \tag{2.11}$$

为脊波。

2.2.3　曲线波变换

上述多尺度 Ridgelet 变换过程存在较大冗余，因此 Candès 和 Donoho 于 1999 年提出了连续曲线波（Curvelet）变换。第一代 Curvelet 变换实际上是基于多尺度 Ridgelet 变换理论和带通滤波器理论的。利用特殊的滤波过程和多尺度脊波变换，在有效的子带分解后，对不同尺度的子带图像可以使用不同尺寸的分块，再进行 Ridgelet 分析。第一代 Curvelet 包含子带分解、平滑分块、正规化和 Ridgelet 分析等许多步骤，且其金字塔式的分解带来了巨大的冗余，因此，Candès 等人又提出了第二代 Curvelet 变换（Fast Curvelet Transform）。基于第二代 Curvelet 变换理论，常用的有两种快速离散实现方法，分别是非均匀空间抽样的二维 FFT 算法（Unequally-Spaced Fast Fourier Transform，USFFT）和 Wrap 算法（Wrapping-Based Transform）。

第一代 Curvelet 变换的本质是基于多尺度 Ridgelet 变换理论和带通滤波器理论进行的一种变换。Curvelet 变换是由特殊的滤波过程和多尺度脊波变换组合实现的：在对图像进行子带分解后，可以对不同尺度的子带图像采取不同大小的分块，并对每个分块进行 Ridgelet 分析。如同微积分，曲线在足够小的尺度下可以被看作为直线，同理，曲线奇异性可以由直线奇异性来表示。

由于第一代 Curvelet 的数字实现很复杂，包含子带分解、平滑分块、正规化和 Ridgelet 分析等一系列步骤，同时 Curvelet 金字塔的分解也造成了巨大的数据冗余，因此在 2002 年，Candès 等人提出了第二代 Curvelet 变换（Fast Curvelet Transform）。二代 Curvelet 的实现更简单且更便于理解，其实现过程无须使用 Ridgelet，仅使用了紧支撑框架等抽象的数学意义。

在 2005 年，Candès 和 Donoho 提出了两种基于第二代 Curvelet 变换理论的快速离散 Curvelet 变换实现方法：非均匀空间抽样的二维 FFT 算法（Unequally-Spaced Fast Fourier Transform，USFFT）和 Wrap 算法（Wrapping-Based Transform）。

完成 Curvelet 变换需要一系列滤波器，如 Φ_0，$\Psi_{2s}(s=0，1，2，\cdots)$，这些滤波器需满足以下条件：

（1）Φ_0 是一个低通滤波器，且其通带为 $|\xi|\leqslant 1$；

（2）Ψ_{2s} 是带通滤波器，通带范围为 $|\xi|\in[2^{2s}，2^{2s+2}]$；

（3）所有滤波器需满足 $\left|\hat{\Phi}_0(\xi)\right|^2+\sum_{s\geqslant 0}\left|\hat{\Psi}_{2s}(\xi)\right|^2=1$。

基于上述低通滤波器及带通滤波器组，利用曲线波变换可以实现函数映射过程，公式如下：

$$f\leftrightarrow\begin{cases}P_0f=\Phi_0\times f\\\Delta_0f=\Psi_0\times f\\\cdots\\\Delta_sf=\Psi_{2s}\times f\end{cases}\tag{2.12}$$

依照递归思想，基于多级滤波器的函数映射公式可以被写为 $\|f\|_2^2=\|P_0f\|_2^2+\sum_{s\geqslant 0}\|\Delta_s\times f\|_2^2$。为了运算过程的简洁性，可以统一定义 Curvelet 变换系数为

$$\alpha_\mu = \langle \Delta_s f, \psi_{Q,a} \rangle, Q \in \Omega_s, \alpha \in \Gamma \tag{2.13}$$

曲线波变换的参数设置应该适应于具体的各项任务。在曲线波变换的过程中，两个重点参数为曲线波变换的尺度数和第二粗尺度分解中所包含的角度数量。一个曲线波频域平铺图的例子及其多尺度的实际特征系数如图 2.2 所示，在该例子中上述两个参数分别为 4 和 16。

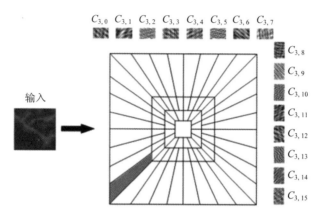

图 2.2　曲线波频域平铺图及具体特征系数

2.2.4　楔波变换

楔波 Wedgelet 是 David L Donoho 教授在 1999 年研究如何从含噪数据中恢复原图像时提出的一种方向信息检测模型。在众多的多尺度几何分析工具中，Wedgelet 变换同时具有良好的线特性和面特性。作为一种简明的图像轮廓表示方法，多尺度 Wedgelet 可以实现对图像的分段线性表示，并且根据图像内容来自动确定分块大小，从而较好地获取图像的线特征和面特征。

多尺度 Wedgelet 变换由两步组成：多尺度 Wedgelet 分解和多尺度 Wedgelet 表示。分解过程：通过将图像分解为不同尺度的图像块，并将其投影成各个允许方位的 Wedgelet。表示过程：依照分解结果，选取图像的最佳划分，并且为每个图像块选择出最优的 Wedgelet 表示。

从本质上讲，Wedgelet 就是在一个图像子块（dyadic square）中画条线段，将其分成两个楔块，对每一个楔块采用唯一的灰度值表示。而线的位置就拥有两个灰度值，从而近似刻画出这个子块的性质。

Wedgelet 在具体操作中是利用二进剖分，将各个尺度、位置和方向的二进楔形区域上的特征函数作为基元素。在二进制正方形中，任意两个不属于同一条边上的顶点间的连线可以构成一条 Wedeglet，其左侧区域 R_a 构成了值为常数 c_a 的基函数，而右侧区域 R_b 构

成了值为常数 c_b 的 Wedgelet 基函数，这两个常数的值可由下式求出：

$$c_a = \text{Ave}(I(S_{j,k}) \,|\, R_a)$$
$$c_b = \text{Ave}(I(S_{j,k}) \,|\, R_b)$$

(2.14)

图像的 Wedgelet 逼近通过最小化下式的目标函数求得：

$$H_{\lambda,f}(P,f) = \| f - \widetilde{\text{Ave}} \,|\, f \,|\, P \|^2 + \lambda \,\sharp\, |P|$$

(2.15)

楔波变换示例如图 2.3 所示。

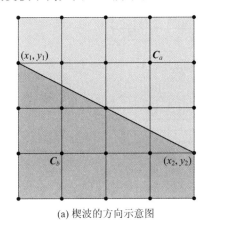 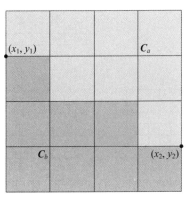

(a) 楔波的方向示意图　　　　　　　(b) 栅格化后的结果

图 2.3　楔波变换示例

2.2.5　小线变换

1999 年，斯坦福大学的 David L Donoho 教授首次提出了小线变换（Beamlets Transform），由小线变换引入的小线分析（Beamlets Analysis）也是多尺度分析的一种。

小线变换可以被理解为小波分析多尺度概念的延伸，且其是一种能进行二维或更高维奇异性分析的有效工具。通过采用各种方向、尺度和位置的小线段为基本单元来建立小线库，使用图像与库中的小线段进行积分从而产生小线变换系数，接着以小线金字塔方式来组织变换系数，再通过图的形式从金字塔中提取小线变换系数，就可以实现多尺度分析。

与小波相比，Beamlet 分析中的线段类似于小波分析中的点。Beamlet 能提供基于二进组织的线段的局部尺度、位置和方向信息，从而实现线的精确定位。Beamlet 基是一个具有二进特征的多尺度的有方向线段集合，其线段的始终点坐标是二进的，尺度也是二进的。从 Beamlet 基的框架可知，每条 Beamlet 把每个二进方块分为两个部分，每个 Beamlet 对应两个互补的 Wedgelet，使 Beamlet 基与 Wedgelet 对应起来。

小线变换的基本理论部分主要涉及以下五部分。

（1）建立小线库目标数据库。

小线库是包含各种方向、尺度和位置信息的小的线段的集合，它是任何线段、曲线集合多尺度逼近的基础和关键。小线分析对图像逼近度直接取决于小线库的容量。图 2.4 展示了分别用 1 bit 和 2 bit 对 8×8 图像编码的线段分布情况。

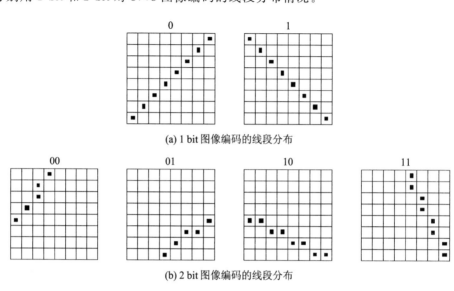

(a) 1 bit 图像编码的线段分布

(b) 2 bit 图像编码的线段分布

图 2.4　图像编码的线段分布图

可以看出，当使用的编码比特数越接近完全编码比特数时，小线库中包括的线段方向、长度、位置就越多，就能更好地对图像进行逼近。

（2）小线变换。

假设 $f(x_1, x_2)$ 为 $[0,1]^2$ 上的连续函数，v_1，v_2 为 $[0,1]^2$ 上的任意两个标注点，线段 $b = \overline{v_1 v_2}$，则连线函数 f 的连续 Beamlet 变换是指所有线段积分的集合：

$$T_f(b) = \int_b f(x(l)) \, \mathrm{d}l \qquad (2.16)$$

式中，$x(l)$ 是 b 沿单位速度路径上的描述。要将连续 Beamlet 变换运用到图像处理中，就需要进行插值离散化：

$$f(x_1, x_2) = \sum_{i_1, i_2} f_{i_1, i_2} \phi_{i_1, i_2}(x_1, x_2) \qquad (2.17)$$

式中，(ϕ_{i_1, i_2}) 是一种连续插值函数，可以有多种选择方式。

（3）建立小线金字塔。

小线金字塔是所有小线变换系数的集合，它以一种多尺度分层数据结构组织小线变换系数。假设有一个小线 b，将其在更精细的级中表示为 b_1，b_2，b_3 的组合，分解情况如图 2.5 所示。

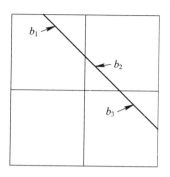

图 2.5　将小线在更精细的级中分解为三个小线

实现小线分解 $b=\bigcup_i b_i$ 的关键在于粗级的小线到细级小线时要满足：

$$T_f[b]=\sum_i T_f[b_i] \tag{2.18}$$

（4）建立小线图。

小线图是组织小线变换系数的一种数据结构，在小线图中，存在 $(n+1)^2$ 个顶点，对应于一个包含 $n\times n$ 像素的图像，存在 $16n^2(\mathrm{lb}(n)+1)$ 个边，对应于 $B_{n,1/n}$ 中的小线。小线图中不同顶点之间的各种连接如图 2.6 所示。

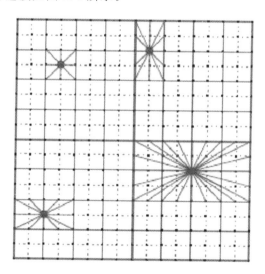

图 2.6　小线图中不同顶点之间的各种连接

（5）小线算法。

以小线图结构为驱动从小线金字塔中提取小线变换系数的方法包括网络流图算法、小线修饰递归双值分割算法等。

这里以小线修饰递归双值分割算法（BD-RDP）为例来说明小线算法的实现原理。递归二值区域划分情况和树结构的对应关系如图 2.7 所示。

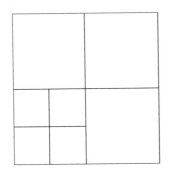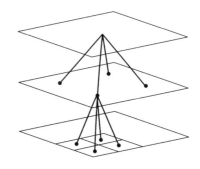

图 2.7 区域划分以及与其对应的树结构

在 RDP 的基础上引入 BD-RDP，就形成了小线修饰递归双值分割。如图 2.8 所示，它的每个子块中只能有一个小线变换，通过树结构提取图像中不同级的线段。正是由于每个子块中只有一个小线，从而避免了图不够清晰的问题。因为不存在由于阈值筛选而导致舍弃一部分小线的过程，所以对于每一个小线，它的能量都是固定的。也就是说，只要知道其能量，就可以知道它对应的小线的方向长度和大小，这也就真正地实现了多尺度。

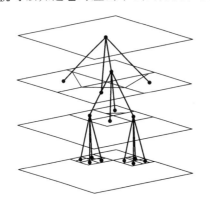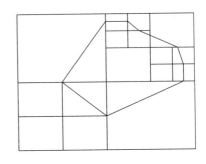

图 2.8 BD-RDP 相关的树结构以及提取的多重线段

2.2.6 条带波变换

2000 年，ELe Pennec 和 Stéphane Mallat 提出了 Bandelet 变换。作为一种基于边缘的图像表示方法，Bandelet 变换可以自适应地跟踪图像的几何正则方向。ELe Pennec 和 Stephane Mallat 认为，如果在图像处理过程中能预先计算出图像的几何正则性，并将其充分应用，则可以有效地提高逼近性能。

通过预定义一种能表征图像局部正则方向的几何矢量线，研究者可以对图像的支撑区

间 S 进行二进剖分 $S = U_i \Omega_i$，每一个剖分区间 Ω_i 中最多仅仅包含一条轮廓线，也就是边缘。对于所有不包含轮廓线的局部区域 Ω_i，图像灰度值的变化往往是一致正则的，故而在这些区域内无需定义几何矢量线的方向。对于包含轮廓线的这些局部区域，几何正则的方向也就能体现轮廓的切线方向。依照局部几何正则方向，研究者可以在全局最优的约束下，计算区域 Ω_i 上矢量场 $\tau(x_1, x_2)$ 的矢量线，再沿矢量线将定义在 Ω_i 的区间小波进行 Bandelet 化从而生成 Bandelet 基，这样就能充分利用图像本身所具有的局部几何正则性。Bandelet 化的过程其实就是沿矢量线进行小波变换的过程，也就是所谓的弯曲小波变换（Warped Wavelet Transform）。所有剖分区域 Ω_i 上的 Bandelet 的集合就可以构成一组 $L_2(S)$ 上的标准正交基。

Bandelet 同小波相比具有两个明显优势：① 充分利用几何正则性，高频子带能量更集中，使得在相同的量化步骤下，非零系数的个数相对减少；② 利用四叉树结构和几何流信息，Bandelet 系数可以重新排列，因而在编码时系数扫描方式更灵活。初步实验结果表明，与普通的小波变换相比，Bandelet 在去噪和压缩方面体现出了一定的优势和潜力。

图 2.9 为 Bandlet 分解示意图。可以看出一旦计算出小波基，就可以通过 Bandlet 正交基替换小波基的方式计算得到几何流。

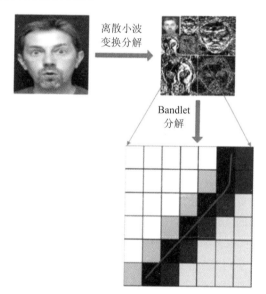

图 2.9　Bandlet 分解示意图

第一代 Bandlets 由于要对原始图像重采样，并把任意几何方向弯曲至水平或垂直方向，从而借助二维可分离标准小波变换来处理，因此复杂度较高。第二代 Bandlets 则巧妙地借助多尺度几何分析和几何方向分析，既保留了第一代的优点，又能做到快速鲁棒，计

算复杂度为 $O(N^{3/2})$，近乎线性。

2.2.7 轮廓波变换

2002 年，MN Do 和 Martin Vetterli 提出了 Contourlet 变换，也称塔型方向滤波器组（Pyramidal Directional Filter Bank，PDFB）。它是由拉普拉斯塔形分解（LP）和方向滤波器组（DFB）组成的，是一种多分辨的、局域的、方向的图像表示方法。

Contourlet 变换是一种对曲线的更稀疏表达，它是由 Laplacian 金字塔和方向滤波器组成的级联结构，两部分之间是相互独立的。首先塔式滤波器对信号作尺度分解，在每个尺度上，方向滤波器组将分解后得到的带通信号划分为多个方向子带。一般的，方向滤波器组将一副图像分成 2 的任意次幂个方向，这样，原始图像经结构多层分解可得到多尺度、多方向的子带图像。图 2.10 给出了一个可能的 Contourlet 变换的频谱划分。

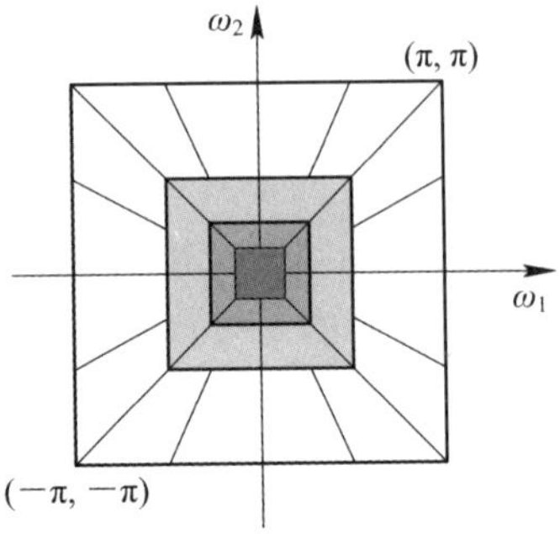

图 2.10 轮廓波频率分解图

设输入图像为 $f(x, y)$，Contourlet 的分解过程可以表示为

$$f(x, y) = a_J + \sum_{j=1}^{J} \sum_{k=1}^{2^{l_j}} b_{j,k} \tag{2.19}$$

其中，a_J 为低频子带，$b_{j,k}$ 为 j 尺度 k 方向的高频子带。一个高频子带系数 b 由四个参数来标识，记为 $b(j, k, m, n)$，其中 j、k、(m, n) 分别表示 LP 分解的尺度标号、DFB 分解的方向标号和方向子带中的空间位置标号。

2.2.8 剪切波变换

剪切波 Shearlet 变换是一个新的多尺度几何分析工具，它克服了 Wavelet 变换的缺点，可以较好地捕捉多维数据的几何特性，并且能够对二维图像进行有效逼近。我们可以通过膨胀的仿射系统，结合多尺度几何分析来构造剪切波。当维数 $n = 2$ 时，具有合成膨胀的仿射系统形式为

$$A_{AB}(\psi) = \{\psi_{j,l,k}(x) = |\det A|^{j/2} \psi(B^l A^j x - k)\} \tag{2.20}$$

式中，$\psi \in L^2(R^2)$，A、B 是可逆矩阵，并且 $|\det B| = 1$。

当 $A = \begin{pmatrix} 4 & 0 \\ 0 & 2 \end{pmatrix}$，$B = \begin{pmatrix} 1 & 1 \\ 0 & 1 \end{pmatrix}$ 时，该仿射系统就是剪切波，矩阵 A 控制了 Shearlet 变换的尺度，矩阵 B 控制了方向。如图 2.11 所示，我们给出了剪切波引导的频域的锥体和划分。

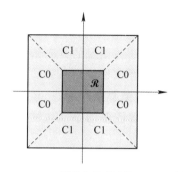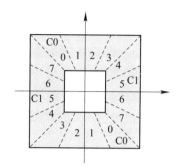

(a) 频域分解成锥体　　(b) 由剪切波的 Parseval 框架引导的具有八个方向楔形子带和低频子带的频域划分

图 2.11　剪切波引导的频域的锥体和划分

在图像表征方面，我们给出了两级剪切波分解示意图，如图 2.12 所示。输入图像经过拉普拉斯金字塔滤波器并通过多尺度分解获得高频子带与低频子带。

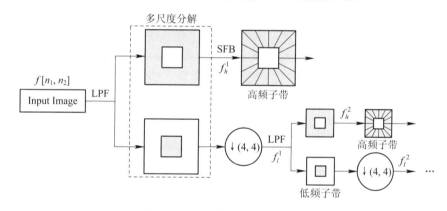

图 2.12　两级剪切波分解示意图

从逼近的角度来看，Shearlet 表征可以实现类卡通的最优逼近：

$$\| f - f_N \|_{L_2}^2 \leqslant C N^{-2} (\text{lb} N)^3, \quad N \to \infty \tag{2.21}$$

其中，f_N 是从此类获得的函数 f 的非线性剪切波近似取 N 个最大的剪切波系数的绝对值。剪切波变换表示可以更好地刻画多尺度、多方向的特征，例如边缘和轮廓特征。

2.2.9　梳状波变换

梳状波 Brushlet 是一种方向图像分析和图像压缩的新工具，1997 年，Francois G Meyer 和 Ronald R Coifman 构造了频率域中仅局部化在一个峰值周围的自适应的函数基。

图像的边缘和纹理可能存在于图像的任何位置、方向和尺度上，因此能否有效地分析和描述纹理图像就成为图像分析和图像压缩领域中一项重要的基础内容。小波可以提供频率域的基于倍频带的分解方式，但方向的分辨率却很低。小波包能自适应地构造傅里叶平面的最优划分，但是两个实值的小波包的张量积在傅里叶平面会产生四个对称的峰值，因此不可能有选择性地局部化到一个唯一的频率。方向滤波器被设计用在图像的方向信息检测上，但是它不能产生傅里叶平面的任意分割。Steerable 滤波器已经被设计出来以实现傅里叶平面的任意分割。但是，这些滤波器是过完备的，产生的分解系数相当多。Gabor 滤波器具有可调节的方向而被广泛应用，但要完成分析图像的任务，需要较多的不同尺度和不同方向的滤波器来完整地描述纹理图像，这恰恰是 Gabor 滤波器所缺乏的。

为了得到较好的方向分辨率，Francois G Meyer 和 Ronald R Coifman 将傅里叶平面扩展成加窗的傅里叶基，称为梳状波。它是一个具有相位的复值函数，二维梳状波的相位提供了纹理不同方向上的有用信息。另外，Brushlet 具有多分辨率的特性，能有效地描述各个可能的方向、频率和位置的方向性纹理。正交梳状波基的公式如下：

$$w_{n,j}(x) = \sqrt{l_n}\, e^{2i\pi c_n x} \left\{ (-1)^j l_n \hat{b}_\sigma (l_n x - j) - 2i\sin(\pi l_n x) l_n \hat{v}_\sigma (l_n x + j) \right\} \tag{2.22}$$

其中，j 是梳状波的平移因子。上式的表达形式与小波很像。然而，与实值小波相反，$w_{n,j}$ 是具有相位的复值函数。在二维情况下，相位编码了梳状波的方向。$\hat{b}_\sigma$ 和 $\hat{v}_\sigma$ 是实值函数。

如图 2.13 所示，二维梳状波基函数 $w_{m,j} \otimes w_{n,k}$ 是属于 $L^2(\mathbf{R}^2)$ 的正交基，其中，$w_{m,j}(x) \otimes w_{n,k}(y)$ 在固定位置 $\left(\dfrac{m}{h_m}, \dfrac{n}{l_n}\right)$ 的频率是 $\left(\dfrac{(x_j + x_{j+1})}{2}, \dfrac{(y_k + y_{k+1})}{2}\right)$，它是一种定向的震荡模式，可表示为如下形式：

$$w_{m,j}(x) \otimes w_{n,k}(y) = \sqrt{h_j l_k}\, e^{2i\pi \frac{x_j + x_{j+1}}{2} x + \frac{y_k + y_{k+1}}{2} y} \times$$
$$\left\{ (-1)^m \hat{b}_\sigma (h_j x - m) - 2i\sin(\pi h_j x)\hat{v}_\sigma (h_j x + m) \right\} \times$$
$$\left\{ (-1)^n b_\sigma (l_k y - n) - 2i\sin(\pi l_k y)\hat{v}_\sigma (l_k y + n) \right\} \tag{2.23}$$

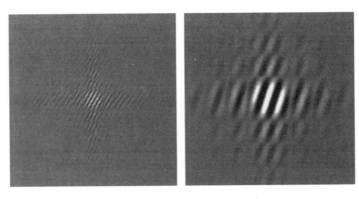

图 2.13　二维梳状波基函数 $\{W_{m,j} \otimes W_{n,k}\}$

每个方向 $\left(\dfrac{\pi}{4}\right)+k\left(\dfrac{\pi}{2}\right)$ 与两个不同的频率相关,图 2.14 给出了梳状波扩展的虚部,即梳状波分解方向。

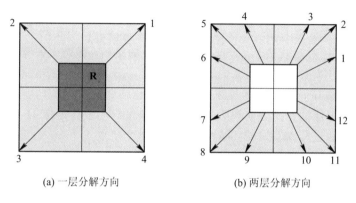

(a) 一层分解方向   (b) 两层分解方向

图 2.14　梳状波分解方向

二维的梳状波变换可以通过对快速 Fourier 变换(FFT)的处理来实现,如图 2.15 所示,其具体的实现过程大致为:先对图像进行 FFT,根据分解的层数,进行频域平面的划分,然后对划分边缘处进行列折叠和行折叠操作,最后对划分后的每一个块单独做 FFT,得到图像的梳状波分解。

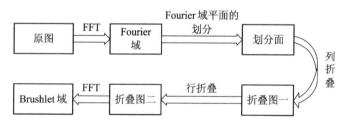

图 2.15　梳状态波变换具体实现算法过程

2.2.10　方向波变换

方向波(Directionlet)变换是由 Vladan Velisavljevie 和 Baltasar Beferull-Lozano 等人在 2004 年提出的。Directionlet 是一种基于边缘的图像表示方法,通过使用基于整数格的最佳重构以及临界采样,构造各向异性的多方向小波变换。Directionlet 变换不同于其他的波变换(如 Curvelet、Contourlet 或 Ridgelet)的构造,Directionlet 保留了二维小波变换滤波的可分离性,二次采样、计算的简单性以及滤波器的设计。Directionlet 的各向异性的基函数沿着任意两个有理斜率方向,拥有消失矩。同时,Directionlet 变换是图像的非线性逼近的一种有效工具，与其他过采样方法相比具有优势，同时能有效捕捉各向异性特征。

Directionlet 可以被看作斜各向异性的小波变换。斜这个字体现在不只是水平和垂直方向，还包括任意的有理斜率的方向；各向异性是指沿着每个方向滤波和采样的次数可以不同。Directionlet 变换首先对图像进行采样矩阵为 $\boldsymbol{M}_\Lambda$ 的采样，得到 $|\det(\boldsymbol{M}_\Lambda)|$（$\boldsymbol{M}_\Lambda$ 行列式的绝对值）个陪集。各陪集通过沿变换方向和队列方向上的各向异性小波变换 $\text{AWT}(n_1, n_2)$ 得到一种稀疏表示。Directionlet 变换的结构，即先由采样矩阵 $\boldsymbol{M}$ 进行采样，分离出陪集，然后各个陪集在变换方向和队列方向上，分别进行一维滤波和下采样。

综上所述，Directionlet 变换的具体实现步骤可总结如下：

第一步：选择图像的变换方向和队列方向，其斜率构成采样矩阵 $\boldsymbol{M}_\Lambda$；

第二步：对图像进行 $\boldsymbol{M}_\Lambda$ 采样，得到 $|\det(\boldsymbol{M}_\Lambda)|$ 个陪集；

第三步：对每个陪集分别沿变换和队列方向进行 n_1 与 n_2 次的一维小波变换，得到相应的 Directionlet 高频和低频系数子带。

2.3　多尺度几何变换的逼近性质

在考虑稀疏图像的分解时，我们都期望着经过图像的稀疏分解可以得到一种更有效的图像逼近方法。正如前面所提到的，各种各样的变换，在被用于处理图像信息时，往往能够体现出它们自身所具有的优点，但是每一种方法往往都只善于处理一幅图像中的某一种特征，而对于其他的特征并不是非常实用。

举个例子来说，二维小波变换在处理点的奇异性问题以及图像中的斑点部分时具有很好的效果，但是其不适用于处理线的奇异性问题。而与之不同的是，脊波变换在处理线的奇异性问题时效果很好，但不适用于点的奇异性问题。直观来讲，我们需要寻找一种更好的方法来进行稀疏分解，从而使其适用于多种问题。

在对空间进行描述时，一个点是零维的，而一条直线是一维的，一个平面是二维的，但是我们的生活是一个具有长度、宽度和深度的三维世界，正如科幻小说中常常将时光隧道作为四维空间，那么对于更高维空间的描述，变成了一个抽象的概念。尽管如此，在处理科学与工程计算问题时，我们经常会碰到并处理大量的高维数据，这些高维数据常见于信号系统统计学习数据挖掘以及图像处理中。

方向性是高维空间的一个主要特征，因此有效地描述并检测图像中所具有的方向信息，就成了新的分析工具的首要任务。多尺度几何系统使用一组具有不同几何结构特征的多方向性的基函数，可以实现有效的方向性及多尺度位置表示。例如对特定空间而言，脊波同时具有方向和宽度可以改变的直线结构，而曲线波则具有方向、宽度、长度均可改变的曲线结构，轮廓波则具有光滑的轮廓段形状的表示结构，子束波则具有针状结构，而楔波则具有楔形结构。因此，合理的选择可以收获意想不到的效果。

2.4　多尺度几何神经网络的逼近理论

本节将从神经网络逼近理论出发，对万能逼近定理进行简介。接着，对多尺度几何如何有效地修正神经网络的逼近过程，以及特征表征过程需要注意的各个方面进行详细阐述。

2.4.1　神经网络逼近理论

机器学习的本质是寻找一个合适的函数，而神经网络最厉害的地方在于，其可以在理论上证明"一个包含足够多隐层神经元的多层前馈网络，能以任意精度逼近任意预定的连续函数"。这个定理也可以称作通用近似定理（Universal Approximation Theorem）或万能逼近定理。

使用这个定理时，有以下几点注意事项：

（1）这里所说的一个神经网络，可以尽可能好地去"逼近"某个特定函数，注意，这里用的是"逼近"而不是"准确"计算。通过增加隐层神经元的个数，该近似的精度可能会进一步提升。

（2）被近似的函数，在这里指的是连续函数。对于非连续的，或者是有极陡跳跃的那些函数，神经网络的逼近过程也爱莫能助。

（3）这里的函数指的只是输入到输出的映射关系，其形式可以是多样的。

万能逼近定理表明，一个前馈神经网络如果具备线性输出层以及至少一层具有"挤压"性质的激活函数（如 logistic sigmoid 激活函数）的隐藏层，只要给予网络足够数量的隐藏单元，那么它可以以任意的精度来拟合逼近任何从一个有限维空间到另一个有限维空间的 Borel 可测函数。尽管万能逼近定理意味着一个大的人工神经网络一定能够在理论上表示需要学习的函数，但是，我们不能保证训练算法能够学得这个函数。即使表示方法真实存在，学习也可能因两个原因而失败：其一，用于训练的优化算法可能找不到用于期望函数的参数值；其二，训练算法可能由于过拟合而选择了错误的函数。

"没有免费的午餐"定理说明了没有普遍优越的机器学习算法。前馈网络提供了一种函数的万能表示形式，在这种意义上，可以有效地近似该函数，但无法找到万能的过程，使其既能够验证训练集上的特殊样本，又能通过函数扩展到训练集上没有的点。大致而言，存在单层的前馈网络可以万能拟合任何函数，但是网络层可能大得不可实现，并且可能无法正确地学习和泛化。在很多情况下，利用更深的模型可以减少拟合期望函数所需的神经元数量，同时减少泛化误差。

神经网络能够逼近函数的关键在于，其将非线性关系函数整合到了整体网络结构中。网络的每层都可以利用激活函数实现非线性映射，也就是说，人工神经网络不仅可以进行线性映射计算，还可以进行非线性运算。常见的非线性激活函数包含 ReLU、Tanh、Sigmoid 等。

如果对万能逼近定理进行数学化描述，可得激活函数为 Squashing Function 的单层神经网络可以任意精度逼近任意 Borel 可测函数。由于 Borel 可测函数比有界连续实函数集要宽泛，因此该定理具有很强的适用性。另外，对于神经网络中常用的 ReLU 函数，由于其可逼近 Squashing Function，因此 ReLU 也适用于该逼近过程。

下面对万能逼近定理进行简单证明。首先，我们需要给出紧一致稠密的定义，这是全值域逼近的一个强标准。紧一致稠密的定义式可以写为以下三式：

（1）对于度量空间 (X, ρ)，子集 S 与 T 是 ρ 稠密的：

$$\forall t \in T, \exists s \in S, \text{s.t.} \ \rho(s, t) < \varepsilon \tag{2.24}$$

（2）C^r 的子集 S 在 C^r 中紧一致稠密，S 在 C^r 中 ρ_{K^-} 稠密，且有

$$\rho_{K^-}(s, t) = \sup_{x \in K} |s(x) - t(x)| \tag{2.25}$$

其中，$C^r: \mathbf{R}^r \to \mathbf{R}$ 的全体连续函数。

（3）函数序列 $\{f_n\}$ 紧一致收敛至 f，即有

$$\lim_{n \to \infty} \rho_K(f_n, f) = 0 \tag{2.26}$$

万能逼近定理主要是基于 Stone-Weierstrass 定理实现的。Stone-Weierstrass 定理说明了任何连续函数都可以用更简单的函数来一致逼近，类似于多项式的形式。这样的多项式近似技术在理论以及数值计算中非常重要。对于 Stone-Weierstrass 定理，可以给出如下公式化的描述：

（1）代数 A 是紧一致稠密集合 K 上的连续函数，若 A 在 K 上分割各点，且在 K 上没有零点，则 A 在 $C^0(K)$ 上 ρ_{K^-} 稠密。

其中，代数 A 满足：

$$A^r = \{A: R^r \to R \mid A(x) = wx + b\} \tag{2.27}$$

（2）代数运算关于加法、乘法、数乘封闭，即 A 在 E 上分隔各点：

$$\forall x \neq y \in E, \exists f \in A, f(x) \neq f(y) \tag{2.28}$$

（3）A 在 E 上没有零点：

$$\forall x \in E, \exists f \in A, f(x) \neq 0 \tag{2.29}$$

目前，研究者们已经可以证明一种比神经网络还强的网络可以万能逼近任何连续函数，这种网络可以被认为是神经网络隐藏层输出多项式拟合之后再继续向前传播，具体的证明过程大致可分为以下四步：

第一步：对于所有的紧一致稠密集合 K 和所有的 Borel 可测函数 G，$\sum \Pi^r(G)$ 显然是 K 上的代数，其中，单隐藏层的神经网络可以写为

$$\sum{}^r(G) = \left\{ f: R^r \to R \,\middle|\, \sum_i \beta_i G(A_i(x)) \right\} \tag{2.30}$$

多层神经网络可以写为

$$\sum \Pi^r(G) = \sum_i \beta_i \Pi_j G(A_{ij}(g)) \tag{2.31}$$

第二步：$\exists a \neq b$，s.t. $G(a) \neq G(b)$，$\forall x \neq y$，令 $A(x)=a$，$A(y)=b$，则有 $G(A(x)) \neq G(A(y))$，$\sum \Pi^r(G)$ 在 K 上分隔各点。

第三步：$\exists b$，s.t. $G(b) \neq 0$，令 $A(x)=x \times 0+b=b$，$G(A(x)) \neq 0$，则 $\sum \Pi^r(G)$ 在 K 上没有零点。

第四步：基于 Stone-Weierstrass 定理即可证明 $\sum \Pi^r(G)$ 在 K 上 ρ_{K-} 稠密。

基于万能逼近定理，由于紧一致稠密函数的收敛性更强，因此在设计神经网络时，如果给隐藏层设计几个多项式项，则有可能进一步提高精度，同时增设多项式的操作并不会为神经网络的反向传播过程增加太多的运算量。万能逼近定理的详细证明过程可以在 Cybenko G. 于 1989 年发表的论文"Approximation by superpositions of a sigmoidal function"中查看。

2.4.2　多尺度几何逼近修正

虽然神经网络具备极其强大的逼近能力，但是神经网络在逼近复杂问题时，需要极大的深度和宽度才能实现。同时，神经网络由于其黑盒性质，不具备很好的可解释性，可能会造成逼近过程中的算力浪费。多尺度几何由于具有良好的逼近和公式性，因此可利用其对神经网络的逼近过程进行修正。下面将以卷积神经网络为例，对表征过程进行公式化说明。

在具体的表示过程中，深度网络可以实现高维的学习和近似，而多尺度几何工具可以提供一些低维的近似特征。就单层的表示过程而言，深度网络与多分辨率分析的区别如下：

假设 k 为卷积核，p 为下采样步幅，则网络中卷积和下采样的广义形式可以被写为

$$F_{L+1} = (F_L * k) \downarrow p \tag{2.32}$$

而多尺度几何的特点是综合利用多种滤波器。以散射为例，由于散射过程中进行了分层分解操作，因此可以得到

$$\begin{cases} F_{l,L+1} = (F_{l,L} * k_{l,L}) \downarrow 2 \\ F_{h,L+1} = (F_{h,L} * k_{h,L}) \downarrow 2 \end{cases} \tag{2.33}$$

式中，$k_{l,L}$ 和 $k_{h,L}$ 指的是一对低频和高频分解的卷积核。因此，对于普通的神经网络卷积、下采样操作，上述方程可以看作是多分辨率分析的一部分。因此，神经网络可以看作是多

分辨率表示的一种有限形式。多分辨率散射特征补充了网络表示中缺失的部分。

在过去的几十年里，已经有许多与特征表示相关的工作试图总结最优表征方法的特点，然而这些总结只适用于特定的问题。对于多尺度表示学习问题，特征表征需要关注以下几个方面。

（1）丰富的信息。丰富信息的获取在多尺度表征中起着重要作用。通过多尺度几何分析和网络，适当提取丰富的光谱和空间信息、方向信息和上下文信息。此外，理解而不是记忆这些信息可能是表征学习的目的。

（2）高分辨率。多尺度表示学习需要合理选择粗分辨率和细分辨率。通过适当的权衡，从多个层次或层中提取细节应该是有帮助的。

（3）合适的特性。将输入图像转换为特征映射的变换函数应该有足够数量的层和节点。通过增加网络的层数和每层的单元数，可以直接提高多尺度网络的表示能力。

然而，随着网络参数的增加，网络可能会出现过拟合的问题，计算资源的消耗可能会急剧增加。克服这些问题的更基本的方法对于多尺度表示学习也是必要的，例如引入过滤器级稀疏性或利用密集矩阵。

此外，多尺度分析可以作为特征映射过程中的附加层，以获得更好的训练性能。然而，在测试过程中，它可能会导致相邻层的信息冗余（或过拟合）。因此，在设计过程中需要重视多尺度的优化选择及其与其他层的合理结合。

（4）良好的逼近。在此过程中，需要利用空间域和频率域的信息，并设计适合粗分辨率和精细分辨率的基本元素。在逼近之前，通过临界采样或压缩，可以构造冗余小的表示框架。特别是在多尺度近似过程中，方向性和各向异性是需要考虑的问题。基本元素应该朝向不同的方向，并使用各种拉长的形状。

本 章 小 结

本章从小波分析介绍开始，逐步引出多尺度几何理论，并对脊波变换、曲线波变换、楔波变换、小线变换、条带波变换、轮廓波变换、剪切波变换、梳状波变换及方向波变换的基础进行了必要的阐述。另外，本章对多尺度几何变换的逼近性质、Gabor系统的逼近及多尺度逼近过程进行了理论分析与说明。

本章还给出了多尺度几何分析的常用逼近基及公式，如果研究者们能将其有效地融入神经网络的逼近理论，无疑会给深度学习的表征与学习的未来提供很好的指导方向。对于神经网络而言，将多尺度几何基函数的逼近理论应用到神经网络的结构设计中，可以为神经网络的逼近过程提供更多的补充信息，这些信息是多尺度、多方向的。

本章参考文献

[1]　CANDES E，DEMANET L，DONOHO D，et al. Fast discrete curvelet transforms[J]. multiscale modeling & simulation，2006，5(3)：861 - 899.

[2]　DONOHO D L，HUO X. Beamlets and multiscale image analysis[M]. Springer Berlin Heidelberg，2002：149 - 196.

[3]　DONOHO D L. WEDGELETS：Nearly minimax estimation of edges[J]. the Annals of Statistics，1999，27(3)：859 - 897.

[4]　焦李成，谭山. 图像的多尺度几何分析：回顾和展望[J]. 电子学报，2003，31(12A)：1975 - 1981.

[5]　焦李成，侯彪，王爽. 图像多尺度几何分析理论与应用：后小波分析理论与应用[M]. 西安：西安电子科技大学出版社，2008.

[6]　焦李成，谭山，刘芳. 脊波理论：从脊波变换到 Curvelet 变换[J]. 工程数学学报，2005，22(5)：761 - 773.

[7]　侯彪，刘佩，焦李成. 基于改进 Wedgelet 变换的 SAR 图像边缘检测[J]. 红外与毫米波学报，2009(05)：396 - 400.

[8]　梅小明，牛瑞卿，张良培，等. 基于 Beamlet 变换的直线特征提取[J]. 测绘信息与工程，2006，31(6)：38 - 40.

[9]　杨晓慧，焦李成，李伟，等. 基于第二代 bandelets 的图像去噪[J]. 电子学报，2006，34(11)：2063 - 2067.

[10]　DO M N，VETTERLI M. Contourlets：a directional multiresolution image representation[C]// Proceedings. International Conference on Image Processing. IEEE，2002，1：I - I.

[11]　LE PENNEC E，MALLAT S. Bandelet image approximation and compression[J]. Multiscale Modeling & Simulation，2005，4(3)：992 - 1039.

[12]　DO M N，VETTERLI M. The contourlet transform：an efficient directional multiresolution image representation[J]. IEEE Transactions on image processing，2005，14(12)：2091 - 2106.

[13]　张冬翠. 基于 Directionlet 变换的图像去噪和融合[D]. 西安：西安电子科技大学，2010.

[14]　石智，张卓，岳彦刚. 基于 Shearlet 变换的自适应图像融合算法[J]. 光子学报，2013，42(001)：115 - 120.

[15]　杨凯. 基于 Brushlet 域 HMT 模型的图像分割算法研究[D]. 西安：西安电子科技大学，2010.

[16]　XUE Z，LI J，CHENG L，et al. Spectral-spatial classification of hyperspectral data via morphological component analysis-based image separation[J]. IEEE Transactions on Geoscience and Remote Sensing，2014，53(1)：70 - 84.

[17]　QIAO T，REN J，WANG Z，et al. Effective denoising and classification of hyperspectral images using curvelet transform and singular spectrum analysis[J]. IEEE transactions on geoscience and

remote sensing, 2016, 55(1): 119 - 133.

[18] EASLEY G, LABATE D, LIM W Q. Sparse directional image representations using the discrete shearlet transform[J]. Applied and Computational Harmonic Analysis, 2008, 25(1): 25 - 46.

[19] LABATE D, LIM W Q, KUTYNIOK G, et al. Sparse multidimensional representation using shearlets[C]//Wavelets XI. SPIE, 2005, 5914: 254 - 262.

[20] DONG Y, TAO D, LI X, et al. Texture classification and retrieval using shearlets and linear regression[J]. IEEE transactions on cybernetics, 2014, 45(3): 358 - 369.

[21] LIU B, ZHANG Z, LIU X, et al. Representation and spatially adaptive segmentation for PolSAR images based on wedgelet analysis[J]. IEEE Transactions on Geoscience and Remote Sensing, 2015, 53(9): 4797 - 4809.

[22] FU C H, ZHANG H B, SU W M, et al. Fast wedgelet pattern decision for DMM in 3D-HEVC [C]//2015 IEEE International Conference on Digital Signal Processing (DSP). IEEE, 2015: 477 - 481.

[23] YING L, SALARI E. Beamlet transform based technique for pavement image processing and classification[C]//2009 IEEE International Conference on Electro/Information Technology. IEEE, 2009: 141 - 145.

[24] VELISAVLJEVIC V, BEFERULL-LOZANO B, VETTERLI M. Space-frequency quantization for image compression with directionlets[J]. IEEE Transactions on Image Processing, 2007, 16(7): 1761 - 1773.

[25] JIAO L, GAO J, LIU X, et al. Multiscale representation learning for image classification: A survey [J]. IEEE Transactions on Artificial Intelligence, 2021, 4(1): 23 - 43.

[26] JACQUES L, DUVAL L, CHAUX C, et al. A panorama on multiscale geometric representations, intertwining spatial, directional and frequency selectivity[J]. Signal Processing, 2011, 91(12): 2699 - 2730.

[27] TULAPURKAR H, TURKAR V, MOHAN B K, et al. Curvelet based watermarking of multispectral images and its effect on classification accuracy[C]//2019 URSI Asia-Pacific Radio Science Conference (AP-RASC). IEEE, 2019: 1 - 7.

[28] LIU M, JIAO L, LIU X, et al. C-CNN: Contourlet convolutional neural networks[J]. IEEE Transactions on Neural Networks and Learning Systems, 2020, 32(6): 2636 - 2649.

[29] SIFRE L, MALLAT S. Rotation, scaling and deformation invariant scattering for texture discrimination[C]//Proceedings of the IEEE conference on computer vision and pattern recognition. 2013: 1233 - 1240.

[30] DONG G, KUANG G, WANG N, et al. Classification via sparse representation of steerable wavelet frames on Grassmann manifold: Application to target recognition in SAR image [J]. IEEE Transactions on Image Processing, 2017, 26(6): 2892 - 2904.

[31] WIATOWSKI T, BÖLCSKEI H. A mathematical theory of deep convolutional neural networks for feature extraction[J]. IEEE Transactions on Information Theory, 2017, 64(3): 1845 - 1866.

[32]　LI Y，CHEN Y，WANG N，et al. Scale-aware trident networks for object detection[C]// Proceedings of the IEEE/CVF international conference on computer vision. 2019：6054 - 6063.

[33]　BRUNA J，MALLAT S. Invariant scattering convolution networks[J]. IEEE transactions on pattern analysis and machine intelligence，2013，35(8)：1872 - 1886.

[34]　XU Y，YANG X，LING H，et al. A new texture descriptor using multifractal analysis in multi-orientation wavelet pyramid[C]//2010 IEEE Computer society conference on computer vision and pattern recognition. IEEE，2010：161 - 168.

[35]　MALLAT S. A wavelet tour of signal processing[M]. Academic Press，1999.

[36]　GOU S，LI X，YANG X. Coastal zone classification with fully polarimetric SAR imagery[J]. IEEE Geoscience and Remote Sensing Letters，2016，13(11)：1616 - 1620.

[37]　BI H，XU L，CAO X，et al. Polarimetric SAR image semantic segmentation with 3D discrete wavelet transform and Markov random field[J]. IEEE transactions on image processing，2020，29：6601 - 6614.

[38]　刘晓玲. 基于小线变换的多尺度几何分析方法[D]. 厦门：厦门大学.

[39]　张小华，黄波. 基于 Bandlet 和 KW 技术的移动应用面部情感识别[J]. 计算机工程与应用，2018，54(10)：7.

[40]　倪伟. 基于多尺度几何分析的图像处理技术研究[D]. 西安：西安电子科技大学，2007.

[41]　沈晓红. 基于轮廓波变换的图像统计建模及其应用研究[D]. 济南：山东大学，2011.

[42]　HORNIK K，STINCHCOMBE M，WHITE H. Multilayer feedforward networks are universal approximators[J]. Neural networks，1989，2(5)：359 - 366.

[43]　GAO J，JIAO L，LIU X，et al. Multiscale Dynamic Curvelet Scattering Network[J]. IEEE transactions on neural networks and learning systems，2024，35(6)：7999 - 8012.

第3章　多尺度神经网络表征学习理论

随着深度学习的逐步发展及数学理论的进一步完善，多尺度分析具有结构简单、空间映射能力强的特点，同时其在高维空间有良好逼近特性。本章将回顾从小波到多尺度几何变换的发展过程，重点介绍多种多尺度几何工具及其具体的表征学习方法。

特征表示已被广泛应用于多个领域及计算机视觉任务。多尺度特征为表征学习过程在许多方面带来了显著的突破。因此，汇总一个近年来全面的多尺度表征学习方法显得更为重要。

有效的特征表示在图像处理中起着重要的作用。随着深度网络的发展，更多有效的特征被逐步应用。同时，特征表示学习能力直接决定了网络在一系列应用中的性能。对于不同的需求和应用，特征表示因环境、外观或光照的不同而面临困难。为了更好地利用有效特征，结合多尺度几何这一重要的表征工具，我们重点研究了多尺度学习和表示的原理和实现方法。

多尺度表示学习过程可以通过预定义的多尺度几何分析来实现。有效且合适的多尺度几何表征可以获取边缘、轮廓信息等内在的几何特征。具体来说，探究具有更多方向和尺度分解基础的多尺度几何工具及其表征过程尤为重要。

3.1　多尺度表征学习相关概念及特性

1. 相关概念

首先需要引入一些概念，以便更好地回顾多尺度分析过程，然后从多个角度描述具体的表示方法。

（1）方向性。在特征提取和表示过程中，方向性是基于多尺度几何分析方法的一个重要属性。通常情况下，小波(散射)变换可以看作是一种滤波器，它可以将图像分离，获得沿多个方向的多尺度信息。如果在丰富和不同的路径上应用散射变换，可以实现更好的分类或分离方向表示。由于具有更好的方向选择性，许多多尺度几何工具的性能优于小波变换，如 Curvelet 和 Contourlet。通过使用位置参数和比例作为曲线波变换的索引，方向表示变得容易。作为对小波变换的另一种扩展，Contourlet 变换也提供了更丰富的方向信息，以捕获内部几何信息。

（2）不变性。这个概念在许多算法中都很常见(如配准和自相关)。从傅里叶变换模块到小波变换，再到散射过程，平移不变表示逐渐得到改进，以处理新的问题。散射过程与傅里叶模块在平移不变性方面有许多相似之处，但也有一些不同的性质(形变的李普希茨连续性)。此外，这些预定义的散射小波对变形是稳定的，适合于分类表示过程。在尺度方面，本地化描述应该对翻译是不变的。有研究者利用卷积和特殊的刚体运动欧几里得群，提出了同时考虑平移和旋转的旋转不变性散射网络。另外，有研究者以公式的形式给出了可控小波框架的许多性质，包括平移不变性、旋转不变性和尺度不变性。利用方向小波系数的不变特性，研究者提出了一种新的表示模型。不变表示在纹理描述和鲁棒分类中得到了广泛的应用。T. Wiatowski 和 H. Bolcskei 补充证明了特征提取器中翻译不变性的动机和机制。同时，他们也证实了更深层次的网络可以增强更多的平移不变性。

（3）非线性。为了在散射过程中建立上述不变表示，CNN 结构中需要非线性算子。利用平均池化函数和其他模量，可以建立非线性模块。更具体地说，激活函数 ReLU 可以用于非线性表示，一个三维非线性空间滤波器也可以有效地与数据关联。此外，为了更精确的表示，非线性情况变得流行起来，并且一个高度非线性的变换由跨尺度的聚集、多尺度的卷积、最大扩展层和连接层组成。对于各种各样的非线性，一种包含非线性算子和许多其他元素的数学理论也被提出。

（4）感受野。在 CNN 中，感受野可以简单地理解为输入图像或视频的有效区域，可以将其映射到 feature map 中的像素点。在实际应用中，池化操作和步长卷积被执行来控制感受野。另外，感受野还可以被自适应地设置并与每个锚点的时间跨度对齐，或者通过使用较小的过滤器组作为原始 3×3 过滤器的替代品来实现多个可用的感受野。此外，不同感受野的尺度感知训练已经被证明是有效的。

（5）能量传输。在多尺度几何分析过程中，能量这一概念也很重要。利用光谱域的能量信息，可以更精确地捕获纹理的内部几何结构。散射过程中的系数也表示了散射方向和尺度上的能量分布。更具体地，一些公式被提出用来探讨散射过程中的能量传输，这就具备了两个优势，首先，通过散射过程可以很好地保存信号能量，将更多的能量传输到更稀疏系数的深层；其次，能量传播过程局限于路径子集，其频率降低。

2. 表征方法

依据上述基本概念,下面对具体的表征方法进行进一步介绍。

(1) 特征选择。对于表征学习过程中丰富的多尺度特征,选择是必要的。随着样本维数的降低,特征选择可以充分利用内在判别信息。通过使用来自特定层(高级或中级)的单类特性分析性能,可以创建相同的最佳性能层。在这个过程中,可以使用一个多尺度贪婪前向选择解。此外,过拟合是模型复杂度高的网络中常见的问题,而随机特征重用是一个很好的解决方案。在训练阶段,通过门控从前面的层中选择特征图,然后在不同的小批量中随机重用前面不同的特征也是一种有效的方法。

(2) 特征融合。特征融合可以简单地分为三类:简单多特征融合、门控融合以及核控或网络控制融合。首先,互补特征可以简单地融合,低级和高级特征可以分别由两个过滤器提取。这些滤波器是互补的,在脊波参数的影响和 CNN 对样本的依赖之间取得了很好的平衡。通过对网络各层的特征融合处理,可以获得更好的分类性能和鲁棒性。另外,通过聚合三种特征(语义特征、属性特征和视觉特征),也可以实现统一的多尺度表示。同样,采用适当的融合规则保留结构和细节特征以及充分利用多特征融合策略(空间-光谱特征融合和统计融合)均为有效的方法,特别是这种空间与光谱信息的多尺度融合在遥感分类任务中非常常见。

其次,门控单元可用于控制多尺度特征融合过程,研究者针对不同尺度的特征提出了可训练的控制门,这些门通过保留最重要的多尺度信息,有助于跨尺度聚合层。该栅极聚合方案还用于得到多尺度特征的合适度评分图。使用门控融合可以利用更多的跳跃层,并可以定制多尺度特征的集成。

再次,核控或网络控制融合取得了显著的效果,这种方法可用于鲁棒分类器的多核学习方法,将上下文分布特征和外观分布特征融合以更好地表示,在循环滚动卷积架构的每个阶段都进行了自顶向下和自底向上的聚合。在特征聚合过程中,所有阶段都使用共享权重。此外,多种融合策略被提出,利用多尺度依赖进行局部化。除了能量最小化方法,自底向上和自顶向下的融合策略也是更好的多尺度表示,使得在多尺度的多模态融合中识别率大大提高。这种融合是通过网络实现的,就像后期处理一样。

(3) 纹理表征。纹理可以定义为物体表面的平滑度或粗糙度,它反映了物体表面的结构排列和数字信息。目前的纹理表示方法可以分为六大类:基于统计的方法、基于几何的方法、基于结构的方法、基于模型的方法、基于信号处理的方法和基于多分辨率分析的方法。

在进行纹理效果分类时,需要重视纹理表示。20 世纪 70 年代以来,纹理的概念在图像处理中得到了广泛的应用，而纹理通常具有多个尺度。多尺度几何分析是获得纹理内部结构的一个很好的工具。有许多论文为基本纹理结构提供了很好的特征提取方法，也有一些论文直接提出了纹理描述符。例如，用于像素级分类的深度纹理描述子，利用多重分形分析的纹理描述子，以及低维纹理描述符的组合使用。除了在图像分类中使用纹理特征外，视觉纹理本身也可以被识别或检索。

（4）空间局部及上下文表征。空间局部特征的一个例子是利用不同频率的 Gabor 小波进行特征提取，处理方向和频率未知的局部信息。另外，除了局部特征，信息上下文对于分类和分割任务也是必不可少的。在利用判别上下文信息的过程中，还可聚合多尺度局部特征。

（5）稀疏表征。它可以体现在多尺度的几何工具中，或曲线波和轮廓波的运算过程中。Curvelet 有助于各向异性尺度变换原理的稀疏表示。另外，由于轮廓线实际上是图像的基本单位，因此利用轮廓线可以很容易地得到稀疏表示。据此实现的稀疏表征，往往具有几何规整性，可以用较少的系数描述平滑的轮廓。此外，也可以通过组合实现稀疏表示，如使用散射和字典的联合稀疏表示，以及使用 Shearlet 变换和字典学习的稀疏表示框架。除字典外，核函数也可以被设计用于在抽象的希尔伯特空间中建立稀疏学习模型。

（6）编码与监督。多尺度特征编码被广泛用于深度学习和表示。编码器可以用于对应的多尺度特征，另外，上下文编码器的输出还可用于多尺度算法的初始化。除了编码，监督也是表征学习的重要工具。通过监督可以得到更直观和自然的输出，并且可以很好地进行从局部到全局的边缘预测。监督信号也可以施加到精确的步骤或尺度表征的过程中。有监督的训练过程的每一步都可以确保聚合过程中上下文特征的有效使用。在不同的阶段，类别监督信号和成分监督信号被用于提供互补特征。此外，额外的尺度相关监管可以添加到多尺度特征的合并过程中。

目前已有的多尺度几何分析方法包括 Emmanuel J Candès 等人提出的脊波变换（Ridgelet Transform）、单尺度脊波变换（Monoscale Ridgelet Transform）、Curvelet 变换（Curvelet Transform），E. Le Pennec 等人提出的 Bandelet 变换，M. N. Do 等人提出的 Contourlet 变换，David Donoho 提出的 Wedgelet、Beamlet 等。

这些方法可以简单分为自适应和非自适应两类，自适应方法一般利用已知的边缘检测信息来对原函数进行最优的表示，例如 Bandelet 和 Wedgelet；非自适应的方法摆脱了对图像自身结构信息的依赖，直接在一组固定的基或框架上对图像分解，例如 Ridgelet、Curvelet 和 Contourlet。

这些典型的多尺度几何波示意图如图 3.1 所示。

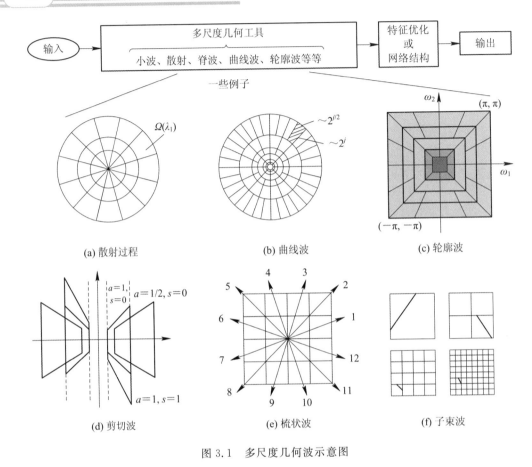

图 3.1　多尺度几何波示意图

3.2　多尺度几何表征与学习

　　本节将系统介绍常用的多尺度几何分析方法和表征学习过程。一些常见的多尺度几何工具已经被研究者们广泛应用在多种图像处理任务中，其中的表征学习方法是很重要的。根据不同的基函数，可以分别描述特征表示过程。表 3.1 给出了各类多尺度几何变换的逼近阶与适合捕捉的图像特征。

表 3.1　多尺度几何变换的逼近阶及其捕捉的特征

名　　　称	逼近阶	适合捕捉的图像特征
基于小波变换的表征学习	$O(N^{-1})$	点
基于脊波变换的表征学习	$O(N^{-(S-1)})$	直线
基于曲线波变换的表征学习	$O(N^{-2}(\mathrm{lb}N)^3)$	光滑平面上 C2 连续的闭曲线
基于楔波变换的表征学习	$O(N^{-a})(1{\leqslant}a{\leqslant}2)$	楔形
基于小线变换的表征学习	$>O(\mathrm{lb}N^2)$	直线段
基于方向波变换的表征学习	$O((k_1a+k_2/a)N)$	交叉直线
基于条带波变换的表征学习	$O(N^{-a})$	光滑平面上 $C^a(a{\geqslant}2)$ 连续的闭曲线
基于轮廓波变换的表征学习	$O(N^{-2/3}\mathrm{lb}N)^3$	具有分段光滑轮廓的区域
基于剪切波变换的表征学习	$O(N^{-2}(\mathrm{lb}N)^3)$	类卡通(Carton-Like)图像
基于梳状波变换的表征学习	$O(N^{-1})$	梳状

3.2.1　小波表征学习

小波变换(Wavelet)以其众多的文献和应用而闻名于计算机版本任务。利用小波变换可以很容易地在时域和频域上表示信号的局部特征,从而实现多分辨率分析。在分类任务中,小波系数(逼近系数、垂直系数、水平系数和对角系数)可以同时反映低频和高频信息。对于具有相似后向散射特征的许多类型的图像,小波变换是一个很好的工具,可用来区分像素或类别是否有歧义。通过简单地将小波变换应用于图像,可以探索纹理信息和局部空间信息。此外,将小波系数与其他特征如极化、颜色和多通道信息相结合,可以构建更完整的特征系统。总之,小波变换对具有相似几何结构和不同频率成分的物体是一种很好的工具。

利用扩展平移的小波基,可以对信号或图像进行小波变换分解,据此实现有效表征。对于时间 u 和尺度 s,$f \in L^2(\mathbf{R})$ 中的小波变换可以写成:

$$Wf(u,s)=\langle f,\psi_{u,s}\rangle=\int_{-\infty}^{+\infty}f(t)\frac{1}{\sqrt{s}}\psi^*\left(\frac{t-u}{s}\right)\mathrm{d}t \tag{3.1}$$

离散小波变换可以将图像分解为多个尺度下的一个低频通道和多个高频通道。此外,由于特征与三维离散小波变换能够良好结合,因此往往能取得较好的结果。

在很多研究中,小波系数不直接作为分类器的特征,小波也可以作为一种工具来设计真正意义上的特征描述或表示。在本章文献[31]中,作者探讨了三维实体纹理表示的两个挑战(尺度信息和方向信息)。高阶三维 Riesz 小波变换用于处理这两种性质。

更先进的方法已经被研究者们提出，可使用小波来发展新的表示模型。在本章文献[49]中，作者提出了一种新颖的模型，利用可控小波帧构建了一种新的多尺度表示模型，用于目标的分类与识别。该表示模型可以看作是格拉斯曼流形的元素，并在小波尺度上聚合格拉斯曼度量来进行相似性度量。

3.2.2 脊波表征学习

除了小波分析和散射分析，脊波分析还可以从理论上近似多尺度图像的特征。根据上述研究，传统小波变换中有限的三个方向的集合不足以表示特征。为了解决这一表征问题，研究者们提出了一种名为 Ridgelet 的表征系统。

采用多分辨率的 CNNs 框架(MRCNNs)来集成和利用卷积神经网络和脊波变换也是一种可行的表征思路[32]。在这种情况下，卷积滤波器提取和使用的是多尺度高级图像特征，而预定义脊波滤波器利用的是多尺度低级特征。同时，脊波滤波器还可以被用来构造脊波网中的卷积核，从而有效地减少训练参数，学习到更多的判别特征[33]。文献中将脊波引入到卷积神经网络中，设计脊波核来取代标准的卷积核，它可以学习到高度鉴别的特征，更重要的是可以显著减少网络的参数。设 (x, y) 表示图像的空域。对于每个尺度 $\alpha > 0$，方向 $\theta \in [0, 2\pi)$，位置 $\beta \in R$，连续二元脊函数定义为涉及到的脊波表征核，如下所示：

$$\psi_\gamma(x, y) = \alpha^{-1/2} \psi((x\cos\theta + y\sin\theta - \beta)/\alpha) \tag{3.2}$$

式中，$\gamma = \{\alpha, \theta, \beta\}$，参数 α 主要影响带宽，θ 控制方向，β 决定脊波的位置。

在实际应用过程中，有 $\alpha \in (0, 3)$，$\theta \in [0, \pi)$，且

$$\beta = \begin{cases} [0, N(\sin\theta + \cos\theta)], & \theta \in \left[0, \dfrac{\pi}{2}\right) \\ [N\cos\theta, N\sin\theta], & \theta \in \left[\dfrac{\pi}{2}, \pi\right) \end{cases} \tag{3.3}$$

其中，N 为尺度参数的上界。

3.2.3 曲线波表征学习

与小波和脊波类似，曲线波也是一个很好的工具。分析表明，小波通过时频联合分析和表示可以克服傅里叶变换的缺点。然而，小波对于线奇点似乎是无用的。对于图像中的曲线、边缘，由于它们具有各向奇异性，因此需要进行有效的多分辨率分析。曲线可以描述稀疏的曲线状特征，而不需要调整参数。利用曲线波变换可以实现多尺度的时间(或空间)频率表示和多尺度的方向表示。更好的逼近表征过程可以用曲线波变换来实现。

第一代曲线波变换于 1999 年被提出，包括子带分解、平滑划分、重整化和脊波分析等

复杂步骤[34]。与小波表征逼近过程不同，在曲线表示中可以使用矩形，而不是正方形。显然，多尺度系数是由尺度位置和方向决定的。

第二代快速离散曲线波变换（FDCT）被开发后，可实现基于曲线波的更优、更简的表征过程，包括两种策略：非等间距快速傅里叶变换和对特殊选择的傅里叶样本进行包络。不同尺度的定向平铺是通过曲线波变换实现的，并且多向多角度的特性可以受益于角度划分[3, 17]。在实际操作中，可根据经验选择合适的尺度参数来进行更好的表征。

Curvelet 变换因其多尺度的方向特性而成为局部空间和纹理信息的良好表征工具与描述器。通过结合 Curvelet 小波变换和 Gabor 小波变换，研究者们有效地分离和表示了内容分量和纹理分量[22]。利用局部曲线波和 Gabor 小波变换，可以在随机图像分区内构建这两个分量的字典。基于曲线的方法具有良好的特征表示能力，可以获得更好的表征性能。曲线波基函数是高维奇点的一种有效表示工具，具有稀疏、紧致的特点，表征过程中的基函数如下所示：

$$c(j, l, k) = \int \hat{f}(\omega) \widetilde{U}_j (S_{\theta_l}^{-1} \omega) \, e^{i(b \cdot \omega)} \, d\omega \tag{3.4}$$

Curvelet 表征也被广泛应用于其他任务中[23]。例如，边缘和曲线信息可以被鼓励用于嵌入水印。在 Curvelet 系数不稳定的情况下，图像的微小变化很容易被注意到，以分类精度作为评价指标。同时，利用曲线波变换域，也可以实现奇异谱分析，从而进行特征提取。Curvelet 变换能有效地分离几何细节和噪声，并能在多尺度上很好地再现分段线性轮廓。

3.2.4　楔波表征学习

楔波 Wedgelet 变换也是一种有效的方向信息检测模型。由于其具有良好的线特性和面特性，多尺度 Wedgelet 可以对图像进行分段线性表示，并且获取较好的线特征和面特征。

基于楔波的表征最早是在 1999 年被提出的，作者采用计算谐分析的观点，开发了一种称为楔粒的超完整原子集合，它是具有各种位置、尺度和方向的成对组织的指示函数。楔形表征过程通过极大极小来描述长度来实现测量，在当时达成了对计算机视觉模型中对象几乎最优的表示[19]，楔波表征过程基于以下定义式：

$$W_\delta(S) = \{1_s\} \bigcup \{w_{e,s} : e \in E_\delta(S) \text{ 非退化式}\} \tag{3.5}$$

将空间自适应方法引入极化合成孔径雷达图像分割问题，可以进一步提升楔形框架的表征性能[58]。对于待表征的目标，每个片段的大小和形状以及相邻像素关系的强弱需要依赖于场景的局部空间复杂性。楔形框架为空间信息分析提供了一种很有前途的工具。多尺度分析的主要优点是在多尺度下捕捉图像的几何结构，同时可以兼顾考虑局部空间复杂性。这种空间自适应表示与分割方法主要包括三个部分：① 对 PolSAR 图像进行多尺度楔波分解，以最优方式获取局部几何信息；② 利用多尺度表征过程，对图像进行空间自适应分割正则化优化，在近似和简洁的表征之间保持平衡；③ 基于 Wishart Markov 随机场模型，进行自适应分割精调。

另外，在应对具体问题或者任务的表征学习过程中，楔形表征器的运算复杂度也可被进一步优化[35]。楔形集的生成在存储和计算方面都涉及较高的复杂性，特别是当块的尺寸较大时，为了简化楔小波的生成，方便后续的表征过程，可以使用一种统一的楔小波生成方法，该方法将原始的 4×4 楔小波模式沿其划分边界线扩展，得到大的楔小波模式，节省了大的楔小波模式的存储空间。

3.2.5 小线表征学习

小线变换（Beamlet）源自 Edgelet，David L Donoho 等人进一步完善并对 Beamlet 变换进行了大量研究[36]。Beamlet 能够在噪声背景下提取线特征表示，具有一定的鲁棒性，广泛应用于图像去噪、图像压缩、遥感和裂纹检测等任务。

Beamlet 于 2002 年应用于二值图像去噪[40]。2005 年，Huo Xiaoming[41] 等人对离散 Beamlet 进行变换，构建出了图像压缩方法 JBEAM。

Beamlet 变换依赖于 Beamlet 字典，它对线段集合具有多尺度的逼近能力。在 Beamlet 图中可使用全局优化进行表征，以获得全局连贯物体。

在检测细丝状特征问题时，对于数据阵列 (y_{i_1, i_2})，其中包含一条隐藏在一个具有标准差 ε 的高斯噪声中的潜在曲线 γ 的指示函数，可表示为

$$y_{i_1, i_2} = A \cdot \widetilde{\Phi}_\gamma(i_1, i_2) + \varepsilon z_{i_1, i_2}, \quad 0 \leqslant i_1, i_2 < n \quad (3.6)$$

式中，A 为未知常量，$\widetilde{\Phi}_\gamma$ 是曲线 γ 的指示函数，随机变量 z_{i_1, i_2} 的每次抽样之间相互独立而且均满足同样的正态分布。在所有的基于全局优化的复原 γ 方法中，均采用下面公式所定义的附加标准比率。对于 Beamlet 多边形 p，其优化标准的形式为

$$J(p) = \frac{\sum\limits_{b \sim p} \Psi_1(b)}{\sum\limits_{b \sim p} \Psi_2(b)} \quad (3.7)$$

式中，Ψ_1、Ψ_2 是两个确定的准则函数。

在实际计算过程中，其定义式为

$$\begin{cases} \Psi_1(b) = T_y(b) - \lambda \sqrt{l(b)} \\ \Psi_2(b) = \sqrt{l(b)} \end{cases} \quad (3.8)$$

式中，$T_y(b)$ 是带噪图像 y 的 Beamlet 变换，λ 是惩罚参数。对于这样的优化问题，通常在 Beamlet 图中应用二次规划（DP）。

在提取全局最优区域时，假设有一条简单的闭合曲线所界定的平面区域，且未知的常量在区域内比在区域外要大。用 (y_{i_1, i_2}) 表示带噪图像的像素值，$y(x_1, x_2)$ 是由平均插值得到的连续函数。受匹配滤波思想的启发，可通过求解

$$\max_R \frac{S(R)}{\sqrt{\text{Area}(R)}} \tag{3.9}$$

以恢复该区域。这里 $S(R) = \int_R y(x_1, x_2)\mathrm{d}x_1\mathrm{d}x_2$ 是在区域 R 上插值的积分。可将问题简化为 Beamlet 变换以寻找逼近解。

以 Gauss-Green 定理的形式，用部分的总和将式(3.9)中的分子 $S(R)$ 写为

$$S(R) = \int_{\partial R} Y \cdot n\,\mathrm{d}s \tag{3.10}$$

式中，Y 为部分积分 $Y(x_1, x_2)$ 的二维向量域，n 为边界 ∂R 的单位法线。

若考虑由 Beamlet 多边形所界定的区域 R，此时 $S(R)$ 可写为

$$S(R) = \sum_{b \sim \partial R} \left(\int_R Y\mathrm{d}s \cdot n(b) \right) \tag{3.11}$$

$S(R)$ 可由一对 Beamlet 变换表示：

$$S(R) = \sum_{b \sim \partial R} T_1(b)c(b) + T_2(b)s(b) \tag{3.12}$$

式中，Beamlet b 的单位法线 $n(b)$ 由分量 $(c(b), s(b))$ 构成，T_1 是水平原函数 $\int_0^{x_1} y(t, x_2)\mathrm{d}t$ 的 Beamlet 变换，T_2 是垂直原函数 $\int_0^{x_2} y(x_1, t)\mathrm{d}t$ 的 Beamlet 变换。

3.2.6　条带波表征学习

条带波(Bandlet)变换是由法国学者 S. Mallat 等人于 2000 年提出的，具有完整的理论体系，主要分为第一代 Bandlet (the 1st generation Bandlet，1G Bandlet) 变换和第二代 Bandlet(the 2st generation Bandlet，2G Bandlet) 变换，主要的应用场景为图像压缩和去噪等。

第一代 Bandlet 变换在空域中将图像进行四叉树分解，通过构造方向矢量场来近似表示边缘曲线。虽然第一代 Bandlet 能够自适应地建立正交基，但基是局部正交的，并且具有离散化、算法复杂度高等问题。因此，G. Peyré 和 S. Mallat 于 2005 年提出了第二代 Bandlet，它在小波分解的基础上实现了多分辨率分析。全局正交基保证了最优稀疏表示。

Bandlet[42] 还可以被用于面部情感识别方法。首先应用 Bandlet 变换得到脸部区域的系数图，垂直方向上的 Bandlet 正交基如下：

$$\begin{cases} \psi_{l, m_1}(x_1)\psi_{j, m_2}(x_2 - c(x_1)) \\ \psi_{j, m_1}(x_1)\phi_{j, m_2}(x_2 - c(x_1)) \\ \psi_{j, m_1}(x_1)\psi_{j, m_2}(x_2 - c(x_1)) \end{cases} \tag{3.13}$$

同样，水平方向上的正交基可通过类比得到。

然后将子波划分为互不重叠的子块。计算每个块的 LBP 直方图，再将所有块的直方图特征串联起来作为面部描述特征。最后采用 Kruskal Wallis 筛选最优特征并送入高斯混合模型进行情感分类。

3.2.7　轮廓波表征学习

Contourlet 的变换的核心原理是：通过类似轮廓段的基结构来对图像进行逼近，支撑区间灵活的"长条形"结构。与小波相比，Contourlet 是一种新型的信号稀疏表示方法，在遥感图像的地物分割、图像增强等领域具有广泛的应用。

轮廓波变换[43]还可以用于提取极化 SAR 图像的特征，该特征提取可表示为

$$\begin{cases} x_{\mathrm{H}}^{(1)} = x * PF_{\mathrm{H}}^{(D)} \in \mathbf{R}^{n \times m} \\ x_{\mathrm{L}}^{(1)} = x * PF_{\mathrm{L}}^{(D)} \in \mathbf{R}^{n \times m} \end{cases} \tag{3.14}$$

式中，$x \in \mathbf{R}^{n \times m}$ 为输入信号。$PF_{H}^{(D)}$、$PF_{L}^{(D)}$ 分别为分解阶段的高通滤波器和低通滤波器，$x_{\mathrm{H}}^{(1)}$ 为一级分解后的高频成分，方向滤波器组的计算方式为

$$\begin{cases} x_{\mathrm{H},1}^{(1)} = x_{(\mathrm{H})}^{(1)} * DF_1 \in \mathbf{R}^{n \times m} \\ x_{\mathrm{H},2}^{(1)} = x_{(\mathrm{H})}^{(1)} * DF_2 \in \mathbf{R}^{n \times m} \\ \qquad \vdots \\ x_{\mathrm{H},K}^{(1)} = x_{(\mathrm{H})}^{(1)} * DF_K \in \mathbf{R}^{n \times m} \end{cases} \tag{3.15}$$

式中，$DF_k(k=1,2,\cdots,K)$ 为方向滤波器组，对于输入 x 而言，其一级非下采样轮廓波分解后的变换系数可表示为

$$X^{(1)} = \left[\{x_{\mathrm{H},k}^{(1)}\}_{k=1}^{K}, x_L^{(1)} \right] \tag{3.16}$$

通过在复轮廓波变换的基础上进行图像增强，利用变换系数图确定阈值 T 以确定增强范围 b，并求出增强算子，对图像进行增强后再逆变换到空域，从而得到最后的增强图像。

对于一个大小为 $M \times N$ 的图像，阈值的计算如下：

$$T_{j,k} = \frac{1}{2} \sqrt{\frac{1}{MN} \sum_{p=1}^{M} \sum_{q=1}^{N} (c_{j,k}(p,q) - c_{\mathrm{mean}})^2} \tag{3.17}$$

式中，$c_{j,k}(p,q)$ 为尺度 j 上第 k 个子带在 (p,q) 处的变换系数，c_{mean} 是子带内的系数均值。

采用 A. F. Laine 提出的增强算子对非采样复轮廓波变换系数自适应调整，如公式（3.18）所示。式中需要将变换系数 a、b、c 做归一化处理，使其取值不受图像灰度变化影响。

$$f(x) = a x_{\max} \left[\mathrm{sigmoid}\left(c\left(\frac{x}{x_{\max}} - b\right) \right) - \mathrm{sigmoid}\left(-c\left(\frac{x}{x_{\max}} + b\right) \right) \right] \tag{3.18}$$

式中，$x_{\max}$ 为子带特征图的最大绝对幅值。

3.2.8　剪切波表征学习

从某种意义上说，Shearlet 可以看作是 Contourlet 的理论依据。Shearlet 基于严格的数学框架，它可以提供灵活自然的多尺度几何表示。在文献[26]中，研究者们基于线性回归理论对相邻剪切子带进行建模，提出了一种全新的纹理分类方法。在这个过程中，研究者们用两个提取到的能量特征来对每个小波子带进行表征，然后利用线性回归理论对同方向相邻子带中的能量特征进行建模。

文献[50]展现出离散剪切波变换在去噪应用中在性能和计算效率方面都非常具有竞争力。为了提高去噪等应用的算法性能，需要实现剪切波变换的局部变体。当使用大支撑尺寸的滤波器时，这将减少吉布斯型振铃。文献使用了剪切波变换来去除图像中的噪声。具体来说，假设对于给定的图像 f，有

$$u = f + \varepsilon \tag{3.19}$$

式中，ε 表示具有零均值和标准偏差 δ 的高斯白噪声，即 $\varepsilon \in N(0, \delta^2)$。研究者们尝试在剪切波分解的子带中应用阈值方案来计算 f 的近似值，以此从噪声数据 u 中恢复图像 f。

文献[45]则是将混合深度学习－剪切波框架用于计算机断层扫描。文献[46]提出了基于 3D 剪切波的描述符结合深度特征用于 MRI 数据的阿尔茨海默病分类。然而剪切波变换过程中包含下采样操作，缺乏平移不变性，在去噪图像中易出现伪吉布斯现象，导致图像效果失真。此后，文献[50]提出了非下采样剪切波变换，详细分析了非下采样剪切波的结构设计和实现原理，采用了硬阈值对非下采样剪切波系数进行收缩处理，达到了图像去噪的目的。二维仿射系统的复合扩张为

$$\psi_{i,j,k}(x) = |\det AM|^{\frac{i}{2}} \psi(S^j I^i x - k) : i, j \in Z^2 | \tag{3.20}$$

此时，Shearlet 尺度由各向异性矩阵 AM 控制，方向由剪切矩阵 S 控制。尺度、平移和位移参数由 i、j 和 k 表示。离线的 NSST 可由下面的公式获得：

$$\sum_i \sum_{2^i-1}^{k-2^i} |\hat{\psi}_0(\xi(AM)_0^{-i} S_0^{-k})|^2 = \sum_{i \geqslant 0} \sum_{2^2-1}^{k=-2} |\hat{\psi}_1(2^{-i}\xi_1)|^2 \left|\hat{\psi}_2\left(2^i \frac{\xi_2}{\xi_1} - k\right)\right|^2 = 1 \tag{3.21}$$

其中，$\xi = (\xi_1, \xi_2) \in \mathbf{R}^2$，$\xi_1 \neq 0$，另外，$\psi$ 表示基本小波，ψ 的傅里叶变换为 $\hat{\psi}$，$\psi_1 \in C^{\infty}(\mathbf{R})$ 与 $\psi_2 \in C^{\infty}(\mathbf{R})$ 表示的是一组紧密支撑的小波。非下采样剪切波具有平移不变性和对图像边缘及纹理细节的表示能力，以及非下采样剪切波系数在尺度内和尺度间的依赖关系。其在保持标准剪切波变换原有优势的同时，克服了伪吉布斯现象，更加适合于图像去噪。文献[44]、[51]提出了新颖的非下采样剪切波变换（NSST）域中的多模态医学图像融合方法。文献[47]基于多元模型的 CT 图像去噪及其方法在非下采样剪切波域中进行噪声阈值处理。

文献[49]提出了一种基于非下采样剪切波变换的心跳声音水印方法。

3.2.9 梳状波表征学习

梳状波是一种对具有复杂纹理图案的图像进行表征的有效工具。但是近几年来，关于梳状波的表征学习相对较少。正交梳状波基的公式如下：

$$w_{n,j}(x) = \sqrt{l_n}\, \mathrm{e}^{2i\pi c_n^x} \{ (-1)^j l_n \hat{b}_\sigma (l_n x - j) -$$
$$2i\sin(\pi l_n x) l_n \hat{v}_\sigma (l_n x + j) \} \tag{3.22}$$

其中，j 是梳状波的平移因子。上式的表达形式与小波相像。

文献[51]介绍的是使用 3D 梳状波变换的医疗体积增强。与其他基于统计或空间频率的方法(如小波变换、Gabor 滤波器组、定向滤波器等)相比，论文展示了基于梳状波的 TF 设计方法的优越性能及其在 3D 可视化中的有效使用。与其他多尺度变换方法相同，梳状波变换也常常应用于图像去噪任务。如文献[52]提出了一种基于梳状波的块匹配 3D (BM3D) 方法来协同对超声图像去噪。通过将图像分成多个块，再根据相似性对它们进行分组，然后，共享相似性的分组块形成 3D 图像体。对于每个图像体，应用梳状波阈值处理以去除频域中的噪声。

在文献[53]中，作者介绍了一种新的系统 Brushlet，它是一种新型的定向图像分析工具。同时，通过有效地压缩纹理丰富的图像，很好地证明了梳状波分析和描述纹理图案的能力。文献[53]将梳状波应用于特征纹理分类任务中，提出了 Brushlet 系数的能量度量作为纹理分类的特征，通过对 Brodatz 纹理的实验研究了其对纹理分类的性能。结果表明，Brushlet 可以实现较高的分类精度，优于广泛使用的基于小波的分类方法。文献[54]提出了一种基于带自适应窗口的 Gabor 滤波器的新方法，用于超完备 Brushlet 域中的 SAR 图像分割。SAR 图像富含纹理和方向信息，而 Brushlet 是一种新型的具有丰富方向信息的图像分析工具。针对这些特点，论文将 Gabor 滤波器与 GLCP 相结合，在 Brushlet 系数域进行分割。

3.2.10 方向波表征学习

Directionlet(方向波)是一种良好的多方向性表征方式，方向波变换具备临界采样各向异性。其基函数(Directionlets)在任意两个具有良好斜率的方向上均具有方向消失矩。与其他多尺度变换相同，方向波也常用于图像去噪等任务中。文献[55]主要探索了方向域中多向收缩的图像去噪。文献[56]则基于方向波的压缩图像融合，SAR 图像富含纹理和方向信息。文献[57]则是利用方向波去捕获 SAR 图像的多方向特征，用于 SAR 图像的去噪任务。首先，对经过对数变换的 SAR 图像进行各向异性方向变换，将 Directionlet 变换应用于尺度 2-J 后，每个尺度上的噪声系数可以写成无噪声图像和噪声图像的变换之和，如下所示：

$$d_{k,l}^{i,j} = s_{k,l}^{i,j} + \xi_{k,l}^{i,j} \tag{3.23}$$

其中，i 表示每个尺度上的方向，j 表示分解尺度，k 和 l 分别表示两个方向偏移。反射图像的方向变换系数被建模为零位置柯西 PDF，而散斑噪声的分布被建模为具有零均值的加性高斯分布。其中，柯西 PDF 表示为

$$p_s(s) = \frac{\gamma}{\pi(s^2 + \gamma^2)} \tag{3.24}$$

其中，$\gamma > 0$ 是分布的离散度。然后使用假设的先验模型设计最大后验（MAP）估计器。提出的方案有效地去除了 SAR 图像中的散斑噪声。Directionlets 允许构建完美的重建和临界采样的多向各向异性基，同时保留标准小波变换的可分离滤波。

然而，由于空间变化的滤波和下采样方向，Directionlets 应用空间分割并独立处理每个片段。由于图像片段的这种独立处理，当方向函数应用于图像编码时，会受到块伪影与空间可伸缩性的限制。文献[58]通过对块边界的简单修改克服这些限制，构建了一个自适应方向小波变换，与这些自适应方向小波变换相比，改善了图像编码性能。

由于具有多方向各向异性基函数，方向变换可以捕捉图像固有的几何特征。文献[59]提出了一种基于方向变换的边缘检测方法，使用两个斜率沿任意两个方向进行过滤，以捕获丰富的边缘信息，有效地利用了方向变换的多尺度特性，并结合小型和大型规模的优势，以获得理想的结果。在 Directionlet 变换中，LH 可以视为高频率方向系数，LB 可以视为低频方向系数，方向对比度定义为

$$C_l^k = \frac{D_l^k}{A_l}, \quad k = 1, 2, \cdots, M, \quad l = 1, 2, \cdots, L \tag{3.25}$$

其中，k 是分解方向数；l 是分解级别的数量。因此，在相应的空间分辨率水平上，每一级的对比度是高频与低频的比率。

综上所述，多尺度表征算法流程如下所示：

算法 6.1：多尺度表征算法

输入：训练数据集 $x = \{x_n \mid n = 1, 2, \cdots, N\}$。

输出：稀疏表征 $\hat{y} = \alpha_i \phi(x)$。

1 输入图片 x_n，通过对应的多尺度变换基函数 $\phi(x)$ 对图像进行分解表征。

2 输出一组系数 $C_k^l(x, y)$，k 是每个分解层的子代系数。

3 结束。

本 章 小 结

本章首先引入了一些概念，对方向性、非线性、不变性、感受野、能量传输进行了介绍，接着，依据这些基本概念，对具体的表征方法进行进一步介绍，涉及到特征选择、特征融合、纹理表征、空间局部及上下文表征、稀疏表征、编码与监督等。

同时，本章更好地回顾了多尺度分析过程中多尺度几何分析的由来，从傅里叶变换及小波变换到后续的多种多尺度几何变换，具体涉及到小波变换、脊波变换、曲线波变换、楔波变换、小带变换、条带波变换、轮廓波变换、剪切波变换、梳状波变换、方向波变换。

根据不同的基函数可以分别描述特征表示过程，本章给出了各类多尺度几何变换的逼近阶与适合捕捉的图像特征。另外，本章还对各种多尺度几何变换的表征学习过程进行了汇总与分析。

本章参考文献

[1] JIAO L, GAO J, LIU X, et al. Multiscale representation learning for image classification：A survey [J]. IEEE Transactions on Artificial Intelligence, 2021, 4(1)：23 - 43.

[2] JACQUES L, DUVAL L, CHAUX C, et al. A panorama on multiscale geometric representations, intertwining spatial, directional and frequency selectivity[J]. Signal Processing, 2011, 91(12)：2699 - 2730.

[3] TULAPURKAR H, TURKAR V, MOHAN B K, et al. Curvelet based watermarking of multispectral images and its effect on classification accuracy[C]//2019 URSI Asia-Pacific Radio Science Conference (AP-RASC). IEEE, 2019：1 - 7.

[4] LIU M, JIAO L, LIU X, et al. C-CNN：Contourlet convolutional neural networks [J]. IEEE Transactions on Neural Networks and Learning Systems, 2020, 32(6)：2636 - 2649.

[5] SIFRE L, MALLAT S. Rotation, scaling and deformation invariant scattering for texture discrimination[C]//Proceedings of the IEEE conference on computer vision and pattern recognition. 2013：1233 - 1240.

[6] DONG G, KUANG G, WANG N, et al. Classification via sparse representation of steerable wavelet frames on Grassmann manifold：Application to target recognition in SAR image [J]. IEEE Transactions on Image Processing, 2017, 26(6)：2892 - 2904.

[7]　WIATOWSKI T，BÖLCSKEI H. A mathematical theory of deep convolutional neural networks for feature extraction[J]. IEEE Transactions on Information Theory，2017，64(3)：1845 – 1866.

[8]　LI Y，CHEN Y，WANG N，et al. Scale-aware trident networks for object detection[C]//Proceedings of the IEEE/CVF international conference on computer vision. 2019：6054 – 6063.

[9]　BRUNA J，MALLAT S. Invariant scattering convolution networks[J]. IEEE transactions on pattern analysis and machine intelligence，2013，35(8)：1872 – 1886.

[10]　XU Y，YANG X，LING H，et al. A new texture descriptor using multifractal analysis in multi orientation wavelet pyramid[C]//2010 IEEE Computer society conference on computer vision and pattern recognition. IEEE，2010：161 – 168.

[11]　CHAN Y T. Wavelet basics[M]. Springer Science & Business Media，2012.

[12]　MALLAT S. A wavelet tour of signal processing[M]. Academic Press，1999.

[13]　GOU S，LI X，YANG X. Coastal zone classification with fully polarimetric SAR imagery[J]. IEEE Geoscience and Remote Sensing Letters，2016，13(11)：1616 – 1620.

[14]　BI H，XU L，CAO X，et al. Polarimetric SAR image semantic segmentation with 3D discrete wavelet transform and Markov random field[J]. IEEE transactions on image processing，2020，29：6601 – 6614.

[15]　DO M N，VETTERLI M. Contourlets：a directional multiresolution image representation[C]//Proceedings. International Conference on Image Processing. IEEE，2002，1：I - I.

[16]　DO M N，VETTERLI M. The contourlet transform：an efficient directional multiresolution image representation[J]. IEEE Transactions on image processing，2005，14(12)：2091 – 2106.

[17]　CANDES E，DEMANET L，DONOHO D，et al. Fast discrete curvelet transforms[J]. multiscale modeling & simulation，2006，5(3)：861 – 899.

[18]　HUO X. Beamlets[J]. Wiley Interdisciplinary reviews：computational statistics，2010，2(1)：116 – 119.

[19]　DONOHO D L. Wedgelets：Nearly minimax estimation of edges[J]. the Annals of Statistics，1999，27(3)：859 – 897.

[20]　DO M N，VETTERLI M. Contourlets：a directional multiresolution image representation[C]//Proceedings. International Conference on Image Processing. IEEE，2002，1：I - I.

[21]　LE PENNEC E，MALLAT S. Bandelet image approximation and compression[J]. Multiscale Modeling & Simulation，2005，4(3)：992 – 1039.

[22]　XUE Z，LI J，CHENG L，et al. Spectral-spatial classification of hyperspectral data via morphological component analysis-based image separation[J]. IEEE Transactions on Geoscience and Remote Sensing，2014，53(1)：70 – 84.

[23]　QIAO T，REN J，WANG Z，et al. Effective denoising and classification of hyperspectral images using curvelet transform and singular spectrum analysis[J]. IEEE transactions on geoscience and remote sensing，2016，55(1)：119 – 133.

[24]　EASLEY G，LABATE D，LIM W Q. Sparse directional image representations using the discrete

shearlet transform[J]. Applied and Computational Harmonic Analysis, 2008, 25(1): 25 - 46.

[25] LABATE D, LIM W Q, KUTYNIOK G, et al. Sparse multidimensional representation using shearlets[C]//Wavelets XI. SPIE, 2005, 5914: 254 - 262.

[26] DONG Y, TAO D, LI X, et al. Texture classification and retrieval using shearlets and linear regression[J]. IEEE transactions on cybernetics, 2014, 45(3): 358 - 369.

[27] LIU B, ZHANG Z, LIU X, et al. Representation and spatially adaptive segmentation for PolSAR images based on wedgelet analysis[J]. IEEE Transactions on Geoscience and Remote Sensing, 2015, 53(9): 4797 - 4809.

[28] FU C H, ZHANG H B, SU W M, et al. Fast wedgelet pattern decision for DMM in 3D-HEVC [C]//2015 IEEE International Conference on Digital Signal Processing (DSP). IEEE, 2015: 477 - 481.

[29] YING L, SALARI E. Beamlet transform based technique for pavement image processing and classification[C]//2009 IEEE International Conference on Electro/Information Technology. IEEE, 2009: 141 - 145.

[30] VELISAVLJEVIC V, BEFERULL-LOZANO B, VETTERLI M. Space-frequency quantization for image compression with directionlets[J]. IEEE Transactions on Image Processing, 2007, 16(7): 1761 - 1773.

[31] CID Y D, MÜLLER H, PLATON A, et al. 3D solid texture classification using locally-oriented wavelet transforms[J]. IEEE Transactions on Image Processing, 2017, 26(4): 1899 - 1910.

[32] ZHENG Z, CAO J. Fusion high-and-low-Level features via ridgelet and convolutional neural networks for very high-resolution remote sensing imagery classification[J]. IEEE Access, 2019, 7: 118472 - 118483.

[33] QIAN X, LIU F, JIAO L, et al. Ridgelet-nets with speckle reduction regularization for SAR image scene classification[J]. IEEE Transactions on Geoscience and Remote Sensing, 2021, 59(11): 9290 - 9306.

[34] CANDES E J, DONOHO D L. Curvelets: A surprisingly effective nonadaptive representation for objects with edges[M]. Stanford, CA, USA: Department of Statistics, Stanford University, 1999.

[35] ZHAO X, ZHANG L, CHEN Y. Unified wedgelet genenration for depth coding in 3D-HEVC[C]// 2014 IEEE International Conference on Image Processing (ICIP). IEEE, 2014: 121 - 124.

[36] DONOHO D L, HUO X. Beamlets and multiscale image analysis [M]. Springer Berlin Heidelberg, 2002.

[37] WEI N, ZHAO X M, DOU X Y, et al. Beamlet Transform Based Pavement Image Crack Detection [C]// International Conference on Intelligent Computation Technology & Automation. IEEE, 2010.

[38] ZHAO G, WANG T, YE J. Surface shape recognition method for crack detection[J]. Journal of Electronic Imaging, 2014, 23(3): 1267 - 1276.

[39] LIN Z, YAN J, YUAN Y. Target detection for SAR images based on beamlet transform[J]. Multimedia Tools and Applications, 2016, 75(4): 2189 - 2202.

[40]　HUO X, DONOHO D. Recovering filamentary objects in severely degraded binary images using beamlet-driven partitioning[C]// IEEE International Conference on Acoustics. IEEE, 2002.

[41]　HUO X, CHEN J. JBEAM: multiscale curve coding via beamlets[J]. IEEE Transactions on Image Processing, 2005, 14(11): 1665 – 1677.

[42]　PEYRE G, MALLAT S. Discrete bandelets with geometric orthogonal filters[C]//IEEE International Conference on Image Processing, 2005. (ICIP 2005). IEEE, 2005, 1: 65 – 68.

[43]　马丽媛. 基于深度轮廓波卷积神经网络的遥感图像地物分类[D]. 西安: 西安电子科技大学, 2017.

[44]　YIN M, LIU X, LIU Y, et al. Medical image fusion with parameter-adaptive pulse coupled neural network in nonsubsampled shearlet transform domain[J]. IEEE Transactions on Instrumentation and Measurement, 2018, 68(1): 49 – 64.

[45]　BUBBA T A, KUTYNIOK G, LASSAS M, et al. Learning the invisible: a hybrid deep learning-shearlet framework for limited angle computed tomography[J]. Inverse Problems, 2019, 35 (6): 064002.

[46]　ALINSAIF S, LANG J, Alzheimer's Disease Neuroimaging Initiative. 3D shearlet-based descriptors combined with deep features for the classification of Alzheimer's disease based on MRI data[J]. Computers in Biology and Medicine, 2021, 138: 104879.

[47]　DIWAKAR M, SINGH P. CT image denoising using multivariate model and its method noise thresholding in non-subsampled shearlet domain[J]. Biomedical Signal Processing and Control, 2020, 57: 101754.

[48]　LI B, PENG H, LUO X, et al. Medical image fusion method based on coupled neural P systems in nonsubsampled shearlet transform domain[J]. International Journal of Neural Systems, 2021, 31 (01): 2050050.

[49]　MOAD M S, KAFI M R, KHALDI A. A non-subsampled Shearlet transform based approach for heartbeat sound watermarking[J]. Biomedical Signal Processing and Control, 2022, 71: 103114.

[50]　EASLEY G, LABATE D, LIM W Q. Sparse directional image representations using the discrete shearlet transform[J]. Applied and Computational Harmonic Analysis, 2008, 25(1): 25 – 46.

[51]　SELVER M, DICLE O. Medical volume enhancement using 3-d brushlet transform[J]. Journal of the Faculty of Engineering and Architecture of Gazi University, 2018, 33(4).

[52]　GAN Y, ANGELINI E, LAINE A, et al. BM3D-based ultrasound image denoising via brushlet thresholding[C]//2015 IEEE 12th International Symposium on Biomedical Imaging (ISBI). IEEE, 2015: 667 – 670.

[53]　SHAN T, ZHANG X, JIAO L. A brushlet-based feature set applied to textureclassification[C]// International Conference on Computational and Information Science. Springer, Berlin, Heidelberg, 2004: 1175 – 1180.

[54]　YAN X, JIAO L, XU S. SAR image segmentation based on Gabor filters of adaptive window in overcomplete brushlet domain[C]//2009 2nd Asian-Pacific Conference on Synthetic Aperture Radar. IEEE, 2009: 660 – 663.

[55] LIU J, WANG Y, SU K, et al. Image denoising with multidirectional shrinkage in directionlet domain[J]. Signal processing, 2016, 125: 64 – 78.

[56] ZHOU X, WANG W, LIU R. Compressive sensing image fusion algorithm based on directionlets [J]. EURASIP Journal on Wireless Communications and Networking, 2014, 2014(1): 1 – 6.

[57] GAO Q, LU Y, SUN D, et al. Directionlet-based denoising of SAR images using a Cauchy model [J]. Signal processing, 2013, 93(5): 1056 – 1063.

[58] JAYACHANDRA D, MAKUR A. Directionlets using in-phase lifting for image representation[J]. IEEE Transactions on Image Processing, 2013, 23(1): 240 – 249.

[59] BAI J, ZHOU H. Edge detection approach based on directionlet transform[C]//2011 International Conference on Multimedia Technology. IEEE, 2011: 3512 – 3515.

第 4 章　快速稀疏深度神经网络

与传统的深度神经网络不同，快速稀疏深度神经网络无须微调即可获得出色的泛化性能。另外，快速稀疏深度神经网络还可以有效克服极限学习机的缺点。本章首先介绍了深度神经网络泛化策略以及稀疏深度神经网络相关背景知识，具体包含稀疏表示与神经网络的关系、反向传播算法以及层次极限学习机的简介。在此基础上，本章进一步给出了快速稀疏深度神经网络框架，并对其进行了结果分析和性能评估。

4.1　深度神经网络泛化策略

深度神经网络（Deep Neural Networks，DNN）是利用多个非线性处理层对输入数据进行复合计算和抽象表征的一种方法。特别是最近这几年，得益于数据的增多、计算能力的增强、学习算法的成熟以及应用场景的丰富，越来越多的人开始关注这一崭新的研究领域。深度神经网络也极大地提升了语音识别、图像识别、目标检测等诸多应用领域的技术水平和泛化精度。通常，经典的 DNN 通过使用误差反向传播（Back-Propagation，BP）算法来完成网络的优化训练，即当确定了网络的结构以及风险函数后，就可以通过链式法则来计算风险函数对每个参数的梯度，参数的更新使用梯度下降（Gradient Descent，GD）的方法来完成优化更新。然而，这种优化思路在深度学习中容易导致梯度消失的问题，从而引起过拟合现象的发生。目前，可使用如下四种策略或技巧来缓解梯度消失问题。

1. 权值初始化策略

权值初始化策略可以有效地防止网络在训练过程中过早地陷入局部最优点以及规避鞍点。目前，常用的权值初始化的方法或模型包括自编码网络（Auto-Encoder，AE）及其变体、受限玻尔兹曼机（Restricted Boltzmann Machine，RBM）、稀疏编码（Sparse Coding，SC）、独立成分分析、主成分分析、稀疏字典学习、对偶学习、随机向量函数连接网络（Random Vector Function Link Networks，RVFLN）、带有稀疏自编码方式的极限学习机（Extreme Learning Machine with Sparse AE，ELM-SAE）和生成式对抗网络等。对应着构造的经典深度神经网络包括深度堆栈自编码网络、深度置信网络和深度玻尔兹曼机、深度极限学习机、层次卷积稀疏编码网络、深度主成分分析网络（PCANet）、深度独立成分分析网络（ICANet）等等。

2. 权值共享策略

如通过卷积运算可以减少要学习的权重参数的数量；通过深度迁移学习可在训练好了的模型上接着训练其他内容或应用任务，充分使用原模型的理解力。

3. 正则化方法

正则化方法是改进网络泛化能力和规避网络出现过拟合现象的关键技术之一。常用的正则化方法包括数据增强、提前停止、权重衰减、标签平滑、稀疏权值连接 Dropout 和权值参数的 ℓ_1 和 ℓ_2 范数约束惩罚等。

4. 模型压缩策略

压缩的目的是在不影响网络泛化能力的情况下，进一步约减网络中的参数量以及存储需求。常用的压缩网络包括 SqueezeNet、MobileNet 等，常用的技巧包括基于核的稀疏化，如卷积稀疏编码。除此之外，二值或三值量化、低秩分解、迁移学习等方法也有很多研究，并在模型压缩中起到了非常好的效果。

如何才能找到一种更有效的算法来提高深层网络的泛化性能？受到 L 阶多项式的线性组合来近似表示非线性函数的启发，本章设计了一套新颖有效的快速稀疏深度网络及其优化算法。对于非线性函数，其可以被 L 阶多项式的线性组合来近似表示：

$$y = f(x) \approx p_L(x) = \sum_{l=1}^{L} \lambda_l \boldsymbol{\omega}_l x^{(l)} \tag{4.1}$$

其中，因子 λ_l 表示第 l 阶的系数，$\boldsymbol{\omega}_l$ 为尺度矩阵，其作用是将 $x^{(l)}$ 的尺寸转变为与输出 y 一致。基于稀疏表示和深度学习，假设网络层数为 L，将隐层上的输出定义为

$$\begin{cases} x^{(l)} \stackrel{\text{def}}{=} \sigma_l(x^{(l-1)}, \boldsymbol{W}_l, \boldsymbol{b}_l) \\ l = 1, 2, \cdots, L \end{cases} \tag{4.2}$$

其中，σ_l 为激活函数，$\boldsymbol{W}_l$ 与 $\boldsymbol{b}_l$ 分别为权值连接矩阵和偏置，特别地，有 $x \stackrel{\text{def}}{=} x^{(0)}$。进一步，对于训练数据集 $\{x_n, y_n\}_{n=1}^{N}$，有如下的优化目标函数：

$$J(\theta) = \frac{1}{2} \parallel Y - f(X) \parallel_F^2 \approx \frac{1}{2} \sum_{n=1}^{N} \parallel y_n - p(x_n) \parallel_2^2$$

$$= \frac{1}{2} \sum_{n=1}^{N} \left\| y_n - \sum_{l=1}^{L} \lambda_l \boldsymbol{\omega}_l \sigma_l (x_n^{(l-1)}, \boldsymbol{W}_l, \boldsymbol{b}_l) \right\|_2^2$$

(4.3)

其中，参数 $\theta \overset{\text{def}}{=} \{\boldsymbol{W}_l, \boldsymbol{b}_l, \boldsymbol{\omega}_l\}_{l=1}^{L}$。此时，公式(4.3)中的因子 λ_l 代表着第 l 个隐层的线性组合 $\boldsymbol{\omega}_l \sigma_l (x_n^{(l-1)}, \boldsymbol{W}_l, \boldsymbol{b}_l)$ 对目标 y_n 的贡献。特别地，我们对因子 λ_l 作出如下的约束：

$$\begin{cases} \sum_{l=1}^{L} \lambda_l = L \\ 0 \leqslant \lambda_l \leqslant 1 \end{cases}$$

(4.4)

不失一般性，除了最后隐层的因子不为零，其他所有隐层的因子均为零，网络退化为经典的带有线性分类器的深度神经网络。

与经典深度网络不同，我们考虑的框架是：输出与所有隐层输出的线性组合有关。进一步，为了高效地优化网络中的参数，我们针对每一隐层，基于极限学习机稀疏自编码网络(Extreme Learning Machine Sparse AE, ELM-SAE)构建了凸优化目标函数，并在深度网络中引入多层级多通路处理机制，有效地解决了极限学习机固有的缺陷，即网络的泛化性能不再依赖于隐节点个数的设置。本章提出的快速稀疏深度神经网络不仅体现在网络框架的设计上，而且还设计了一套完整的优化算法。最后，通过在多个经典数据集上的分类任务实验测试，验证了本章方法的可行性与高效性。

4.2　稀疏深度神经网络相关背景知识

4.2.1　从稀疏表示到深度神经网络

下面，我们先从经典的稀疏表示模型开始，其优化目标函数为

$$\boldsymbol{\alpha} = \underset{\alpha}{\arg\min} \frac{1}{2} \parallel x - \boldsymbol{D}\boldsymbol{\alpha} \parallel_2^2 + \lambda \parallel \boldsymbol{\alpha} \parallel_1$$

(4.5)

其中，x 为输入数据，$\boldsymbol{D}$ 为过完备字典，$\boldsymbol{\alpha}$ 为稀疏表示系数，λ 为拉格朗日乘子。公式(4.5)可以利用迭代收缩阈值算法进行求解，即

$$\alpha^{(k+1)} = N(L_1(x) + L_2(\alpha^{(k)}), \lambda)$$

(4.6)

其中，$N(\cdot)$ 为软阈值非线性函数，$L_1(\cdot)$ 与 $L_2(\cdot)$ 分别是线性操作，具体的表达为

$$\begin{cases} L_1(x) \stackrel{\text{def}}{=} \boldsymbol{D}^{\mathsf{T}} x \\ L_2(\alpha^{(k)}) \stackrel{\text{def}}{=} (I - \boldsymbol{D}^{\mathsf{T}} \boldsymbol{D}) \alpha^{(k)} \\ N(u, \lambda) \stackrel{\text{def}}{=} \text{sign}(u)(|u| - \lambda)_+ \end{cases} \tag{4.7}$$

其中，sign($\cdot$)为符号函数，

$$(|u| - \lambda)_+ = \begin{cases} |u| - \lambda, & (|u| - \lambda) > 0 \\ 0, & \text{其他} \end{cases} \tag{4.8}$$

上述稀疏表示模型的迭代求解过程可用图 4.1 表示。

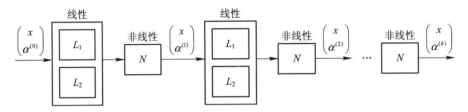

图 4.1　稀疏表示：k 次迭代求解稀疏表示系数

从图 4.1 中，我们可以认为稀疏表示也可以理解为线性和非线性操作不断复合下的一种"深度"（指迭代次数）网络，但与真正的深度神经网络的不同之处在于，一是每次迭代后的稀疏表示系数位于同一特征空间，二是字典与稀疏约束确定了表示系数的逼近能力。换言之，求得的稀疏表示系数仍为数据的一种浅层表达。

基于稀疏表示模型，稀疏表示分类器（Sparse Representation Classifier，SRC）可以被描述如下：

对于具有 C 类的训练样本集 $X = [\boldsymbol{X}_1, \cdots, \boldsymbol{X}_i, \cdots, \boldsymbol{X}_C]$，其中 $\boldsymbol{X}_i$ 为第 i 类样本构成的矩阵，同时，$\boldsymbol{D}_i$ 为第 i 类的字典并有 $\boldsymbol{D}_i \stackrel{\text{def}}{=} \boldsymbol{X}_i$。若 $\forall x \in \boldsymbol{X}_C \subseteq \boldsymbol{X}$，则定义字典 $\boldsymbol{D}$ 为

$$\boldsymbol{D} \stackrel{\text{def}}{=} [\boldsymbol{D}_1, \cdots, \boldsymbol{D}_i, \cdots, \boldsymbol{D}_C] \tag{4.9}$$

则我们期望有如下的稀疏表示：

$$x = \boldsymbol{D}\boldsymbol{\alpha} \stackrel{\text{def}}{=} \sum_{i=1}^{C} \boldsymbol{D}_i \boldsymbol{\alpha}_i = \boldsymbol{D}_C \boldsymbol{\alpha}_C \tag{4.10}$$

其中表示系数 $\boldsymbol{\alpha}$ 定义为

$$\boldsymbol{\alpha} \stackrel{\text{def}}{=} [\alpha_1, \cdots, \alpha_2, \cdots, \alpha_C]^{\mathsf{T}} \tag{4.11}$$

即除了第 C 类子字典外，其他子字典表示输入 x 的系数均为零。关于输入 x 的稀疏表示系数仍可以通过式(4.5)的优化目标函数求得。当获得稀疏表示系数 $\boldsymbol{\alpha}$ 后，输入 x 的类别通过如下公式确定：

$$\text{Label}(x) = \arg\min_{1 \leqslant i \leqslant C} \{ \| x - \boldsymbol{D}_i \boldsymbol{\alpha}_i \|_2^2 \} \tag{4.12}$$

类似地，结合稀疏表示模型，SRC 的求解过程可利用图 4.2 表示。

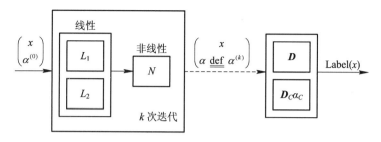

图 4.2　稀疏表示分类器：k 次迭代求解稀疏表示系数与分类

从图 4.2 可以看出，SRC 仍是一种将数据的特征表达与分类器封装为一体的浅层模型。所以，认识深度神经网络，不能只看网络的层数，还需要认识到特征的层级抽象表达能力是否随着深度的增加而得到提升。

4.2.2　基于反向传播算法的深度学习框架分析

反向传播（Back-Propagation，BP）算法是 DNN 中应用最广泛的参数学习方法，其核心思想是目标函数对于某层输入的导数（或者梯度）可以通过反向传播对该层输出（或者下一层输入）的导数求得。大多数优化专家认为，深度学习的高维空间需要一个非凸的解决方案，否则难以优化。然而，使用基于 BP 的随机梯度下降法优化得到的参数，其运行效果却相对较好。其中一种可能合理的解释是：对于 DNN 的非凸优化目标函数，其参数解空间中充满了大量的鞍点（即梯度为零），SGD 能够有效地逃离鞍点，从而使得到的局部极值解仍可以有效地反映训练样本输入与输出之间的内在规律。值得指出的是，反向传播算法真正强大的地方在于它是动态规划的，可以重复使用中间结果计算梯度下降，因为它是通过神经网络由后向前传播误差，并优化每一个神经节点之间的权重。

如果没有预测值和标记（实际或训练数据）值之间的度量，则无法得到目标函数，从而无法实现误差的反向传播，那么这是否意味着无监督学习需要抛弃 BP？答案是否定的，如生成式对抗网络，它由两个网络组成：生成器与判别器。可以将判别器视为与目标函数一致的神经网络，它使生成器得到现实验证。而生成器是一种重现不断趋近现实的自动化过程。生成式对抗网络执行无监督学习，但它仍使用反向传播算法进行参数优化更新。所以，无监督学习不需要目标函数，但仍然可能需要反向传播算法。

理论上来说，深度神经网络的优化目标函数是非凸的，利用 BP 算法进行参数优化更新则不可避免地会出现梯度消失问题，容易引发网络出现过拟合现象，因此它可能无法真正地反映训练样本的内在规律。虽然反向传播算法有很多局限性与不足，但人们一直在积极地探索和研究并不断对其进行改进，如最近的研究表明，精确的 BP 权重对于学习深度表示并不重要，随机 BP 用随机分布代替反馈权重，并鼓励网络调整其前馈权重，以学习随机反馈权重的伪逆；深度森林探索构建多层不可微分系统的能力，从而摆脱了 BP 优化的限制；自适应神经树模型（Adaptive Neural Tree，ANT）是一种将神经网络嵌入到决策树的边、路径函数以及叶节点的模型，并利用改进的 BP 算法实现网络的优化等。

4.2.3 层次极限学习机

在介绍层次极限学习机（Hierarchical Extreme Learning Machine，H-ELM）之前，我们先简要地概述极限学习机（Extreme Learning Machine，ELM）的相关概念。ELM 是一种单隐层前馈网络的框架，与传统的学习方法不同，ELM 需要的人工干预更少，运行速度比传统方法快数千倍。另外，ELM 能够自动地分析并确定网络权值和偏差参数，避免了更多的人为干预，使其在在线和实时应用任务中更为高效。基于单隐层前馈网络的 ELM 见图 4.3。

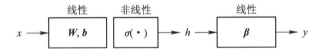

图 4.3 基于单隐层前馈网络的 ELM

我们可以构建如下的模型：

$$\begin{cases} h = \sigma(x\boldsymbol{W} + \boldsymbol{b}) \\ y = h\boldsymbol{\beta} \end{cases} \tag{4.13}$$

其中，h 为隐层特征，$\boldsymbol{W}$、$\boldsymbol{b}$ 分别为权值和偏置。注意，$\boldsymbol{W}$、$\boldsymbol{b}$ 通过随机采样进行赋值，不需要优化学习。$\boldsymbol{\beta}$ 为决策阶段需要学习的参数。对于训练样本 $\{x_n, y_n\}_{n=1}^N$，有

$$\begin{cases} \boldsymbol{H} = \sigma(\boldsymbol{XW} + \boldsymbol{b}) \\ \boldsymbol{Y} = \boldsymbol{H\beta} \end{cases} \tag{4.14}$$

其中，$\boldsymbol{X}$ 和 $\boldsymbol{Y}$ 分别为训练样本输入与输出的矩阵形式。进一步，我们可得到如下凸优化目标函数：

$$\min_{\beta} \| \boldsymbol{Y} - \boldsymbol{H\beta} \|_F^2 + \lambda \| \boldsymbol{\beta} \| \tag{4.15}$$

得到的闭形式解为

$$\boldsymbol{\beta} = \boldsymbol{H}^\dagger \boldsymbol{Y} = (\boldsymbol{H}^\top \boldsymbol{H} + \lambda \boldsymbol{I})^{-1} \boldsymbol{H}^\top \boldsymbol{Y} \tag{4.16}$$

注意，式（4.14）中的 $\boldsymbol{W}$、$\boldsymbol{b}$ 是不需要学习的，它们通过随机采样获得，随机化后，$\boldsymbol{W}$、$\boldsymbol{b}$ 就固定下来，所以 ELM 只需要通过闭形式解的形式给出 $\boldsymbol{\beta}$ 即可。

基于 ELM，H-ELM 的网络主要由两部分构成：一是无监督 ELM-SAE 层级堆栈，二是有监督原始 ELM 作为分类决策。

对于 ELM-SAE，其核心是利用自编码网络的架构去除 ELM 中关于 $\boldsymbol{W}$、$\boldsymbol{b}$ 的随机性，

其网络结构见图 4.4。

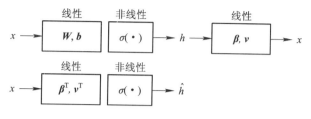

图 4.4　ELM-SAE

从图 4.4 中可以看出，将 ELM 的输入作为输出，依据 ELM-SAE 模型，可以得到如下的稀疏凸优化目标函数：

$$\boldsymbol{\beta} = \boldsymbol{H}^{\dagger}\boldsymbol{Y} = (\boldsymbol{H}^{\mathrm{T}}\boldsymbol{H} + \lambda\boldsymbol{I})^{-1}\boldsymbol{H}^{\mathrm{T}}\boldsymbol{Y} \tag{4.17}$$

其中，$\widetilde{H} \overset{\text{def}}{=} [\boldsymbol{H}, \boldsymbol{I}]$，这里的 $\boldsymbol{I}$ 为单位矩阵，需要注意的是 $\boldsymbol{H} = \sigma(\boldsymbol{XW} + \boldsymbol{b})$，这里的 $\boldsymbol{W}$、$\boldsymbol{b}$ 是随机获取的；$\widetilde{\boldsymbol{\beta}} \overset{\text{def}}{=} [\boldsymbol{\beta}, \boldsymbol{v}]$。当利用迭代阈值收缩算法或 Lasso 对式(4.17)进行求解时，得到的优化参数 $\boldsymbol{\beta}^{\mathrm{T}}$、$\boldsymbol{v}^{\mathrm{T}}$ 取代原先随机赋值的 $\boldsymbol{W}$、$\boldsymbol{b}$。

采用 ELM-SAE 逐层堆栈形成深度的架构，并结合原始 ELM 作为分类决策得到 H-ELM 的网络结构。不失一般性，这里我们给出具有三个隐层的网络架构，见图 4.5。

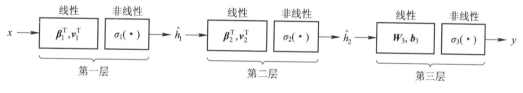

图 4.5　H-ELM

从图 4.5 可以看出，前两个隐层的参数通过 ELM-SAE 优化的方式获得，最后一个隐层模块采用原始的 ELM 实现分类。值得注意的是，由于 H-ELM 仍带有随机性(最后一个隐层)，所以基于逐层学习和精调的优化学习方式仍有待进一步改进。

4.3　快速稀疏深度神经网络框架与分析

在本节中，通过分别引入多通路和多层级处理的机制，我们构建并设计了两个网络结构及相应的算法。基于这两个网络，我们将详细地介绍快速稀疏深度神经网络及其优化算法。

4.3.1 单隐层多通道极限学习机

本小节提出的单隐层多通道极限学习机(Single hidden layer Multipaths Sparse ELM, SMSELM)是一种基于 ELM 的改进,改进的方面包括网络的泛化性能不再依赖隐层节点的个数;关于权值与偏置的随机化赋值采用稀疏分布的方式。其网络架构见图 4.6。

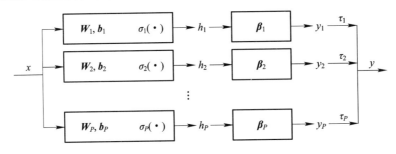

图 4.6   SMSELM

该网络架构用于分类模式,$\forall\, x \in \mathbf{R}^{1 \times m}$ 及其输出 $y \in \mathbf{R}^{1 \times C}$,$C$ 为类别数,有如下关于输入与输出的模型:

$$\boldsymbol{\beta} = \boldsymbol{H}^{\dagger}\boldsymbol{Y} = (\boldsymbol{H}^{\mathrm{T}}\boldsymbol{H} + \lambda\boldsymbol{I})^{-1}\boldsymbol{H}^{\mathrm{T}}\boldsymbol{Y} \tag{4.18}$$

图 4.6 中,τ_i 为每一通道的 y_i 对输出 y 的贡献因子;σ_i 为激活函数。另外,每一通道中隐层的输出 h_i 与随机($\boldsymbol{W}_i \in \mathbf{R}^{m \times M_i}$,$\boldsymbol{b}_i \in \mathbf{R}^{1 \times M_i}$)的方式有关。我们通过如下定义稀疏度的方式进行随机采样赋值:

$$\begin{cases} \mathrm{Sparsity}(\boldsymbol{W}_i) \overset{\mathrm{def}}{=\!=} \dfrac{\|\boldsymbol{W}_i\|_0}{m \cdot M} = \rho_i \\[3mm] \mathrm{Sparsity}(\boldsymbol{b}_i) \overset{\mathrm{def}}{=\!=} \dfrac{\|\boldsymbol{b}_i\|_0}{M} = \rho_i \end{cases} \tag{4.19}$$

其中,ρ_i 满足条件 $0 \leqslant \rho_i \leqslant 1$;符号 $\|\ \|_0$ 表示矩阵或向量中为零元素的个数。对应着式(4.18),在包括 N 个样本训练数据集的矩阵形式($\boldsymbol{X}$,$\boldsymbol{Y}$)上,我们有如下的优化目标函数:

$$\begin{cases} \min\limits_{\{\tau_i,\,\beta_i\}} \dfrac{1}{N}\left\|\boldsymbol{Y} - \sum\limits_{i=1}^{P}\tau_i\boldsymbol{Y}_i\right\|_F^2 \\[4mm] \mathrm{s.\,t.} \ \sum\limits_{i=1}^{P}\tau_i = P,\ 0 \leqslant \tau_i \end{cases} \tag{4.20}$$

其中,第 i 个通道的输出为

$$\boldsymbol{Y}_i = \boldsymbol{H}_i\boldsymbol{\beta}_i = \sigma_i(\boldsymbol{X}\boldsymbol{W}_i + \boldsymbol{b}_i)\boldsymbol{\beta}_i \tag{4.21}$$

对于式(4.20)对应的优化目标函数,其求解方法多种多样。最为简单的一种情形,即考虑所有通道的贡献因子是平等的,即 $\tau_i = 1 (i=1,2,\cdots,P)$,则参数的求解方法如下:

$$\begin{cases} \boldsymbol{E}_i = \boldsymbol{E}_{i-1} - \hat{\boldsymbol{Y}}_i \\ \hat{\boldsymbol{Y}}_i \approx \boldsymbol{H}_i \boldsymbol{\beta}_i^* \\ \boldsymbol{\beta}_i^* = \boldsymbol{H}_i^\dagger \boldsymbol{E}_{i-1} \end{cases} \tag{4.22}$$

其中，$\boldsymbol{E}_0 \overset{\text{def}}{=} \boldsymbol{Y}$；$i = 1, 2, \cdots, P$；$\boldsymbol{H}_i^\dagger$ 为 $\boldsymbol{H}_i$ 的广义逆。

该框架的优势在于：对于原始 ELM，其网络表现高性能的前提是隐层节点的个数需要充分大(如通常隐节点的个数需要相对接近训练样本的数量)，但是带来的困扰便是大矩阵求伪逆所需要的高计算代价。而 SMSELM 通过引入多通道的方式，将大矩阵求伪逆的问题变为多个小矩阵求伪逆的问题，使得计算代价大幅度降低的同时，其网络的泛化性能相比 ELM 并无降低，反而有所提升。另外，利用带约束的凸优化算法，可以动态地根据每个通道对输出的逼近程度自适应地调整其贡献因子，然后根据得到的贡献因子通过采用阈值法，可以将贡献因子较小的通路设置为静默状态(即不参与对 y 的求和逼近计算)。

4.3.2 多隐层单通道极限学习机

与 SMSELM 不同，我们通过增加隐层数，并将每一隐层上的通路数设为 1 来设计多隐层单通道极限学习机(Multiple hidden layer Single path Sparse ELM，MSSELM)，如图 4.7 所示。

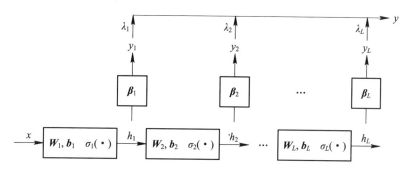

图 4.7 MSSELM

该网络仍是对 ELM 的一种改进，主要体现在网络的层级个数不再限制为 1。另外，与 H-ELM 的不同之处在于，MSSELM 对输出的表达采用了将所有隐层输出的线性组合以求和的方式给出。对图 4.7 应用分类模式，对于 $\forall x \in \mathbf{R}^{1 \times m}$ 及其输出 $y \in \mathbf{R}^{1 \times c}$，$C$ 为类别数，我们有如下的模型：

$$y = \sum_{l=1}^{L} \lambda_l y_l = \sum_{l=1}^{L} \lambda_l h_l \boldsymbol{\beta}_l = \sum_{l=1}^{L} \lambda_l \sigma_l (h_{l-1} \boldsymbol{W}_l + b_l) \boldsymbol{\beta}_l \tag{4.23}$$

其中，L 为隐层的个数；另外每一隐层上的权值 $\boldsymbol{W}_l$ 和偏置 $\boldsymbol{b}_l$ 仍由式(4.19)定义的方式稀疏随机赋值；λ_l 为第 l 个隐层上的输出 y_l 对于输出 y 的贡献因子；σ_l 为激活函数。在包括

N 个样本训练数据集的矩阵形式 $(\boldsymbol{X},\boldsymbol{Y})$ 上，我们有如下的优化目标函数：

$$
\begin{cases}
\min\limits_{\langle \lambda_l,\, \beta_l \rangle} \dfrac{1}{N} \left\| \boldsymbol{Y} - \sum\limits_{l=1}^{L} \lambda_l \boldsymbol{H}_l \boldsymbol{\beta}_l \right\|_F^2 \\
\text{s.t.} \ \ \sum\limits_{l=1}^{L} \lambda_l = L,\ 0 \leqslant \lambda_l
\end{cases}
\tag{4.24}
$$

关于式(4.24)的求解，其优化方法多种多样。不失一般性，我们考虑当贡献因子固定后，关于参数的迭代求解方式为

$$
\begin{cases}
\boldsymbol{E}_l = \boldsymbol{E}_{l-1} - \lambda_l \hat{\boldsymbol{Y}}_l \\
\hat{\boldsymbol{Y}}_l \approx \boldsymbol{H}_l \boldsymbol{\beta}_l^{*} \\
\boldsymbol{\beta}_l^{*} = \boldsymbol{H}_l^{\dagger} \boldsymbol{E}_{l-1}
\end{cases}
\tag{4.25}
$$

其中，$\boldsymbol{E}_0 \overset{\text{def}}{=} \boldsymbol{Y}$；$l = 1, 2\cdots, L$；$\boldsymbol{H}_l^{\dagger}$ 为 $\boldsymbol{H}_l$ 的广义逆。

该网络框架的优势之处在于：可以通过优化后得到的贡献因子 λ_l 对隐层关于输出 y 的线性笔记 y_l 做分析，即通过凸优化的方式对该隐层的参数实现更新；通过采用阈值法，可以将贡献因子较小的隐层关于输出的线性逼近设置为静默状态（即不参与对 y 的求和逼近计算）。

4.3.3　快速稀疏深度神经网络

自然地，我们将 SMSELM 和 MSSELM 结合起来，即基于 ELM，在网络中同时引入多隐层多通路机制，便提出了快速稀疏深度神经网络（Fast Sparse Deep Neural Networks，FSDNN），其网络的架构见图 4.8。

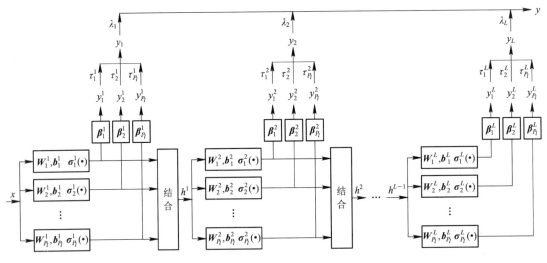

图 4.8　FSDNN

该网络兼具 SMSELM 和 MSSELM 的优势。下面, 对于图 4.7, 以及 $\forall x \in \mathbf{R}^{1 \times m}$ 及其输出 $y \in \mathbf{R}^{1 \times C}$, C 为类别数, 我们有如下的模型:

$$y = \sum_{l=1}^{L} \lambda_l y_l = \sum_{l=1}^{L} \lambda_l \left(\sum_{i=1}^{P_l} \tau_i^l y_i^l \right)$$

$$= \sum_{l=1}^{L} \lambda_l \left(\sum_{i=1}^{P_l} \tau_i^l (h_i^l \beta_i^l) \right) \tag{4.26}$$

其中, L 是网络中隐层的个数, P_l 是第 l 个隐层所对应的通路数, τ_i^l、h_i^l 和 β_i^l 分别为第 l ($l=1, 2, \cdots, L$) 个隐层第 i ($i=1, 2, \cdots, P_l$) 个通道的贡献因子、隐层输出、待优化参数。另外, 对于隐层输出 h_i^l, 有

$$h_i^l = \sigma_i^l (h^{l-1} \boldsymbol{W}_i^l + \boldsymbol{b}_i^l) \tag{4.27}$$

其中, h^{l-1} 为第 $l-1$ 个隐层所对应所有隐层输出的级联形式, 即

$$h^{l-1} = [h_1^{l-1}, h_2^{l-1}, \cdots, h_{P_{l-1}}^{l-1}] \tag{4.28}$$

特别地, $h^0 \stackrel{\text{def}}{=\!=} x$。对应于式(4.26), 在包括 N 个样本训练数据集的矩阵形式 $(\boldsymbol{X}, \boldsymbol{Y})$ 上, 我们有如下的优化目标函数:

$$\begin{cases} \min_{\theta} J(\theta) = \dfrac{1}{N} \left\| \boldsymbol{Y} - \sum_{l=1}^{L} \lambda_l \left(\sum_{i=1}^{P_l} \tau_i^l \boldsymbol{H}_i^l \boldsymbol{\beta}_i^l \right) \right\|_F^2 \\[2mm] \text{s. t.} \begin{cases} \sum_{l=1}^{L} \lambda_l = L, \ 0 \leqslant \lambda_l \\[2mm] \sum_{i=1}^{P_l} \tau_i^l = P_l, \ 0 \leqslant \tau_i^l \end{cases} \end{cases} \tag{4.29}$$

其中, 参数 θ 定义如下:

$$\theta \stackrel{\text{def}}{=\!=} [\{\boldsymbol{\beta}_i^l\}, \{\tau_i^l\}, \{\lambda_l\}] \tag{4.30}$$

且 $l=1, 2, \cdots, L$ 和 $i=1, 2, \cdots, P_l$。

同样, 对于式(4.29), 仍采用带约束的凸优化方法求解。由于不同隐层的输出代表着对输入数据刻画的信息冗余度是不一样的, 所以贡献因子 λ_l 的取值也不同。为了简化问题的复杂度, 假设我们已经将隐层贡献因子 λ_l 和通道贡献因子 τ_i^l 求解并固定, 则关于参数 $\boldsymbol{\beta}_i^l$ 的求解采用如下的方式, 首先, 根据下式得到输出 $\boldsymbol{Y}$ 的层级逼近 $\boldsymbol{Y}_l$:

$$\begin{cases} \boldsymbol{Y} = \sum_{l=1}^{L} \left(\dfrac{\lambda_l}{L} \right) \boldsymbol{Y} = \sum_{l=1}^{L} \boldsymbol{Y}_l \\[2mm] \boldsymbol{Y}_l \stackrel{\text{def}}{=\!=} \left(\dfrac{\lambda_l}{L} \right) \boldsymbol{Y} \end{cases} \tag{4.31}$$

其次, 迭代优化求解公式:

$$\begin{cases} \boldsymbol{E}_i^l = \boldsymbol{E}_{i-1}^l - \hat{\boldsymbol{Y}}_i^l \\ \hat{\boldsymbol{Y}}_i^l \approx \tau_i^l \boldsymbol{H}_i^l \boldsymbol{\beta}_i^l \\ \boldsymbol{\beta}_i^l = \left(\frac{1}{\tau_i^l}\right)(\boldsymbol{H}_i^l)^{\dagger} \boldsymbol{E}_{i-1}^l \end{cases} \tag{4.32}$$

其中，$\boldsymbol{E}_0^l \overset{\mathrm{def}}{=} \boldsymbol{Y}_l$。

该框架的优势在于关于参数 $\boldsymbol{\beta}_i^l$ 的求解均采用闭形式解的方式给出，而 FSDNN 网络中关于隐层输出的参数 $(\boldsymbol{W}_i^l, \boldsymbol{b}_i^l)$ 均利用式 (4.19) 定义的方式稀疏随机赋值。该框架也可以进一步将式 (4.27) 中由随机赋值带来的 h_i^l 的随机性去除，即通过 ELM-SAE 或 K-SVD 算法。

4.3.4 快速稀疏深度神经网络的通用逼近性证明

定理 对于 FSDNN，输入 $\boldsymbol{X} \in \mathbf{R}^{N \times n}$ 与输出 $\boldsymbol{Y} \in \mathbf{R}^{N \times c}$ 满足如下的关系：

$$\begin{cases} \boldsymbol{H}_{l,p} \overset{\mathrm{def}}{=} \sigma(\boldsymbol{H}_{l-1}\boldsymbol{W}_{l,p} + \boldsymbol{b}_{l,p}) \in \mathbf{R}^{N \times m_{l,p}} \\ \boldsymbol{Y}_l \overset{\mathrm{def}}{=} \sum_{p=1}^{P_l} \tau_{l,p} \boldsymbol{H}_{l,p} \boldsymbol{\beta}_{l,p} \in \mathbf{R}^{N \times c} \\ \boldsymbol{Y} = \sum_{l=1}^{L} \lambda_l \boldsymbol{Y}_l \in \mathbf{R}^{N \times c} \end{cases} \tag{4.33}$$

其中，

$$\boldsymbol{H}_{l-1} \overset{\mathrm{def}}{=} [H_{l-1,1}, H_{l-1,2}, \cdots, H_{l-1,P_{l-1}}] \in \mathbf{R} \tag{4.34}$$

$\boldsymbol{H}_0 \overset{\mathrm{def}}{=} \boldsymbol{X}$。注意，$m_l \overset{\mathrm{def}}{=} \sum_p m_{l,p}$，且 $\boldsymbol{W}_{l,p} \in \mathbf{R}^{m_{l-1,p} \times m_{l,p}}$，$\boldsymbol{b}_{l,p} \in \mathbf{R}^{1 \times m_{l,p}}$，$\tau_{l,p} \in \mathbf{R}$，$\lambda_l \in \mathbf{R}$，$\boldsymbol{\beta}_{l,p} \in \mathbf{R}^{m_{l,p} \times c}$。激活函数 σ 为无限可微分的，根据式 (4.33)，则输入与输出之间的复合表达函数 F 是可微分的系统，从而也是无限可微分的函数。进一步，如果层级隐层节点个数与样本个数之间满足如下条件：

$$\max\{m_l, l = 1, 2, \cdots, L\} \leqslant N \tag{4.35}$$

根据连续概率分布定理，则隐层权值矩阵 $\boldsymbol{H}_{l,p}$ 是列满秩的，且

$$\left\| \boldsymbol{Y}_l - \sum_{p=1}^{P_l} \tau_{l,p} \boldsymbol{H}_{l,p} \boldsymbol{\beta}_{l,p} \right\| \leqslant \xi_l \tag{4.36}$$

其中层级逼近误差满足 $\xi_l \geqslant 0$，并且式 (4.36) 依概率为 1 成立。进一步，我们仍有下式依概率为 1 成立：

$$\left\| \boldsymbol{Y} - \sum_{l=1}^{L} \lambda_l \boldsymbol{Y}_l \right\| \leqslant \varepsilon \tag{4.37}$$

其中，$\varepsilon \geqslant 0$。

证明： 沿着 Tamura 和 Tateishi 以及 ELM 通用逼近能力的证明思路，我们很容易通过反证法证明 $\boldsymbol{H}_{l,p}$ 中每一列向量都不在维数小于 N 的任意一个子空间，即由于层级权值 $\boldsymbol{W}_{l,p}$ 和偏置 $\boldsymbol{b}_{l,p}$ 都是通过基于连续概率分布的随机赋值设定的，我们可以假设如下：

$$\boldsymbol{H}_{(l-1)}\boldsymbol{W}_{l,p} + \boldsymbol{b}_{l,p} \neq \boldsymbol{H}_{(l'-1)}\boldsymbol{W}_{l,p} + \boldsymbol{b}_{l,p} \tag{4.38}$$

其中，$(l-1) \neq (l'-1)$。利用反证法，假设 $\boldsymbol{H}_{l,p}$ 中每一列都在维数小于 N 的任意一个子空间，不失一般性，记 $\boldsymbol{c} \stackrel{\text{def}}{=} \boldsymbol{H}_{l,p}(:,1)$ 为列向量，若 $\boldsymbol{c}$ 在 $N-1$ 维子空间，则存在着向量 $\boldsymbol{\alpha}$ 与该 $N-1$ 维子空间是正交的，即

$$\langle \boldsymbol{\alpha}, \boldsymbol{c} - \boldsymbol{c}(\boldsymbol{W}_{l,p}) \rangle = \sum_{n=1}^{N} \boldsymbol{\alpha}_n \boldsymbol{c}_n - z \tag{4.39}$$

其中，$z = \langle \boldsymbol{\alpha}, \boldsymbol{c}(\boldsymbol{W}_{l,p}) \rangle$，假设 $\boldsymbol{\alpha}_N \neq 0$，则式 (4.39) 可进一步写为

$$c_N = -\sum_{n=1}^{N-1} \frac{\boldsymbol{\alpha}_n}{\boldsymbol{\alpha}_N} c_n + \frac{z}{\boldsymbol{\alpha}_N} \tag{4.40}$$

由于激活函数是无限可微分的，所以有

$$\begin{cases} (c_N)^{(l)} = -\sum_{n=1}^{N-1} \frac{\boldsymbol{\alpha}_n}{\boldsymbol{\alpha}_N} (c_n)^{(l)} \\ l = 1, 2 \cdots, N, N+1, \cdots \end{cases} \tag{4.41}$$

其中，$(c_n)^{(l)}$ 为 c_n 的 l 阶导数。然而，式 (4.41) 中却是从多于 $N-1$ 个线性方程中导出来的只有 $N-1$ 个自由系数，即

$$\left\{ \frac{\boldsymbol{\alpha}_n}{\boldsymbol{\alpha}_N}, n = 1, 2 \cdots, N-1 \right\} \tag{4.42}$$

这是与假设矛盾的。因此 $\boldsymbol{H}_{l,p}$ 中每一列都不在维数小于 N 的任意一个子空间。进一步根据连续概率分布定理，我们可得式 (4.36) 的结果。类似地，式 (4.37) 也成立。

4.4　快速稀疏深度神经网络性能分析

在本节，我们将通过实验例证提出的 FSDNN 的有效性和时效性。仿真实验所使用的平台是 Matlab2016b；另外，在我们的所有实验中，输入数据均通过归一化处理。

4.4.1　单隐层多通道极限学习机与极限学习机的性能对比

1. 参数的选择

除了隐层节点的个数，SMSELM 网络的超参数还包括权重和偏差的稀疏度以及通路

数。显然，如果稀疏度等于 1，并且通路数也为 1，则 SMSELM 会退化为 ELM。为了获得更好的识别性能，ELM 通常需要设置相对更多的隐藏节点，但代价是较高的计算复杂度。与 ELM 不同，为了验证 SMSELM 模型是否可以被进一步改进，即通过有效地设置稀疏度和路径数能否有效地减少隐层节点的数量，并提高识别精度，本节给出了多种超参数的选择方式。具体地，关于隐层节点个数 M、稀疏度 ρ 和通路数 P 这三个参数值的选择如表4.1所示。

表 4.1 SMSELM 网络 8 组超参数的选择

参数	Λ_1	Λ_2	Λ_3	Λ_4	Λ_5	Λ_6	Λ_7	Λ_8
M	50	100	500	784	1000	2000	5000	10 000
ρ	0.8	0.6	0.4	0.1	0.05	0.025	0.01	0.005
P	100	50	30	20	10	5	3	2

注意，表中的 $\Lambda_i = [M_i, \rho_i, P_i]$，$i = 1, 2, \cdots, 8$。另外，为了通道之间处理后的隐层特征在同一数量级，我们均用了归一化的技巧。对于激活函数的选择，SMSELM 使用修正线性单元 ReLU，ELM 使用 Sigmoid 函数，即

$$\begin{cases} \text{ReLU}(x) = \max(0, x) \\ \text{Sigmoid}(x) = \dfrac{1}{1 + e^{-x}} \end{cases} \tag{4.43}$$

2. 数据集描述

我们使用了如下三组常用的数据集来对提出的 MSSELM 进行验证。另外我们将不在后续的对比实验中重复对数据集进行介绍，除非另有所加。

MNIST：该数据集是一个手写数字数据集，来自美国国家标准与技术研究所，训练集由来自 250 个不同人手写的数字构成，其中 50% 来自高中学生，50% 来自人口普查局的工作人员。测试集也是同样比例的手写数字数据。具体地，每一张图片的大小为 28×28，且都是 0 到 9 中的单个数字，数据集有训练样本 60 000 幅，测试样本 10 000 幅。对于在现实世界数据上尝试学习技术和深度识别模式而言，这是一个非常好的数据库，且无须花费过多时间和精力进行数据预处理。数据集的大小约为 50 MB，数量共计 70 000 张。

NORB：纽约大学的对象识别基准数据集，比 MNIST 更复杂。它包含 50 个不同的三维玩具对象的图像，在五个通用类(汽车、卡车、飞机、动物和人类)中各有 10 个对象。图像来自不同的视角，在不同的照明条件下，其尺寸大小为 $28 \times 28 \times 2$ 像素。训练集包含 24 300 对 25 个对象的立体图像(每个类 5 个)，而测试集包含剩余的 25 个对象的图像对。数据集的大小约为 281 MB，数量共计 50 000 张。

SVHN：这是一个现实世界数据集，用于开发目标检测算法。这些数据是从谷歌街景中的房屋门牌号中收集而来的。该数据集类似于 MNIST，即 0 到 9 中的单个数字共计有 10 个类别。所有裁剪后数字对应的 RGB 图像尺寸都已调整为 $32 \times 32 \times 3$，并且背景不均匀。它包含用于训练数据集的 73 257 幅图像和用于测试的 26 032 幅图像。数据集的大小约为 297 MB，数量共计 99 289 幅图像。

此外，我们还测试了广泛使用的二类和多类数据集。表 4.2 列出了有关这些数据集中数据值、属性维度和类别等信息。

表 4.2　常用的二类及多类数据集基准库

数据集	训练样本量	测试样本量	样本维度	类别数
Madelon	2000	600	500	2
Mushrooms	5124	3000	112	2
Phishing	6055	5000	68	2
Satellite Image	4435	2000	36	7
Image Segment	1500	810	18	7

3. 性能分析

首先，对于 ELM，利用表 4.1 中 8 组隐层节点的个数，来观察随着隐层节点个数的增加，其网络泛化性能（包括训练精度和测试精度）的变化。我们分别在 MNIST、NORB 和 SVHN 数据集上，对带有激活函数为 Sigmoid 的 ELM 进行了 100 次随机实验并作结果平均后得到变化趋势，见图 4.9。

从图 4.9 可知，随着隐藏节点数的增加，ELM 的泛化性能明显提高。如果隐藏节点的数目很小，ELM 的识别精度则很低。

其次，与 ELM 相比，SMSELM 采用表 4.1 中的 8 组超参数以及激活函数 ReLU，分别对 ELM（激活函数为 ReLU）和 SMSELM 在 MNIST、NORB 和 SVHN 数据集上运行 100 次随机实验后，得到测试精度的平均结果，见图 4.10。

在图 4.10 中，各实线代表着 SMSELM 网络的测试精度，虚线则为 ELM 的测试精度。可以看出，随着隐层节点个数的变化，SMSELM 的测试性能是优于 ELM 的。特别是当隐层节点个数相对较少时，如 $M = 50$ 时，ELM 的测试性能表现较 SMSELM 的差，而 SMSELM 的测试性能即便是当隐层节点个数较少时，仍可以通过通路数和稀疏度来得到提升。具体地，我们针对表 4.1 中第八组数据 Λ_8 来通过表 4.3 对比 ELM 和 SMSELM 的性能及时间消耗。

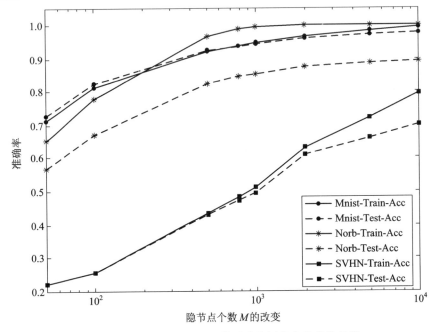

图 4.9 ELM 网络的泛化性能随着隐层节点的变化趋势

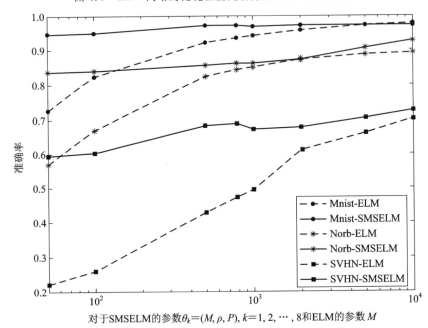

图 4.10 ELM 与 SMSELM 对比的测试性能趋势

表 4.3 ELM 与 SMSELM 的性能及时间消耗对比(一)

ELM	训练准确率	测试准确率	训练时间/s	测试时间/s
MNIST	0.9931	0.9751	81.5435	2.5560
NORB	1.0000	0.8823	44.8344	7.7026
SVHN	0.7892	0.7105	121.898	8.8709
SMSELM	训练准确率	测试准确率	训练时间/s	测试时间/s
MNIST	0.9941	0.9749	155.240	4.4932
NORB	1.0000	0.9141	71.8628	13.9847
SVHN	0.7946	0.7357	219.154	19.4144

从表 4.3 可以看出,对于 ELM 和 SMSELM,当隐层节点一致时,即 $M=10\ 000$ 时,SMSELM 虽然可以取得与 ELM 相媲美甚至更优异的泛化性能,但付出的代价是 ELM 所需几乎两倍的时间消耗。当 SMSELM 的节点个数减少时,可以通过增加通路数来提升网络的性能,在精度允许的范围内,SMSELM 仍可以完成 ELM 在 $M=10\ 000$ 时所取得的性能,并且其时间消耗也更少。下面,为了验证,我们对 SMSELM 利用表 4.1 中的第五组数据 Λ_5,即

$$[M_5, \rho_5, P_5] = [1000, 0.05, 10] \tag{4.44}$$

而关于 ELM,其隐层节点的个数仍设置为 $M=10\ 000$。可以看到 ELM 与 SMSELM 关于隐层节点的关系为

$$M = \sum_{i=1}^{P_5} M_5 \tag{4.45}$$

分别对 ELM(激活函数为 ReLU)和 SMSELM 在表 4.2 所列的数据集上运行 100 次随机实验后,得到的平均结果见表 4.4。

表 4.4 ELM 与 SMSELM 的性能及时间消耗对比(二)

ELM	训练准确率	测试准确率	训练时间/s	测试时间/s
Madelon	1.0000	0.6179	7.6632	0.1654
Mushrooms	0.9456	0.7741	10.117	0.5963
Phishing	0.9949	0.6570	11.169	1.0876
Satellite Image	0.9983	0.8456	9.0096	0.4501
Image Segment	0.9769	0.9620	4.6446	0.1754

SMSELM	训练准确率	测试准确率	训练时间/s	测试时间/s
Madelon	0.9995	0.6180	1.5015	0.1857
Mushrooms	0.9252	0.7766	2.8032	0.7017
Phishing	0.9685	0.6664	3.2809	1.1767
Satellite Image	0.9124	0.8578	2.5966	0.5829
Image Segment	0.9584	0.9430	0.9218	0.1469

从表 4.4 可以得到如下结论：当 ELM 的隐层节点个数较大时，对于 SMSELM 而言，可以通过降低隐层节点的个数、增加通路数来实现相媲美的性能及时间消耗。值得指出的是，对于 SMSELM 的训练时间少于 ELM 的结果，其原因是将 ELM 对应的大矩阵（$M = 10\ 000$）求伪逆任务转化为 10 个通道下相对较小的小矩阵（$M_5 = 1000$）求伪逆任务。另外，关于 ELM 和 SMSELM 的 100 次随机实验，前者在五个数据集上测试性能的标准差分别为 0.0167、0.0146、0.0154、0.0103 和 0.0115，后者测试性能的标准差分别为 0.0143、0.0121、0.0147、0.0093 和 0.0081。这也进一步说明，SMSELM 在网络的测试稳定性上与 ELM 相媲美。

4.4.2　多隐层单通道极限学习机与层次极限学习机的性能对比

1. H-ELM 的问题

基于 ELM，利用 ELM-SAE 堆栈的形式构建的深层次网络 H-ELM 的优点在于：ELM-SAE 能够有效地去除 ELM 中隐层输出向量的随机性，使得隐层输出能够作为一种对输入数据的特征表达。但由于 H-ELM 网络在最后分类决策模块仍采用原始的 ELM，所以不可避免地其泛化性能也受此影响。具体地问题描述如下：对于图 4.5 的 H-ELM 三层网络结构，三个隐层的节点个数分别定义为 m_1、m_2 和 m_3，如果 H-ELM 中最后一个隐层的节点个数小于输入样本的维数，其网络的泛化性能是否受限？另外，其他隐层节点的设置是否对 H-ELM 的性能有显著性影响？

2. H-ELM 与 MSSELM 的对比

对于 H-ELM 的问题，我们将三个隐层设置的节点数分为两组，第一组是 $\Omega = (m_1, m_2)$；第二组是最后一个隐层节点数 m_3。在第一组中，不失一般性，我们将设置 $m_1 = m_2$。考虑到实验的目的，在第一组参数中，共设置六种情形，如表 4.5 所示。

表 4.5　H-ELM 第一组参数设置

Ω	Ω_1	Ω_2	Ω_3	Ω_4	Ω_5	Ω_6
m_1	100	500	1000	2000	4000	5000
m_2	100	500	1000	2000	4000	5000

第二组隐节点个数同样也从小到大设置了六种情形。另外，考虑到不同数据集之间存在着一定的差异性(即输入样本维数不一样)，所以我们设置得也不同，如表 4.6 所示。

表 4.6　H-ELM 第二组参数设置

m_3	1	2	3	4	5	6
MNIST	100	300	500	784	1000	2000
NORB	500	1000	1500	2048	3000	4000
SVHN	500	1000	2000	3072	4000	5000

另外，H-ELM 网络中所使用的激活函数为双切正切函数 Tanh，即

$$Tanh(x) = 2Sigmoid(2x) - 1 \tag{4.46}$$

对于 H-ELM，我们分别在 MNIST、NORB 和 SVHN 数据集上运行 50 次随机实验后，得到训练和测试精度的平均结果，见表 4.7、4.8、4.9。

表 4.7　H-ELM 在 MNIST 数据集上的性能变化

隐层节点数	训练准确率和测试准确率					
	Ω_1	Ω_2	Ω_3	Ω_4	Ω_5	Ω_6
$m_3=100$	0.9113	0.9118	0.9092	0.9085	0.9089	0.9094
	0.9156	0.9103	0.9157	0.9140	0.9133	0.9142
$m_3=300$	0.9473	0.9498	0.9514	0.9514	0.9509	0.9499
	0.9503	0.9513	0.9530	0.9514	0.9537	0.9525
$m_3=500$	0.9615	0.9629	0.9624	0.9626	0.9624	0.9631
	0.9630	0.9620	0.9620	0.9637	0.9624	0.9632
$m_3=784$	0.9712	0.9711	0.9710	0.9711	0.9711	0.9718
	0.9686	0.9704	0.9719	0.9706	0.9693	0.9694
$m_3=1000$	0.9743	0.9750	0.9739	0.9755	0.9756	0.9752
	0.9745	0.9735	0.9741	0.9750	0.9738	0.9735
$m_3=2000$	0.9839	0.9847	0.9841	0.9845	0.9847	0.9846
	0.9804	0.9817	0.9814	0.9803	0.9814	0.9813

表 4.8　H-ELM 在 NORB 数据集上的性能变化

隐层节点数	训练准确率和测试准确率					
	Ω_1	Ω_2	Ω_3	Ω_4	Ω_5	Ω_6
$m_3 = 500$	0.9733	0.9756	0.9748	0.9749	0.9762	0.9756
	0.8267	0.8435	0.8237	0.8336	0.8234	0.8349
$m_3 = 1000$	0.9905	0.9921	0.9936	0.9924	0.9931	0.9932
	0.8558	0.8633	0.8562	0.8640	0.8628	0.8598
$m_3 = 1500$	0.9961	0.9967	0.9971	0.9971	0.9973	0.9969
	0.8571	0.8765	0.8732	0.8716	0.8763	0.8736
$m_3 = 2048$	0.9972	0.9987	0.9987	0.9986	0.9986	0.9983
	0.8727	0.8788	0.8813	0.8780	0.8808	0.8800
$m_3 = 3000$	0.9974	0.9994	0.9987	0.9993	0.9991	0.9993
	0.8737	0.8798	0.8820	0.8847	0.8820	0.8835
$m_3 = 4000$	0.9984	0.9995	0.9994	0.9993	0.9993	0.9995
	0.8795	0.8824	0.8828	0.8847	0.8824	0.8854

表 4.9　H-ELM 在 SVHN 数据集上的性能变化

隐层节点数	训练准确率和测试准确率					
	Ω_1	Ω_2	Ω_3	Ω_4	Ω_5	Ω_6
$m_3 = 500$	0.6408	0.6648	0.6593	0.6723	0.6608	0.6610
	0.6268	0.6432	0.6404	0.6493	0.6429	0.6379
$m_3 = 1000$	0.7159	0.7333	0.7373	0.7371	0.7337	0.7345
	0.6845	0.6967	0.7031	0.7005	0.6988	0.7029
$m_3 = 2000$	0.7738	0.7834	0.7858	0.7883	0.7896	0.7885
	0.7233	0.7354	0.7367	0.7396	0.7400	0.7395
$m_3 = 3072$	0.8055	0.8124	0.8147	0.8146	0.8156	0.8159
	0.7413	0.7498	0.7514	0.7508	0.7528	0.7502
$m_3 = 4000$	0.8200	0.8306	0.8329	0.8325	0.8341	0.8330
	0.7449	0.7570	0.7589	0.7589	0.7595	0.7586
$m_3 = 5000$	0.8343	0.8463	0.8457	0.8478	0.8482	0.8482
	0.7527	0.7605	0.7613	0.7632	0.7612	0.7626

从表 4.7、4.8、4.9 可以总结得到关于 H-ELM 随着隐节点变化时其性能的变化情况：

- 当 $\Omega=(m_1,m_2)$ 固定时，在将最后一个隐层节点 m_3 的个数从小逐渐增大的过程中，在三个数据集上，H-ELM 网络的性能提升相对较大。

- 当 m_3 固定时，在将其他两个隐层节点 $\Omega=(m_1,m_2)$ 的个数从小逐渐增大的过程中，在三个数据集上，H-ELM 网络的性能变化幅度较小。

所以针对 H-ELM 的问题，我们的回答如下：在 H-ELM 中，最后一个隐层节点的个数将显著性地影响着 H-ELM 的性能，其原因是 H-ELM 的网络架构仍源于 ELM，且并未有效地根除 ELM 的缺点；而其他隐层节点的变化，对网络性能影响相对较小。另外，从表 4.7、4.8、4.9 中，利用最后一个隐层节点 m_3 与输入数据维数 m 之间的关系，我们还可以得到：

$$P_{\text{H-ELM}}(m_3 \leqslant m) \leqslant \sup_{m_3} \{P_{\text{H-ELM}}(m_3 \geqslant m)\} \tag{4.47}$$

其中，$P_{\text{H-ELM}}(m_3 \leqslant m)$ 表示当 $m_3 \leqslant m$ 时，H-ELM 的泛化性能；同理，$P_{\text{H-ELM}}(m_3 \leqslant m)$ 代表着当 $m_3 \leqslant m$ 时，H-ELM 的泛化性能。从而式(4.37)可以解释为当隐节点个数大于输入数据维数时，H-ELM 的泛化性能优于与它相反的情形，即隐节点个数小于输入数据的维数时 H-ELM 的泛化性能。

为了解决 H-ELM 和 ELM 这一缺点（即网络的泛化性能严重地依赖最后一个隐节点的设置），我们提出了 MSSELM。不失一般性，MSSELM 的网络架构也设置为三层，与 H-ELM 一致。另外，MSSELM 中三个隐层设置的节点数仍分为两组，第一组仍采用表 4.5 中的，第二组隐节点个数的设置同样也从小到大设置了六种情形，见表 4.10。另外考虑到不同数据集之间存在着一定的差异性（即输入样本维数不一样），所以设置得仍不同。

表 4.10　MSSELM 第二组参数设置

m_3	1	2	3	4	5	6
MNIST	50	100	200	300	500	784
NORB	100	300	700	1000	1500	2048
SVHN	100	600	1200	2000	2500	3072

注意，MSSELM 与 H-ELM 关于第二组参数设置得不同，是因为我们想通过增加多层级来提升 MSSELM 的性能，即使当最后一个隐层的节点个数相对输入数据的维数较小时，有效地解决 H-ELM 的泛化性能严重依赖最后一个隐节点的设置这一缺点。

我们对 H-ELM 和 MSSELM 分别在 MNIST、NORB 和 SVHN 数据集上运行 50 次随机实验后，得到的训练和测试精度的变化趋势见图 4.11～图 4.16。

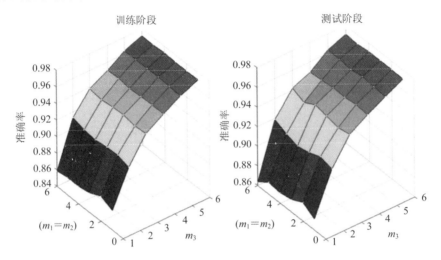

图 4.11　H-ELM 在 MNIST 数据集上的性能变化趋势

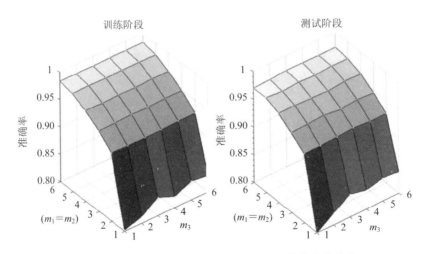

图 4.12　MSSELM 在 MNIST 数据集上的性能变化趋势

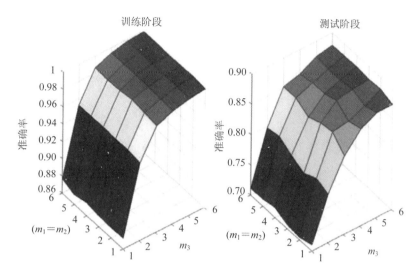

图 4.13 H-ELM 在 NORB 数据集上的性能变化趋势

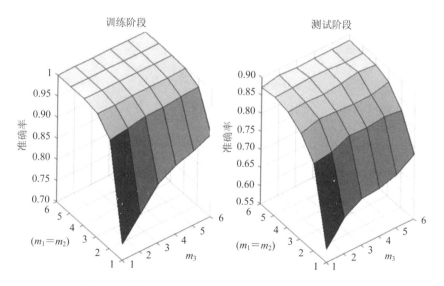

图 4.14 MSSELM 在 NORB 数据集上的性能变化趋势

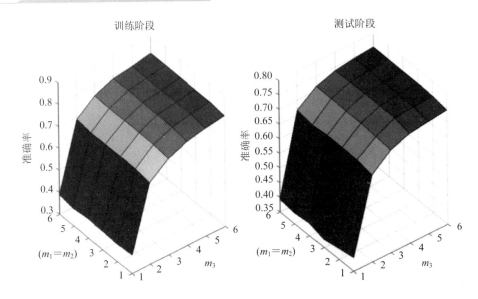

图 4.15　H-ELM 在 SVHN 数据集上的性能变化趋势

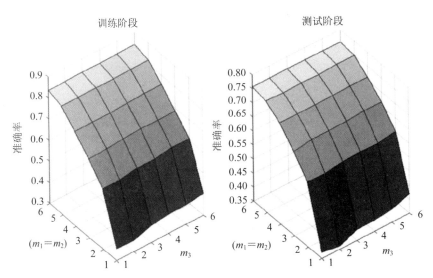

图 4.16　MSSELM 在 SVHN 数据集上的性能变化趋势

3. 性能分析

　　从图 4.11 到图 4.16，我们可以看到 MSSELM 与 H-ELM 的性能变化趋势刚好相反，即大幅度地提升 MSSELM 的泛化性能并不显著地依赖于最后一个隐层节点个数的设置；但其性能的变化却受限于 $\Omega=(m_1, m_2)$ 选取，若 $\Omega=(m_1, m_2)$ 取值较小，则 MSSELM 的训练和测试精度均锐减，反之则大幅度提升。

为什么 MSSELM 与 H-ELM 的性能变化趋势相反？我们给出如下两个较为可能的原因：一是网络的架构不同，MSSELM 注重每一隐层对输出的贡献，其贡献的大小主要通过贡献因子来反映，而 H-ELM 的网络架构只需要最后一个隐层与输出建立连接关系，而且该关系通过 ELM 来建立；二是获取的层级特征不同，MSSELM 得到的层级特征仍具有稀疏随机性，而 H-ELM 则通过 ELM-SAE 的学习方式将层级特征的随机性有效地去除了。

最后，值得指出的是，利用 ELM-SAE 对 MSSELM 进行改进，即将 MSSELM 中每一隐层特征的随机性有效地去除，以达到增加网络稳定性的目的。改进后的 MSSELM 的性能变化趋势仍与 MSSELM 一致。同样，网络的泛化性能对最后一个隐层节点的变化并不敏感。虽然，去除隐层特征中的随机性有助于明显提升 MSSELM 的性能，但需要较高的训练时间复杂度，所以探索更高效地去除随机性的方法仍是我们针对 MSSELM 的改进方向。

4.4.3　快速稀疏深度神经网络与经典深度网络的性能对比

快速稀疏深度神经网络 FSDNN 是一种将 SMSELM 和 MSSELM 充分结合形成的网络架构，其优点在于：FSDNN 沿用 MSSELM 的深层架构，只不过在每一个隐层引入多通路机制的 SMSELM 可以摆脱当所有隐层节点个数设置相对较小时，网络的泛化性能低下的缺点。即使隐节点个数较少，FSDNN 仍可以通过增加通路数和层数来提升网络的性能。不失一般性，FSDNN 仍采用具有三个隐层的网络架构，每个隐层上每一条通路中的节点个数均设置为

$$\begin{cases} m_1^{(i)} = 100, \ i = 1, 2, \cdots, P_1 \\ m_2^{(i)} = 100, \ i = 1, 2, \cdots, P_2 \\ m_3^{(i)} = 100, \ i = 1, 2, \cdots, P_3 \end{cases} \tag{4.48}$$

该网络的其他超参数，如稀疏度设置为 0.025。为了考察通路数的变化对网络性能的影响，我们将三个隐层上的通路数设置为一样，即 $P_1 = P_2 = P_3$。下面，将通路数从小到大的变化（通路数的变化范围为 1 到 50）进行实验。50 次随机实验得到的平均结果见图 4.17。

类似地，当我们固定通路数、增加层数，亦可以使 FSDNN 网络的性能不断提升。值得注意的是，随着通路数和层数的增加，FSDNN 需要在网络的性能和时间消耗之间取折中。

为了对 FSDNN 与经典的深度学习算法进行比较，进一步验证提出的网络架构是有效的和高效的。我们分别在 MNIST、NORB 和 SVHN 数据集上做了 50 次随机实验以获取平

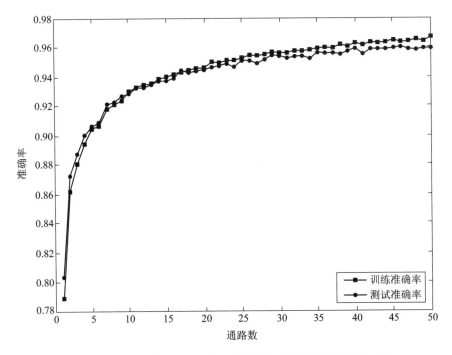

图 4.17   FSDNN 在 MNIST 数据集上的性能随通路数变化的趋势

均结果。另外，选择对比的经典算法包括稀疏自编码器(Sparse Auto-Encoder，SAE)、多层感知器(Multi-Layer Proceptron，MLP)、深度置信网络(Deep Belief Networks，DBN)、深度玻尔兹曼机(Deep Boltzmann Machine，DBM)、深度栈式网络(Deep Stacking Network，DSN)、H-ELM 以及宽度学习系统(Broad Learning System，BLS)等。针对不同的数据集，我们设置的网络超参数有一些是不一样的，但网络的隐层个数均设置为 3。

在三个数据集上，基于 SAE 堆栈形成的深度栈式自编码网络，其三个隐层的节点个数分别设置为 1000→500→100，MLP、DBN、DBM、DSN 和 H-ELM 等网络的三个隐层节点个数也同样设置为 1000→500→100。与以上设置超参数的方式不同，BLS 网络的窗口个数、特征节点数以及增强节点个数分别为 10、100 和 100。FSDNN 的超参数设置如下：其三个隐层的节点个数分别设置为 1000→500→100，稀疏为 0.025，每个隐层上的通路数为 10，激活函数采用 ReLU。MSSELM 的超参数设置如下：网络的三个隐层的节点个数分别设置为 1000→500→100，稀疏为 0.025，每个隐层上的通路数为 1，激活函数采用 ReLU。另外，若经典的深度学习网络中未指出激活函数，则默认为 Sigmoid 函数。不同之处在于，对于 MNIST 数据集，经典的深度学习算法所使用的批量尺寸为 10；对于 NORB 和 SVHN 数据集，所使用的批量尺寸为 100。值得指出的是，对于 SAE、MLP、DBN、DBM 和 DSN 等确定性方法(即隐层特征中不存在随机性)，仅进行一次实验。对于 H-ELM、BLS 和

MSSELM、FSDNN 等随机性方法（即隐层特征中存在着随机性），进行 50 次随机实验，得到其平均结果。

　　在 MNIST 数据集上，我们得到的对比实验结果见表 4.11。

表 4.11　MNIST 数据集上 FSDNN 与经典深度学习算法的性能比较

模型	训练准确率	测试准确率	训练时间/s	测试时间/s
SAE	0.9805	0.9689	259.888	0.1789
MLP	0.9732	0.9665	93.5661	0.1741
DBN	0.9574	0.9465	262.902	0.1589
DBM	0.9679	0.9631	564.256	0.2061
DSN	0.9756	0.9705	241.394	0.3415
H-ELM	0.9106	0.9130	7.120 80	0.6159
BLS	0.9183	0.9208	3.286 70	0.5304
MSSELM	0.9373	0.9369	4.315 40	0.3752
FSDNN	0.9781	0.9711	71.6763	8.9006

　　可以看出当最后一个隐层节点相对较少时，随机性方法 H-ELM 与 BLS 表现出的性能均相对较差。另外，与这些确定性方法相比，FSDNN 分别在性能和时间消耗上取得了较好的结果。

　　对于 NORB 数据集，我们得到的对比实验结果见表 4.12。

表 4.12　NORB 数据集上 FSDNN 与经典深度学习算法的性能比较

模型	训练准确率	测试准确率	训练时间/s	测试时间/s
SAE	0.9905	0.8754	319.798	0.7798
MLP	1.0000	0.8853	81.3590	0.6779
DBN	0.9874	0.8647	327.105	0.8589
DBM	0.9967	0.8934	634.518	0.7526
DSN	1.0000	0.8893	312.564	0.5768
H-ELM	0.9152	0.8047	5.983 10	2.4020
BLS	0.9957	0.8523	4.921 80	2.6283
MSSELM	0.9859	0.8742	2.041 10	1.1143
FSDNN	1.0000	0.9060	30.1662	21.738

对于 SVHN 数据集,我们得到的对比实验结果见表 4.13。

表 4.13　SVHN 数据集上 FSDNN 与经典深度学习算法的性能比较

模型	训练准确率	测试准确率	训练时间/s	测试时间/s
SAE	0.7783	0.6931	1174.06	0.8798
MLP	0.7813	0.7196	263.751	1.2739
DBN	0.7639	0.7109	1261.70	0.9671
DBM	0.7891	0.7129	1826.94	1.5236
DSN	0.7714	0.7096	963.486	1.8437
H-ELM	0.7519	0.6925	18.7201	3.526
BLS	0.7384	0.6895	15.6381	3.3758
MSSELM	0.7509	0.6973	7.845 00	1.3267
FSDNN	0.7882	0.7247	114.952	7.6531

其他两个数据集与 MNIST 数据集上的结果类似,即在给定网络超参数的情形下,与经典的确定性方法相比,FSDNN 可以完成较好的泛化性能和较低的时间消耗。与随机性方法相比,H-ELM 与 BLS 均基于 ELM 或 RVFL 构建,其性能本质上依赖网络的最后一个隐层节点个数的设置。

4.4.4　快速稀疏深度神经网络应用于 Fashion MNIST 及性能分析

我们简单地介绍一下 Fashion MNIST 数据集。它是一个替代 MNIST 的手写数字集的图像数据集,由 Zalando(一家德国的时尚科技公司)旗下的研究部门提供,涵盖了来自 10 种类别的共 7 万个不同商品的正面图片。另外,该数据集的大小、格式和训练集/测试集划分与 MNIST 完全一致,即 60 000 幅训练图像,10 000 个测试数据,并且每一幅图像是尺寸为 28×28 的灰度图片。相比较而言,手写数字没有衣服鞋子之类那样复杂。Fashion MNIST 数据集如图 4.18 所示。

类标	描述	例　子
0	T-Shirt/Top	
1	Trouser	
2	Pullover	
3	Dress	
4	Coat	
5	Sandals	
6	Shirt	
7	Sneaker	
8	Bag	
9	Ankle boots	

图 4.18　Fashion MNIST 数据集

在下面的实验中，所使用的方法仍为 SAE、MLP、DBN、DBM、DSN、H-ELM、BLS 等，但对网络的超参数不再限制，以充分发挥各个网络的优势。具体地，对于 SAE 堆栈形成的深度网络，其三个隐层的节点个数分别为 1000→500→100；对于 MLP，其网络的节点设置为 1000→500→200；DBN、DBM 和 DSN 三个网络的隐层节点个数分别设置为 500→500→2000，500→500→1000 和 2000→2000→2000；H-ELM 的隐节点设置为 1000→1000→10 000；BLS 网络的窗口个数、特征节点数以及增强节点个数分别为 10、100 和 12 000；而我们的网络 FSDNN 的隐层节点个数设置为 2000→2000→2000，稀疏度为 0.25，并且每个隐层的通道数为 5。同样，对于 SAE、MLP、DBN、DBM 和 DSN 等确定性方法（即隐层特征中不存在随机性），仅进行一次实验。对于 H-ELM、BLS 和 FSDNN 等随机性方法（即隐层特征中存在着随机性），进行 50 次随机实验，得到其平均结果，见表 4.14。

表 4.14　不同方法在 Fashion MNIST 上的测试性能比较

模型	测试准确率	训练时间/s
SAE	0.8814	9113.6
MLP	0.8744	3899.5
DBN	0.8699	10 487
DBM	0.8879	18 359
DSN	0.8894	4151.2
H-ELM	0.8855	46.472
BLS	0.8958	62.656
FSDNN	0.8885	56.475

在与确定性方法的比较中,FSDNN 取得了相对较好的性能和时间消耗,但与随机性方法相比,FSDNN 虽然没有获得最高的测试性能,但该结果也表明所提出的方法是具有可行性的。

本 章 小 结

本章提出了一种基于多项式逼近理论的新型深度学习的体系结构 FSDNN 网络。针对此网络,我们还设计了一个完整的迭代优化算法来更新每个隐藏层和输出目标层之间的参数。与 ELM、H-ELM 和 BLS 相比,该模型通常需要在路径数和隐藏节点数之间进行折中,以获得更好的泛化性能。此外,通过增加路径和层的数目,FSDNN 可以保持和提高原始 ELM 的通用逼近能力。并同时具有以下三个优点:

(1) 一种层次优化机制,即每个隐藏层可以独立解决凸优化问题,实现参数学习。

(2) 与传统的深度神经网络不同,FSDNN 无须微调即可获得良好的泛化性能。

(3) 该框架易于扩展,易于嵌入经典的机器学习模块中,如参考深度卷积神经网络的结构,可将 FSDNN 轻松地转换为快速稀疏卷积神经网络,以提高对更复杂数据集的泛化性能。

通过大量的实验,例证了本章提出的 FSDNN 可以达到与相关经典方法媲美的泛化性能和时间消耗,从而说明了 FSDNN 的可行性和高效性。

本章参考文献

[1]　BISHOP C M. Pattern recognition and machine learning (information science and statistics)[M]. New York: Springer-Verlag, 2006.

[2]　HYVARINEN A. Fast and robust fixed-point algorithms for independent component analysis[J]. IEEE Transactions on Neural Networks, 1999, 10(3): 626 - 634.

[3]　YONGQING Z, TIANYU G, XI W, et al. ICANet: a simple cascade linear convolution network for face recognition[J]. EURASIP Journal on Image and Video Processing, 2018, 2018(1): 51 - 63.

[4]　VIDAL R, YI M, SASTRY S. Generalized principal components analysis[J]. IEEE Transactions on Pattern Analysis & Machine Intelligence, 2002, 27(12): 1945 - 1959.

[5]　PAO Y H, PARK G H, SOBAJIC D J. Learning and generalization characteristics of the random vector Functional-link net[J]. Neurocomputing, 1994, 6(2): 163 - 180.

[6]　GALANTI T, WOLF L, HAZAN T. A theoretical framework for deep transfer learning[J]. Information & Inference A Journal of the Ima, 2016(2): 8 - 16.

[7]　SRIVASTAVA N, HINTON G, KRIZHEVSKY A, et al. Dropout: A Simple Way to Prevent Neural Networks from Overfitting[J]. Journal of Machine Learning Research, 2014, 15(1): 1929 - 1958.

[8]　NAGPAL S, SINGH M, SINGH R, et al. Regularized Deep Learning for Face Recognition With Weight Variations[J]. IEEE Access, 2015, 3: 3010 - 3018.

[9]　YANG L, YANG S, LI S, et al. Incremental Laplacian Regularization Extreme Learning Machine for Online Learning[J]. Applied Soft Computing, 2017, 59(1): 546 - 555.

[10]　SHANG R, WANG W, STOLKIN R, et al. Non-Negative Spectral Learning and Sparse Regression-Based Dual-Graph Regularized Feature Selection[J]. IEEE Transactions on Cybernetics, 2017: 1 - 14.

[11]　GUO K, LIU L, XU X, et al. GoDec+: fast and robust low-rank matrix decomposition based on maximum correntropy[J]. IEEE Transactions on Neural Networks and Learning Systems, 2018, 29(6): 2323 - 2336.

[12]　TANG J, DENG C, HUANG G B. Extreme learning machine for multilayer perceptron[J]. IEEE Transactions on Neural Networks & Learning Systems, 2017, 27(4): 1 - 1.

[13]　LONG J, SHELHAMER E, DARRELL T. Fully convolutional networks for semantic segmentation[J]. IEEE Transactions on Pattern Analysis & Machine Intelligence, 2014, 39(4): 640 - 651.

[14]　HAN S, MAO H, DALLY W J. Deep compression: compressing deep neural networks with pruning, trained quantization and huffman coding[J]. Fiber, 2015, 56(4): 3 - 7.

[15] ZHU W, MIAO J, QING L, et al. Hierarchical extreme learning machine for unsupervised representation learning[C]// International Joint Conference on Neural Networks. IEEE, 2015: 1-12.

[16] CVETKOVIC S S, STOJANOVIC M B, NIKOLIC S V. Hierarchical ELM ensembles for visual descriptor fusion[J]. Information Fusion, 2017: 1-9.

[17] ZENG Y, QIAN L, REN J. Evolutionary hierarchical sparse extreme learning autoencoder network for object recognition[J]. Symmetry, 2018, 10(10): 474.

[18] GOH H, THOME N, CORD M, et al. Learning deep hierarchical visual feature coding[J]. IEEE Transactions on Neural Networks and Learning Systems, 2017, 25(12): 2212-2225.

[19] MACKAY D J C. A practical bayesian framework for backpropagation networks [J]. Neural Computation, 1992, 4(3): 448-472.

[20] SUN X, REN X, MA S, et al. meProp: sparsified back propagation for accelerated deep learning with reduced overfitting[J]. arXiv, 2017: 1-13.

[21] NEFTCI E O, AUGUSTINE C, PAUL S, et al. Event-driven random back-propagation: Enabling neuromorphic deep learning machines[J]. Frontiers in neuroscience, 2017, 11: 255082.

[22] NEFTCI E O, CHARLES A, SOMNATH P, et al. Event-driven random back-propagation: enabling neuromorphic deep learning machines[J]. Frontiers in Neuroscience, 2017, 11: 324-332.

[23] HUANG G B, DING X, ZHOU H. Optimization method based extreme learning machine for classification[J]. Neurocomputing, 2010, 74(1-3): 155-163.

[24] FENG G, HUANG G B, LIN Q, et al. Error minimized extreme learning machine with growth of hidden nodes and incremental learning[J]. IEEE Transactions on Neural Networks, 2009, 20(8): 1352-1357.

[25] HUANG G B, CHEN L. Convex incremental extreme learning machine[J]. Neurocomputing, 2007, 70(16-18): 3056-3062.

[26] HUANG G B, ZHOU H, DING X, et al. Extreme learning machine for regression and multiclass classification[J]. IEEE Transactions on Systems, Man and Cybernetics, Part B (Cybernetics), 2012, 42(2): 513-529.

[27] HUANG G B, ZHU Q Y, SIEW C K. Extreme learning machine: A new learning scheme of feedforward neural networks[C]// 2004 IEEE International Joint Conference on Neural Networks, Proceedings, 2004: 57-68.

[28] DING S, ZHANG N, ZHANG J, et al. Unsupervised extreme learning machine with representational features[J]. International Journal of Machine Learning and Cybernetics, 2017, 8(2): 587-595.

[29] LICHENG JIAO, JIN ZHAO. Fast sparse deep neural networks: theory and performance analysis[J]. IEEE Access, 2019: 1-14.

[30] JIAO L, BO L, WANG L. Fast sparse approximation for least squares support vector machine[J]. IEEE Trans Neural Networks, 2007, 18(3): 685-697.

[31] TAMURA S, TATEISHI M. Capabilities of a four-layered feedforward neural network: four layers versus three[J]. IEEE Transactions on Neural Networks, 1997, 8(2): 251 - 255.

[32] HUANG G B. Learning capability and storage capacity of two-hidden-layer feedforward networks. [M]. New York: IEEE Press, 2003.

[33] HUTCHINSON B, LI D, DONG Y. Tensor deep stacking networks[J]. IEEE Trans Pattern Anal Mach Intell, 2013, 35(8): 1944 - 1957.

[34] LI J, CHANG H, YANG J. Sparse deep stacking network for image classification[C]//Proceedings of the AAAI conference on artificial intelligence. 2015, 29(1).

[35] XIAO H, RASUL K, VOLLGRAF R. Fashion-mnist: a novel image dataset for benchmarking machine learning algorithms[J]. arxiv preprint arxiv: 1708.07747, 2017.

第5章　稀疏深度组合神经网络

　　小样本学习问题是深度学习研究过程中出现的瓶颈和难点问题，会导致深度学习模型出现过拟合。基于稀疏极限学习机的思想，本章从生成样本、数据学习、稀疏深度组合神经网络等多个角度，提出了一种可行的小样本学习方案。本章在稀疏深度组合神经网络相关背景知识的基础上，给出了具体的神经网络框架，并对其结果、性能以及样本学习的潜在研究方向进行了具体分析。

5.1　小样本学习问题

　　当前，在计算机视觉处理任务以及自然语言处理任务中，深度学习虽然优于其他技术，但它并不是通用的。伴随着理论研究与应用的不断深入，深度学习出现了诸多瓶颈问题和难点问题，如常见的可解释性问题、过拟合问题、过拟合缺失问题、灾难性遗忘问题、梯度消失问题、模型的鲁棒性问题、模型的冗余性问题、关系推理问题、样本类别不平衡问题、小样本学习问题、计算带宽问题、模型坍塌问题、域自适应转化问题和特征同变性问题等。为了更为深刻地理解深度学习、优化与识别这一范式，科研工作者已经提出了许多有前景的方法和解决思路，如自适应神经树模型、深度森林以及深度贝叶斯网络探索可解释性问题；针对过拟合问题的正则化理论及优化技巧等；各种基于剪枝、分解以及二值量化思路的深度压缩模型用于去除模型的冗余特性；图卷积神经网络用于发现数据中的推理关系等；基于各种生成式对抗网络的数据增广技术用于类别不平衡问题以及小样本学习问题；深度对偶学习用于域自适应转化问题的探索与研究；胶囊网络用于改进卷积神经网络的缺点，在相对较少的数据集上便可以实现较好的泛化性能，同时能够充分地利用数据中的相对位置、角度等信息，形成一种新颖的深度网络架构方式，但其缺点是训练非常耗时；还有深度元学习、深度强化学习，深度迁移学习和深度主动学习等也在不断地扩展着这一范式的内涵，为不同领域的应用任务提供着切实有效的建模思路与解决方法。

　　小样本学习(Few-Shot Learning,FSL)问题是指研究如何从少量的样本中去学习。众所周知,深度学习的训练需要大量的数据集,然而,在实际的应用过程中存在数据采集困难,样本标注代价高等问题,使得训练样本的规模通常不大。因此,小样本学习问题就成了深度学习领域中重要的难点问题。小样本学习会导致深度学习模型出现过拟合问题,如对于模式分类问题,深度学习的泛化性能有如下关系:

$$P\left(\text{Test Error} \leqslant \text{Train Error} + \sqrt{\frac{h \cdot \left(\text{lb}\left(\frac{2N}{h}\right)+1\right) - \text{lb}\left(\frac{\eta}{4}\right)}{N}}\right) \leqslant 1-\eta \quad (5.1)$$

其中,N 为训练样本个数,h 为 VC 维(Vapnik-Chervonenkis Dimension),P 表示可信度。所以公式(5.1)可以理解为:如果深度模型的训练误差很小,并且模型的复杂度惩罚也很小,则该模型的测试误差也很小的可信度为 $1-\eta$。模型的复杂度惩罚为

$$\sqrt{\frac{h \cdot \left(\text{lb}\left(\frac{2N}{h}\right)+1\right) - \text{lb}\left(\frac{\eta}{4}\right)}{N}} \quad (5.2)$$

　　通常,网络模型越复杂,代表着 h 越大,从而模型的复杂度惩罚也就越大;而训练样本个数 N 越大,则意味着模型的复杂度惩罚较小。所以为了使模型能够获得较好的泛化,需要保证模型的复杂度惩罚较小,而深度网络模型本身就意味着 h 较大,所以 N 越小,模型的复杂度惩罚越大,即该网络模型易出现过拟合问题。目前,关于小样本学习的研究主要集中在两个方面:一是数据增广,即利用旋转、平移或加噪声的方式,以及生成式对抗网络、变分自编码器等生成方式来进行数据扩充;二是通过正则化理论与优化技巧,以及迁移学习、元学习和流行距离学习等降低深度网络模型的 VC 维 h。

　　本章也探讨了一种可行的小样本学习方案,该网络框架包括三个方面:一是使用基于 InfoGAN 的组合机制生成样本;二是采用提出的数据学习来解决样本的复杂性(数据学习与深度学习过程如图 5.1 所示);三是采用稀疏深度组合神经网络(Sparse Deep Combination Neural Networks,SDCNN)对多层级多通路进行快速高效的计算。

图 5.1　数据学习与深度学习过程

　　该网络的设计基于稀疏极限学习机的思想,它也是该框架的研究重点。对于基于 InfoGAN(Information maximization GAN)的样本组合机制,在小数据集上的实验已证实:生成的样本质量随着组合数的增加而逐渐增加。另外,对 MNIST、NORB 和 CIFAR10 等

数据集的实验也表明 SDCNN 的有效性和可行性。最后，这些实验还表明，层次优化机制能够独立地解决相关的凸优化问题，从而可以实现对每个隐藏层的参数学习。

5.2　稀疏深度组合神经网络相关背景知识

5.2.1　从 RVFL 到 BLS

随机向量函数连接（Random Vector Functional-Link，RVFL）网络是一类经典的单隐层前馈神经网络，其网络的架构见图 5.2。RVFL 的随机特性体现在输入层与隐层（增强节点层）之间的权值和偏置的随机化，这些参数（图 5.2 中的虚线）一旦被随机化选取后就固定下来，不再参与网络的优化，仅输出权值（图 5.2 中黑色的实线）是需要进行优化的。况且，对于 RVFL 而言，输入层与输出层直接连接作为一种有效且简单的正则化技术，将有助于缓解过拟合现象的发生。

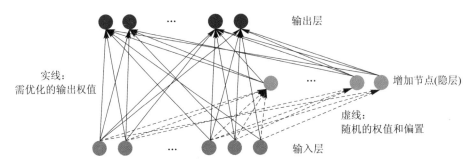

图 5.2　RVFL 网络

下面，我们简单介绍一下 RVFL 用于模式分类的工作原理。对于训练样本 $\{x_n, y_n\}_{n=1}^N$，我们记 $X \in \mathbf{R}^{N \times m}$ 和 $Y \in \mathbf{R}^{N \times c}$（$c$ 为类别数）分别为训练样本输入与输出的矩阵形式，从而可得 RVFL 网络的模型为

$$\begin{cases} H \overset{\text{def}}{=} [X, \sigma(XW + b)] \\ Y = H\beta \end{cases} \tag{5.3}$$

其中，β 为输出权值，W、b 分别为随机的权值和偏置；σ 为激活函数。进而，优化目标函数为

$$\min_{\beta} \| Y - H\beta \|_F^2 + \lambda \| \beta \|_2^2 \tag{5.4}$$

对于此凸优化目标函数，我们有闭形式的解：

$$\boldsymbol{\beta} = \boldsymbol{H}^{\dagger}\boldsymbol{Y} = (\boldsymbol{H}^{\mathrm{T}}\boldsymbol{H} + \lambda\boldsymbol{I})^{-1}\boldsymbol{H}^{\mathrm{T}}\boldsymbol{Y} \tag{5.5}$$

其中，$\boldsymbol{I}$ 为恒等矩阵，λ 为拉格朗日因子或折中参数。

　　为什么 RVFL 对大多数应用任务效果较好？一个可能的原因是，随机化有助于描述不同类之间样本的角度差异性。从网络的结构来分析，极限学习机 ELM 与 RVFL 有着异曲同工之处，二者的差异性在于是否将输入与隐层输出进行级联。沿着 RVFL 的网络架构，基于 ELM-SAE 自编码器，可以构建一种新的网络框架，即宽度学习系统（Broad Learning System，BLS）。BLS 延续了 RVFL 的优点，即有效地消除了训练过程过长的缺点，同时也保证了函数逼近的泛化能力。随着研究的不断深入，BLS 及其各种变体（如模糊 BLS）也相继地被提出并在实际应用中表现出其快速且高精度的优秀性能。下面，我们将简要地介绍 BLS 的网络架构（如图 5.3 所示）及工作原理。

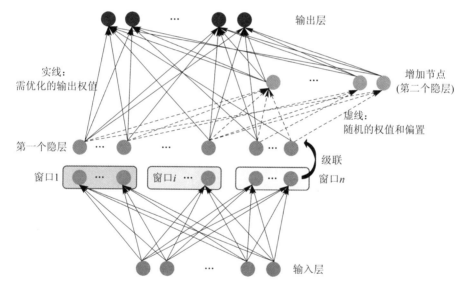

图 5.3　BLS 网络

对于 $\boldsymbol{X}\in\mathbf{R}^{N\times m}$ 和 $\boldsymbol{Y}\in\mathbf{R}^{N\times c}$，BLS 的网络模型为

$$\begin{cases} \boldsymbol{Z}_1^i = \phi(\boldsymbol{X}(\boldsymbol{\beta}_1^i)^{\mathrm{T}} + (\boldsymbol{v}_1^i)^{\mathrm{T}}) \\ \boldsymbol{H}_1 \overset{\mathrm{def}}{=\!=} [\boldsymbol{Z}_1^1, \boldsymbol{Z}_1^2, \cdots, \boldsymbol{Z}_1^n] \\ \boldsymbol{H}_2 \overset{\mathrm{def}}{=\!=} [\boldsymbol{H}_1, \sigma(\boldsymbol{H}_1\boldsymbol{W}_2 + \boldsymbol{b}_2)] \\ \boldsymbol{Y} = \boldsymbol{H}_2\boldsymbol{\beta}_2 \end{cases} \tag{5.6}$$

其中，$\boldsymbol{Z}_i$ 为第 i 个窗口的输出，共计 n 个窗口；第一个隐层的输出 $\boldsymbol{H}_1$ 便是这 n 个窗口输

出的级联；之后将 H_1 视为 RVFL 中的输入，便可以得到输出 Y 的估计。待优化的参数包括两部分，第一部分利用 ELM-SAE 对每个窗口内的参数进行优化学习；第二部分为 RVFL 中的输出权值参数。下面，我们分别给出这两部分的优化目标函数，首先，对于第一部分，我们有：

$$\boldsymbol{\beta} = \boldsymbol{H}^{\dagger}\boldsymbol{Y} = (\boldsymbol{H}^{\mathrm{T}}\boldsymbol{H} + \lambda\boldsymbol{I})^{-1}\boldsymbol{H}^{\mathrm{T}}\boldsymbol{Y} \tag{5.7}$$

其中

$$\begin{cases} \widetilde{\boldsymbol{H}}_1^i \overset{\text{def}}{=} [\boldsymbol{H}_1^i, \boldsymbol{I}] \\ \widetilde{\boldsymbol{\beta}}_1^i \overset{\text{def}}{=} [\boldsymbol{\beta}_1^i, \boldsymbol{v}_1^i] \end{cases} \tag{5.8}$$

这里的 $\boldsymbol{H}_1^i$ 表示第一个隐层第 i 个窗口的随机输出，即

$$\boldsymbol{H}_1^i = \boldsymbol{\phi}(\boldsymbol{X}\boldsymbol{W}_1^i + \boldsymbol{b}_1^i) \tag{5.9}$$

其中，参数 $\boldsymbol{W}_1^i$ 和 $\boldsymbol{b}_1^i$ 分别对应着随机选取的权值和偏置。当我们将公式(5.7)中的参数利用广义伪逆求解后，即

$$\widetilde{\boldsymbol{\beta}}_1^i = (\widetilde{\boldsymbol{H}}_1^i)^{\dagger}\boldsymbol{X} = ((\widetilde{\boldsymbol{H}}_1^i)^{\mathrm{T}}\widetilde{\boldsymbol{H}}_1^i + \lambda\boldsymbol{I})^{-1}(\widetilde{\boldsymbol{H}}_1^i)^{\mathrm{T}}\boldsymbol{X} \tag{5.10}$$

我们便可以通过公式(5.6)得到将 $\boldsymbol{H}_1^i$ 中的随机性去除后的 $\boldsymbol{Z}_1^i$。

其次，对于第二部分，我们有：

$$\min_{\beta_2} \| \boldsymbol{Y} - \boldsymbol{H}_2\boldsymbol{\beta}_2 \|_F^2 + \lambda \| \boldsymbol{\beta}_2 \|_2^2 \tag{5.11}$$

关于此凸优化目标函数的解为

$$\boldsymbol{\beta}_2 = \boldsymbol{H}_2^{\dagger}\boldsymbol{Y} = (\boldsymbol{H}_2^{\mathrm{T}}\boldsymbol{H}_2 + \lambda\boldsymbol{I})^{-1}\boldsymbol{H}_2^{\mathrm{T}}\boldsymbol{Y} \tag{5.12}$$

综上所描述的过程，可以看出 BLS 网络便于扩展到其他网络，是一个相当灵活高效的模型。与深度学习相比较，BLS 具备两个优势：优化求解参数的计算时间消耗较低，以及与快速增量学习算法结合能够解决数据量和数据维度增长带来的问题。但其缺点在于，基于 RVFL 的 BLS 网络的泛化性能仍依赖于最后一个隐层输出的节点个数，即当节点个数较少时，网络的泛化性能较低；反之，网络可以获取较高的泛化性能。

5.2.2　从 GAN 到 InfoGAN

众所周知，判别模型在深度学习乃至机器学习领域取得了巨大成功，其本质是将样本的特征向量映射成对应的类标；而生成模型由于需要大量的先验知识去对真实世界进行建模，且先验分布的选择会直接影响模型的性能，因此，研究人员之前更多地关注于判别模型方法。生成式对抗网络(Generative Adversarial Networks，GAN)是一种潜力巨大的深度学习模型，它将判别模型和生成模型结合起来，是近年来在复杂分布的估计上实现无监督

学习最具前景的方法之一。该模型通过利用生成模型和判别模型的互相博弈来学习产生相对好的输出，其网络框架见图 5.4。

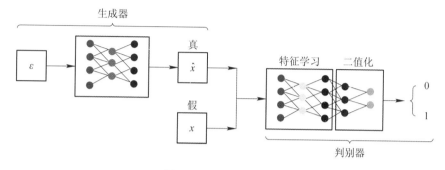

图 5.4　GAN 网络框架

对于图 5.4 的框架，关于生成器(Generator)G 和判别器(Discriminator)D 的模型输出分别为

$$\begin{cases} \hat{x} = G(\varepsilon, \theta_g) \\ y = D(x, \theta_d) \end{cases} \tag{5.13}$$

其中，ε 为噪声，训练样本 x 均为真实样本，而由生成器得到的均为伪样本，y 为标记，若判别器的输入为真实样本，则 $y=1$；反之，若判别器的输入为伪样本，则 $y=0$。对于优化训练，G 的训练程序是将 D 错误的概率最大化，因此我们有如下的优化目标函数：

$$\min_G \max_D V(G, D) = E_{x \sim P_{\text{data}}} \left[\text{lb}(D(x)) \right] + E_{\varepsilon \sim P_\varepsilon} \left[\text{lb}(1 - D(G(\varepsilon))) \right] \tag{5.14}$$

对于公式(5.14)，有着严格的数学推导可确保 GAN 的收敛性。

目前，GAN 最常应用于图像生成，如模式分类任务、图像超分辨率任务、语义分割等。关于 G 和 D 的构造方式，最初采用的是以多层全连接网络为主体的多层感知机实现的，然而其调参难度较大，训练经常失败，尤其是对较复杂的数据集，生成图片的质量也相当不佳。由于卷积神经网络比多层感知器拥有更强的拟合与表达能力，并在判别式模型中取得了很大的成果，所以在生成器和判别器中均引入卷积神经网络，得到了深度卷积生成式对抗网络(Deep Convolutional GAN，DCGAN)。虽然 DCGAN 没有带来理论上对 GAN 的可解释性，但是其强大的图片生成效果吸引了更多的研究者关注 GAN，证明了其可行性并提供了经验，给后来的研究者提供了神经网络结构的参考。此外，DCGAN 的网络结构也可以作为基础架构，用以评价不同目标函数的 GAN，让不同的 GAN 得以进行优劣比较。DCGAN 的出现极大增强了 GAN 的数据生成质量，而如何提高生成数据的质量也是如今 GAN 研究的热点。伴随着研究的不断深入，基于 GAN 的各种变体相继被提出，极大地丰富了 GAN 的研究体系。当然，原始的 GAN 模型也存着无约束、不可控、噪声信号 ε 很难解释等问题。

　　特别地，针对 ε 的不可解释性，研究者提出了 InfoGAN 模型。该模型试图利用噪声信号寻找一个可解释的表达，其网络框架见图 5.5。

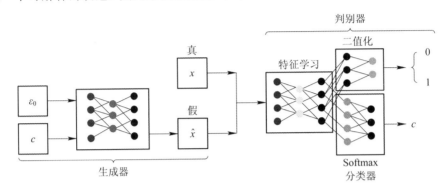

图 5.5　InfoGAN 网络框架

　　具体而言，InfoGAN 对噪声 ε 进行了拆解，一是不可压缩的噪声 ε_0，二是可解释的隐变量 c，称为潜在编码。希望通过约束 c 与生成数据之间的关系，可以使得 c 包含着对训练数据的可解释信息。对应着图 5.5，InfoGAN 的优化目标函数为

$$\min_{G,Q}\max_{D} V_{\text{InfoGAN}}(D,G,Q)=V(G,D)-\lambda L(G,Q) \tag{5.15}$$

其中的 $V(G,D)$ 在公式(5.14)中已有描述，而 $L(G,Q)$ 为

$$L(G,Q)=E_{\substack{c-p(c)\\X-G(\varepsilon,c)}}\left[\text{lb}Q(c\mid x)\right]+H(c) \tag{5.16}$$

这里的 $Q(c|x)$ 为一种辅助性的概率分布函数；$H(c)$ 为隐变量的计算熵。当 $H(c)$ 达到最大值时，$L(G,Q)$ 也等价于 c 与生成数据 $G(\varepsilon,c)$ 之间的互信息 $I(c,G(\varepsilon,c))$。

　　InfoGAN 的重要意义在于，它通过从噪声 ε 中拆分出结构化的隐含编码 c 的方法，使得生成过程具有一定程度的可控性，从而使得生成的数据也具备了一定的可解释性。

5.3　稀疏深度组合神经网络框架与分析

5.3.1　基于 GAN 的样本组合机制

　　众所周知，传统的用于模式分类的深度学习框架几乎都没有考虑原始数据空间中输入样本之间的关系。为了考虑输入样本之间的关系，我们运用了如下的样本组合机制，即对

于第 c 类样本矩阵 $\boldsymbol{X}^c \stackrel{\text{def}}{=} [x_1^c, x_2^c, \cdots, x_{N_c}^c] \in \mathbf{R}^{m \times N_c}$，其中 N_c 为第 c 类样本的个数，我们有如下的组合机制去形成新的样本：

$$\tilde{x}_i^c = P(X^c(\text{Index}(i))) \in \mathbf{R}^{m \times k} \quad i = 1, 2, \cdots, \binom{N_c}{k} \tag{5.17}$$

其中，$\text{Index}(i)$ 表示第 i 种组合方式，$\boldsymbol{X}^c(\text{Index}(i))$ 表示在第 i 种组合方式下得到的样本。例如，当 $k = 2$ 且 $N_c = 4$ 时，则 $i = 1, 2, \cdots, 6$。进一步，这六组的组合方式按序记为

$$\begin{cases} \text{Index}(1) = [1, 2]; \text{Index}(2) = [1, 3]; \text{Index}(3) = [1, 4] \\ \text{Index}(4) = [2, 3]; \text{Index}(5) = [2, 4] \\ \text{Index}(6) = [3, 4] \end{cases} \tag{5.18}$$

不失一般性，对于 $\text{Index}(3)$，我们有

$$\boldsymbol{X}^c(\text{Index}(3)) = [x_1^c, x_4^c] \tag{5.19}$$

另外，公式(5.17)中的 $P(\cdot)$ 为组合机制，常见的方式为按通道级联。仍用上述的例子，使用按通道级联的组合机制，则形成的第 3 个新样本为

$$\tilde{x}_3^c = P(\boldsymbol{X}^c(\text{Index}(3))) = P([x_1^c, x_4^c]) = [x_1^c, x_4^c] \in \mathbf{R}^{m \times 2} \tag{5.20}$$

类似地，我们将例子中的情况作以推广，对于 C 类训练样本，有

$$\boldsymbol{X} \stackrel{\text{def}}{=} \{\boldsymbol{X}^c \in \mathbf{R}^{m \times N_c}, c = 1, 2 \cdots, C\} \tag{5.21}$$

利用公式(5.17)，得到的新样本个数为

$$N(k) = \sum_{c=1}^{C} \binom{N_c}{k} \tag{5.22}$$

与此对应，得到的新样本训练集为

$$\begin{cases} \bar{\boldsymbol{X}}(k) \stackrel{\text{def}}{=} \{\bar{\boldsymbol{X}}^c, c = 1, 2 \cdots, C\} \\ \bar{\boldsymbol{X}}^c(k) = [\tilde{x}_1^c, \tilde{x}_2^c, \cdots, \tilde{x}_{M_c}^c] \\ M_c \stackrel{\text{def}}{=} \binom{N_c}{k} \end{cases} \tag{5.23}$$

显然，当 $k = 1$ 时，得到的新样本训练集变为原样本训练集，即 $\bar{\boldsymbol{X}}(1) = \boldsymbol{X}$。为了方便，我们将 k 称为组合数，取值范围为 $1 \leqslant k \leqslant \min\{N_c, c = 1, 2, \cdots, C\}$。显然，随着组合数 k 的增加，获取到的新训练样本集的个数也呈指数倍地增加。一个开放性的问题是：相比原数据集 $\boldsymbol{X}$，获取到的新数据集 $\bar{\boldsymbol{X}}(k)$ 是否能够改善网络的泛化性能或生成样本的质量？

为了回答这个问题，我们利用 GAN 来对此做简单的探索，设计的网络框架见图 5.6。

在实验部分，我们将验证随着组合数 k 的变化，基于 GAN 和 InfoGAN 的网络框架获取到的新数据集 $\bar{\boldsymbol{X}}(k)$ 是否可以改善生成样本的质量，以及判别模型的泛化性能是否有所提升。

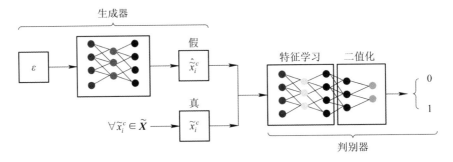

图 5.6 基于 GAN 的样本组合机制

5.3.2 基于模式分类的数据学习

近年来，随着硬件加速装置的不断发展，大模型的并行架构和处理势在必行，特别是待解决问题的复杂性越大，模型所需的参数量和训练数据量也越大。应用研究发现：网络正在变得更深和更宽，以提高表示学习能力和泛化能力。假设可以有效地降低样本中背景的复杂性，那么对大模型的依赖程度是否也会降低？这是一个仍在积极探索的开放性问题。值得注意的是，相同类型的样本具有不同的背景样式、不同的空间逻辑关系或不一致的分辨率等，这些特性或关系使得样本的应用任务变得更为复杂。如何实现样本中复杂度的有效降低？除了去除或统一样本中的背景样式，纠正样本中目标的空间逻辑关系和解决样本分辨率不一致性等问题，还应去除那些奇异性的样本。总之，对于模式分类任务，我们描述的数据学习（Data Learning）是指将这种复杂结构的样本映射为简单结构的样本，同时保持样本中目标的同一性。值得指出的是数据学习与域自适应学习（Domain Adaptation Learning，DAL）的内涵是不同的，DAL 强调在某一个训练集上训练的模型，可以应用到另一个相关但分布特性不相同的测试集上，即它能够有效地解决训练样本和测试样本概率分布不一致的学习问题；而数据学习强调的是目标的同一性，即处理前后的样本中的目标的信息应该一致。

假设具有 C 类复杂样本的训练集 $\boldsymbol{\Omega}$ 和简单样本的训练集 $\boldsymbol{X}$ 分别记为

$$\begin{cases} \boldsymbol{\Omega} = [\boldsymbol{\Omega}^1, \boldsymbol{\Omega}^2, \cdots, \boldsymbol{\Omega}^C] \\ \boldsymbol{X} = [\boldsymbol{X}^1, \boldsymbol{X}^2, \cdots, \boldsymbol{X}^C] \end{cases} \tag{5.24}$$

其中，$\boldsymbol{\Omega}^c$ 和 $\boldsymbol{X}^c$ 分别为第 c 类样本集，$c=1, 2, \cdots, C$。对应着模式分类任务，复杂样本的训练集与简单样本的训练集均对应着类标矩阵 $\boldsymbol{Y}$，那么上述的数据学习的动机可以用图 5.7 来进行描述。即将 $\boldsymbol{\Omega}$ 到 $\boldsymbol{Y}$ 需要学习的复杂深度学习模型转变为两步：利用数据学习将 $\boldsymbol{\Omega}$ 映射到 $\boldsymbol{X}$；优化学习 $\boldsymbol{X}$ 到 $\boldsymbol{Y}$ 的深度学习模型。

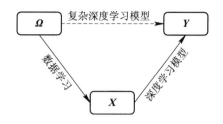

图 5.7　模式识别中的数据学习

基于 InfoGAN，我们设计了一种数据学习的框架，见图 5.8。

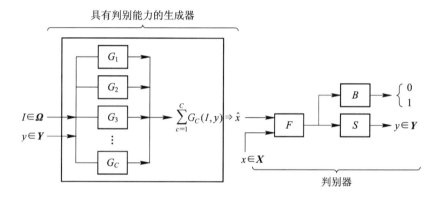

图 5.8　基于 InfoGAN 的数据学习

在图 5.8 中，G_c 表示第 c 类生成器，$c=1，2，\cdots，C$；判别器中的 F 代表层级特征学习，S 代表 Softmax 分类函数，B 代表真伪判别函数。具体地，$\forall I \in \boldsymbol{\Omega}$ 及对应的类标 $y \in \boldsymbol{Y}$，生成器的输出可以表示为

$$\hat{x} = \sum_{c=1}^{C} G_c(I，y，\theta_c) \tag{5.25}$$

其中，待优化的参数为 θ_c。另外，我们期望生成器具有如下的判别能力（$\forall I \in \boldsymbol{\Omega}^c$）：

$$\begin{cases} G_c(I，y，\theta_c) = \hat{x}_c \neq 0 \\ G_k(I，y，\theta_k) = \hat{x}_k = 0 \end{cases} \tag{5.26}$$

其中，$c \neq k$。

对于判别器，我们有两个输出，一是对于类别输出，即

$$y = S(F(x，\theta_F)，\theta_S) \tag{5.27}$$

其中，θ_F 和 θ_S 是需要优化的参数；二是真伪分类的输出：

$$D(x) = B(F(x，\theta_F)，\theta_B) = \begin{cases} 1，& x \in X \\ 0，& x \in G(\boldsymbol{\Omega}，\boldsymbol{Y}) \end{cases} \tag{5.28}$$

其中，θ_F 为判别器两种输出的共享参数，θ_S 是待优化的参数。

为了优化该网络中的参数，我们有如下的优化目标函数：

$$\min_{G, Q} \max_{D} V(G, D) - \lambda \cdot L(G, Q) + \eta \cdot R(G) \tag{5.29}$$

其中的 $V(\cdot)$ 与 $L(\cdot)$ 分别与 InfoGAN 中的定义一致；η 为正则化因子，正则化惩罚项为

$$R(G) = \sum_{c=1}^{C} \| G_c(\overline{\boldsymbol{\Omega}^c}, \overline{\boldsymbol{Y}^c}, \theta_c) \|_F^2 \tag{5.30}$$

其中，$\overline{\boldsymbol{\Omega}^c}$ 为 $\boldsymbol{\Omega}^c$ 的补集，$\overline{\boldsymbol{Y}^c}$ 为 $\boldsymbol{Y}^c$ 的补集。对于公式(5.29)的优化目标函数，我们可以利用交替迭代策略实现该网络中参数的求解。当网络训练完成后，对于测试样本 I 及对应的类标 y，则我们可以根据生成器得到生成的样本，即

$$\hat{x} = \sum_{c=1}^{C} G_c(I, y) \tag{5.31}$$

进一步，利用判别器，我们可以得到预测的类标：

$$\hat{y} = S(F(\hat{x})) \tag{5.32}$$

最后，我们将测试样本对 (I, y) 与输出 $(\hat{x}, \hat{y})$ 进行比较，当 y 与 $\hat{y}$ 一致时，认为简单样本 $\hat{x}$ 是复杂样本 I 的一种有效表示。

5.3.3 稀疏深度组合神经网络

众所周知，误差反向传播算法 BP 是经典深度神经网络的核心组成部分。随着对参数随机化模型（如极限学习机和随机向量函数连接网络等）研究的不断深入，科研人员已经提出了层次极限学习机 H-ELM 和宽度学习系统 BLS 等颇具影响力的深度学习模型，而且模型的优化不必再依赖 BP 算法。为了进一步探索非 BP 的深度学习模型，我们基于 ELM 提出了稀疏深度组合神经网络（Sparse Deep Combination Neural Networks，SDCNN），其网络架构见图 5.9。

与经典卷积神经网络不同，SDCNN 主要包括两个模块，即随机卷积流模块和随机全连接模块。下面，我们分别来介绍这两个模块。首先，对于随机卷积流模块，我们有：

$$\begin{cases} c : C = \boldsymbol{X} * \boldsymbol{w} \\ p : P = \text{maxpooling}(C, \gamma) \\ r : R = \text{ReLU}(P) \\ n : H = \text{zscore}(R) \end{cases} \tag{5.33}$$

其中，w 为卷积核，γ 为池化半径；zscore 为零均值归一化的技术；符号 c、p、r 和 n 分别代表着卷积、池化、非线性激活与归一化操作。不失一般性，对于训练样本集 $\boldsymbol{X} \in$

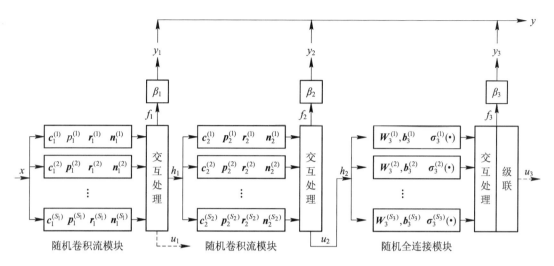

图 5.9　SDCNN 网络架构

$\mathbf{R}^{N \times q \times m \times m}$，其中 N 为样本个数，q 为通道数，$m \times m$ 为样本的尺寸。卷积核 $\boldsymbol{w} \in \mathbf{R}^{t \times q \times u \times u}$，其中 t 表示卷积核的个数，q 仍为通道数，$u \times u$ 为卷积核尺寸。则我们得到卷积流输出后的特征为

$$\begin{cases} \boldsymbol{H} \in \mathbf{R}^{N \times t \times v \times v} \\ v \overset{\text{def}}{=\!=} \left(\dfrac{m - u + 1}{\gamma} \right) \end{cases} \tag{5.34}$$

对于图 5.9，符号 $\boldsymbol{c}_1^{(1)}$ 的上标为第一个通道，下标为第一个随机卷积流模块，其他的符号解释类似。对于第一个随机卷积流模块，共有 S_1 个通道。经过第一个随机卷积流模块的处理后，我们可以得到

$$\boldsymbol{H}_1^{(i)} \in \mathbf{R}^{N \times t \times v \times v} \tag{5.35}$$

其中，$i = 1, 2, \cdots, S_1$。考虑到下面衔接处理的方便，我们在随机卷积流模块后添加了交互处理：

$$\begin{cases} \boldsymbol{H}_1 = A\left(\left[\boldsymbol{H}_1^{(1)}, \boldsymbol{H}_1^{(2)}, \cdots, \boldsymbol{H}_1^{(S_1)} \right] \right) \in \mathbf{R}^{N \times (t \cdot S_1) \times v \times v} \\ \boldsymbol{F}_1 = \left\{ \mathrm{vec}(\boldsymbol{H}_1^{(i)}) \in \mathbf{R}^{N \times (t \cdot v \cdot v)}, i = 1, 2, \cdots, S_1 \right\} \\ \boldsymbol{U}_1 = \left[\mathrm{vec}(\boldsymbol{H}_1^{(1)}), \cdots, \mathrm{vec}(\boldsymbol{H}_1^{(S_1)}) \right] \in \mathbf{R}^{N \times (S_1 \cdot t \cdot v \cdot v)} \end{cases} \tag{5.36}$$

经过交互处理过后，若该模块后接随机卷积流模块，则使用 $\boldsymbol{H}_1$ 作为输入；若后接随机全连接模块，则使用 $\boldsymbol{U}_1$ 作为输入。另外，$\boldsymbol{F}_1$ 作为该模块的隐层表征，可以形成对输出 $\boldsymbol{Y}$ 的有效逼近，即

$$\begin{cases} \boldsymbol{Y}_1 = \boldsymbol{F}_1 \boldsymbol{\beta}_1 = \sum_{i=1}^{S_1} \mathrm{vec}(H_1^{(i)}) \\ \boldsymbol{\beta}_1 \overset{\text{def}}{=\!=} \left[\beta_1^{(1)}, \beta_1^{(2)}, \cdots, \beta_1^{(S_1)} \right]^{\top} \end{cases} \tag{5.37}$$

类似地，我们可以得到第二个随机卷积流模块对输出 $\boldsymbol{Y}$ 的有效逼近，即

$$\boldsymbol{Y}_2 = \boldsymbol{F}_2 \boldsymbol{\beta}_2 = \sum_{i=1}^{S_2} \mathrm{vec}(H_2^{(i)}) \beta_2^{(i)} \tag{5.38}$$

其次，由于第三个模块是随机全连接模块，所以该模块的输入为 $\boldsymbol{U}_2$（即第二个随机卷积流模块经过交互处理后的，类似公式(5.36)）。不失一般性，假设 $\boldsymbol{U}_2$ 的维度为 $N \times M$，其中 N 为样本个数，M 为特征维数，则对于每一个通道，有

$$\boldsymbol{H}_3^{(i)} = \sigma_3^{(i)}(\boldsymbol{U}_2 \boldsymbol{W}_3^{(i)} + \boldsymbol{b}_3^{(i)}) \in \mathbf{R}^{N \times Q} \tag{5.39}$$

其中，$\boldsymbol{W}_3^{(i)} \in \mathbf{R}^{M \times Q}$，$\boldsymbol{b}_3^{(i)} \in \mathbf{R}^{1 \times Q}$，$i = 1, 2, \cdots, S_3$；$\sigma_3^{(i)}$ 为激活函数 ReLU。

另外需要说明的是，随机卷积流模块和随机全连接模块的随机性分别体现在卷积核 $\{w_k^{(i)}, i=1, 2, \cdots, S_k; k=1, 2\}$ 和全连接权值矩阵 $\{\boldsymbol{W}_3^{(i)}, \boldsymbol{b}_3^{(i)}, i=1, 2, \cdots, S_3\}$ 上，并且其随机性赋值满足如下的稀疏约束，即

$$\mathrm{Sparsity}(\boldsymbol{W}_3^{(i)}) = \frac{\|\boldsymbol{W}_3^{(i)}\|_0}{M \times Q} = \rho \tag{5.40}$$

其中，$\|\ \|_0$ 表示矩阵或向量中零元素的个数，$0 < \rho \leqslant 1$。经过随机全连接模块中的交互处理，我们可以得到：

$$\begin{cases} \boldsymbol{F}_3 = \{\boldsymbol{H}_3^{(i)}, i=1, 2, \cdots, S_3\} \\ \boldsymbol{U}_3 = [\boldsymbol{H}_3^{(1)}, \boldsymbol{H}_3^{(2)}, \cdots, \boldsymbol{H}_3^{(S_3)}] \end{cases} \tag{5.41}$$

从而得到第三个随机全连接模块对输出 $\boldsymbol{Y}$ 的有效逼近，即

$$\boldsymbol{Y}_3 = \boldsymbol{F}_3 \boldsymbol{\beta}_3 = \sum_{i=1}^{S_3} \boldsymbol{H}_3^{(i)} \beta_3^{(i)} \tag{5.42}$$

最后，综合这三部分对输出 $\boldsymbol{Y}$ 的有效逼近，我们有

$$\boldsymbol{Y} = \sum_{k=1}^{3} \boldsymbol{Y}_k \tag{5.43}$$

进一步，我们可以通过如下的迭代公式优化学习参数 $\{\boldsymbol{\beta}_k, k=1, 2, 3\}$，即

$$\begin{cases} \boldsymbol{E}_k^{(i)} = \boldsymbol{E}_k^{(i-1)} - \hat{\boldsymbol{Y}}_k^{(i)} \\ \hat{\boldsymbol{Y}}_k^{(i)} = \boldsymbol{F}_k^{(i)} \boldsymbol{\beta}_k^{(i)} \\ \boldsymbol{\beta}_k^{(i)} = (\boldsymbol{F}_k^{(i)})^{\dagger} \boldsymbol{E}_k^{(i-1)} \end{cases} \tag{5.44}$$

其中，$E_1^{(0)} \overset{def}{=} Y$，$E_2^{(0)} \overset{def}{=} E_1^{(S_1)}$，$E_3^{(0)} \overset{def}{=} E_2^{(S_2)}$。

5.3.4 三个部分之间的关系

目前，成功的深度神经网络往往依赖于大量训练数据和训练时间，当训练数据较少时，神经网络通常容易过拟合，这是由于传统的基于梯度的更新算法没有针对当前任务的先验知识，无法在神经网络的参数空间中找到具有较好泛化能力的参数点。而在本章中，我们提出的框架可分为三个阶段。首先，对于小样本训练集，可以通过基于 InfoGAN 的样本组合机制，生成一个相似但风格迥异的样本集。其次，如果训练集 Ω 是复杂的样本集，则可以通过数据学习来降低其复杂性，并获取相应的简单样本集 X。最后，为了避免使用传统的基于 BP 算法的深度神经网络，我们设计了一种新的基于多通路和多层（多模块）组合策略的 SDCNN，充分地利用了 ELM 的随机参数赋值，以及层级线性逼近输出策略。注意，这三个阶段既可以独立地实现，也可以组合在一起实现模式识别任务。

5.4 稀疏深度组合神经网络性能分析

本小节将 SDCNN 与现有的相关算法（如 PCANet、Sparse-HMAX、BLS 和 H-ELM 等）进行比较，同时分析基于 InfoGAN 的样本组合机制在小样本集扩展中的有效性及合理性。所有的实验在 MATLAB2016b 实现，另外，在实验中所有的输入都被归一化到 $[0,1]$ 之间。

5.4.1 基于 InfoGAN 的样本组合机制的性能评估与分析

在下面的实验中，我们使用 MNSIT 数据集，该数据集是一个手写数字数据集，来自美国国家标准与技术研究所。每一张图片的大小为 28×28，且都是 0 到 9 中的单个数字，即共计十类。另外，数据集有训练样本 60 000 幅，测试样本 10 000 幅。为了满足小样本的需求，我们在训练数据集中对于每一类随机选择 35 幅图片，十类共计 350 幅图片来构造小样本集。我们使用 InfoGAN 来验证样本组合机制的可行性。其中 InfoGAN 网络使用的是一维卷积神经网络架构，其中生成器的架构如表 5.1 所示。

表 5.1 InfoGAN 中生成器的架构

处理方式	输入维度	输出维度	解 释 说 明
Input	74	74	其中 64 维为随机噪声，10 维为样本的类标
Conv_1	74	500	利用卷积核处理
BN_1	500	500	批量归一化
ReLU_1	500	500	修正线性单元激活响应
Conv_2	500	500	利用卷积核处理
BN_2	500	500	批量归一化
ReLU_2	500	500	修正线性单元激活响应
Conv_3	500	$784 \cdot k$	利用卷积核处理
ReLU_3	500	$784 \cdot k$	修正线性单元激活响应
Output	$784 \cdot k$	$28 \times (28 \cdot k)$	以图片的形式显示

另外，判别器的架构如表 5.2 所示。

表 5.2 InfoGAN 中判别器的架构

处理方式	输入维度	输出维度	解 释 说 明
Input	$28 \times (28 \cdot k)$	$784 \cdot k$	将样本按向量的形式进行级联
Conv_1	$784 \cdot k$	1000	利用卷积核处理
ReLU_1	1000	1000	修正线性单元激活响应
Conv_2	1000	500	利用卷积核处理
ReLU_2＋Dropout	500	500	修正线性单元激活响应，进行稀疏权值连接
Conv_3	500	250	利用卷积核处理
ReLU_3＋Dropout	250	250	修正线性单元激活响应，进行稀疏权值连接
Conv_4	250	250	利用卷积核处理
ReLU_4＋Dropout	250	250	修正线性单元激活响应，进行稀疏权值连接
Conv_5	250	250	利用卷积核处理
ReLU_5＋Dropout	250	250	修正线性单元激活响应，进行稀疏权值连接
FC_Binary	250	2	输出 1 或者 0

续表

处理方式	输入维度	输出维度	解 释 说 明
Output_1	2	2	1 为真样本，0 为伪样本
FC_Softmax	250	10	输出预测的类标向量
Output_2	10	10	样本的类标

注意，表格 5.1 与 5.2 中的 k 表示组合数，即公式(5.22)中所描述的。不失一般性，我们取 k 分别为 1，2，3。与此对应，构成的新训练样本集的个数公式为

$$N(k) = \sum_{c=1}^{10} \binom{N_c}{k} = \sum_{c=1}^{10} \binom{35}{k} \tag{5.45}$$

显然，$N(1) = 350$，$N(2) = 5950$，$N(3) = 65\,450$。考虑到批量化处理，所以在每一个求解周期(Epoch)内，每次输入 128 个样本，则所需要迭代次数的公式为

$$\text{Iter}(k) = \left\lfloor \frac{N(k)}{128} \right\rfloor \tag{5.46}$$

其中，$k = 1$，2，3。具体地，这三组训练样本集在一个周期(Epoch)内，所需要的迭代次数分别为 $\text{Iter}(1) = 3$，$\text{Iter}(2) = 47$，$\text{Iter}(3) = 512$。

另外，InfoGAN 中生成网络与判别网络的初始学习率和权值矩阵的衰减率分别设为 0.003 和 0.005，判别网络中稀疏权值连接 Dropout 设置为 0.5。实验运行 100 个 Epoch，得到的实验结果见图 5.10 和图 5.11。

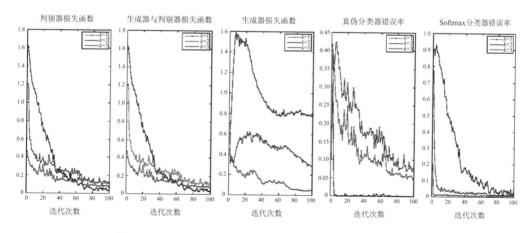

图 5.10 不同组合数下 InfoGAN 的损失函数与识别错误率

在图 5.10 中，从左到右依次为：① 判别器损失函数；② 生成器与判别器损失函数；

③ 生成器损失函数；④ 真伪分类器错误率；⑤ Softmax 分类器错误率。

在图 5.11 中，左侧两列是组合数为 1 时的生成样本；中间两列是组合数为 2 时的生成样本；右侧两列是组合数为 3 时的生成样本。

图 5.11 是在 InfoGAN 训练完成后，我们仅利用生成网络，将随机噪声和类别向量输入得到的生成样本。可以看到，在不同组合数下，生成的样本质量差异性比较大。对于小样本而言，样本的组合机制的确有利于改善网络的泛化性能或生成样本的质量。

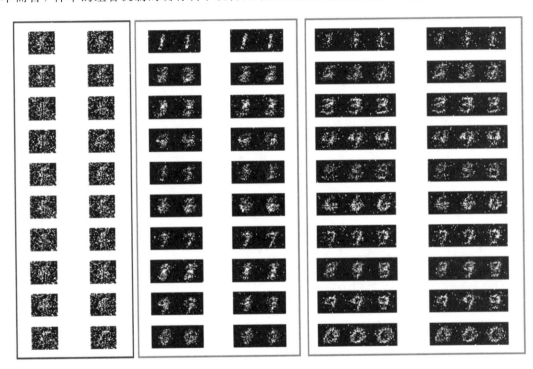

图 5.11　不同组合数下 InfoGAN 中的生成器获得的样本

值得指出的是，基于 InfoGAN 的样本组合机制仍有一些问题尚未得到完全的解决，如组合数的增加，是否意味着网络的泛化性能也在持续地改善，生成样本的质量也在逐步地提升？此外，除了级联，还需要探索其他更多的样本组合方式。

5.4.2　SDCNN 与经典深度学习算法的性能对比

在本小节，与现有相关算法(层次极限学习机 H-ELM、宽度学习 BLS、深度置信网络 DBN、深度堆栈网络 DSN、主成分分析网络 PCANet 和稀疏层次识别算法 S-HAMX 等)相比，我们在基准数据集上验证了 SDCNN 的有效性和高效性。注意，在下面这些实验中，关于数据预处理技术的影响已经被忽略，因为我们主要关注的是网络的泛化能力。另外，由于 SDCNN 网络包括两个随机模块，因此首先对于随机卷积流模块，其参数如表 5.3 所示。

表 5.3　随机卷积流模块中的参数及符号解释

参　数	符　号　解　释
q	输入或者隐层特征的通道数
u	卷积核的尺寸
t	特征映射的个数
S	通道个数
γ	池化半径
ρ_c	卷积核的稀疏度（见公式(5.40))
λ_c	广义伪逆中的正则化因子（见公式(5.12))

注意，表 5.3 中符号 ρ_c 与 λ_c 的下脚标 c 表示卷积的意思，即指随机卷积流模块中的稀疏度和正则化因子。

对于随机全连接模块，其参数如表 5.4 所示。

表 5.4　随机全连接模块中的参数及符号解释

参　数	符　号　解　释
Q	隐层节点的个数
S	通道个数
ρ_f	随机权值矩阵的稀疏度
λ_f	广义伪逆中的正则化因子

利用这两个随机模块，SDCNN 通过有效的堆栈组合和层次线性逼近机制实现网络的架构。接下来，我们对其性能在以下数据集中进行验证和分析。

1. MNIST

系列实验先集中在经典的 MNIST 手写数据集上，由于不同的人有不同的书写方式，不同的数字有不同的形状，因此 MNIST 是一个用于测试 SDCNN 的有效性和可行性的理想数据集。下面，我们从通道数对网络性能的影响、模块组合形式对网络性能的影响以及对比性能分析等三个方面来分析 SDCNN 的可行性及有效性。

（1）通道数对网络性能的影响。

我们使用的 SDCNN 网络的结构可以通过图 5.12 的流程图来表示。

在图 5.12 中，M_1 与 M_2 均为随机卷积流模块，M_3 为随机全连接模块。除通道数外，这三个模块的参数设置见表 5.5。

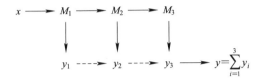

图 5.12　SDCNN 网络结构流程图

表 5.5　在 MNIST 数据集上 SDCNN 中的参数设置

参　数	S	q	u	t	γ	ρ_c	λ_c
M_1	S_1	1	7	6	2	0.25	1
M_2	S_2	6	3	16	1	0.25	1
参　数	S	Q	ρ_f	λ_f			
M_3	S_3	784	0.05	1			

下面，我们考虑以下两种情形：情形一，当 $S_3=25$ 时，假设 $S_1=S_2$，并且通道数从 1 增加到 10；情形二，当 $S_1=S_2=2$ 时，S_3 通道数的变化范围为 1 到 25。考虑到 SDCNN 中模块存在着的随机性，我们的实验运行了 100 次，得到的平均性能结果见图 5.13。

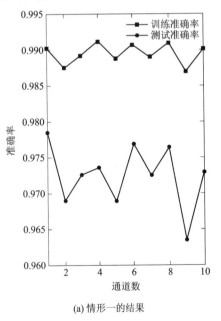

(a) 情形一的结果

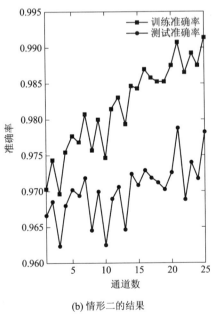

(b) 情形二的结果

图 5.13　受通道数的影响 SDCNN 网络的性能变化趋势

从图 5.13 可以得到，相比于前两个随机卷积流模块，最后一个随机全连接模块的通道数的增加有助于 SDCNN 网络泛化性能的提升。

（2）模块组合形式对网络性能的影响。

本实验仍采用两个随机卷积流模块和一个随机全连接模块，路径的相应参数设置分别为 $S_1=S_2=2$ 和 $S_3=25$。由于 SDCNN 网络设计的特点，即随机卷积流模块可以连接到随机卷积流模块或随机全连接模块，而随机全连接模块只能连接到随机全连接模块。下面，我们选择了模块的四种组合形式，运行 100 次随机实验后的平均结果如表 5.6 所示。

表 5.6　不同模块组合形式下的 SDCNN 性能

组合形式	训练结果		测试结果	
	准确率	时间消耗/s	准确率	时间消耗/s
M_1	0.9329	31.04	0.9340	3.4355
$M_1 \rightarrow M_2$	0.9636	63.86	0.9605	7.5948
$M_1 \rightarrow M_3$	0.9886	117.4	0.9739	12.277
$M_1 \rightarrow M_2 \rightarrow M_3$	0.9920	149.8	0.9780	16.378

实验结果表明，不同组合形式下网络结构的泛化性能存在较大差异。

（3）对比性能分析。

在本小节，我们将对比的算法分为两类，一类是确定性的深度学习模型，如 DSN、DBN、PCANet、MLP、S-HAMX、CNN 等；另一类是随机性的模型，如 ELM、H-ELM、BLS 等。

在与确定性深度学习模型比较的实验中，SDCNN 网络的结构与之前的实验设置一样，即 $S_1=S_2=2$ 和 $S_3=25$。另外，对于特征映射的个数，M_1 模块中的 $t=30$，M_2 模块中的 $t=25$，其他参数如表 5.5 所示。作为参考，DSN、DBN 和 MLP 的架构分别为 1000-500-100、500-500-2000 和 1000-500-100，CNN 的架构为 (6,5,2)-(12,5,2)-192，其中 (6,5,2) 分别依次表示特征映射图的数量、卷积核的大小和池化半径；另外，批处理的大小和 Epoch 均设置为 100。对于 PCANet 和 S-HMAX，我们使用线性支持向量机 SVM 分类器，其网络参数的设置使用原文的架构方式。SDCNN 运行 100 次随机实验后得到的平均结果，以及其他网络的实验结果见表 5.7。

从表 5.7 可以得到，从识别性能和训练效率两方面考虑，SDCNN 比其他模型获得了相对较好的折中效果。此外，注意到 SDCNN 尚未将精调策略融入网络参数更新中，我们期望采用精调策略进一步提高网络的识别性能。

表 5.7   在 MNIST 数据集上 SDCNN 与确定性深度学习模型的性能比较

模　型	训练结果		测试结果	
	准确率	时间消耗/s	准确率	时间消耗/s
DSN	0.9891	797.0971	0.9756	3.1951
DBN	0.9888	2376.854	0.9837	3.2367
MLP	0.9977	454.6793	0.9818	2.0537
PCANet	0.9820	4066.473	0.9834	345.45
S-HAMX	0.9879	1451.427	0.9841	76.314
CNN	0.9867	3341.172	0.9871	2.8298
SDCNN	0.9961	304.5191	0.9847	38.071

接下来，我们将 SDCNN 与随机性模型进行了比较。ELM、H-ELM 的网络架构分别为 K、300-300-K，这里的 K 为最后一个隐层节点的个数，我们通过调整 K 来观察网络的性能变化。对于 BLS，其网络中的窗口个数、每个窗口内节点的个数以及增强节点的个数分别设置为 10、100 以及 K。SDCNN 网络的架构与之前的实验设置一样，即 $S_1 = S_2 = 1$ 和 $S_3 = 25$。另外，对于特征映射的个数，M_1 模块中的 $t = 30$，M_2 模块中的 $t = 50$，需要特别注意的是，M_3 中的隐层节点的个数 Q 设置为 K_s，其他相关的参数仍如表 5.5 所列。这些随机性的模型运行 100 次随机实验后得到的平均结果见图 5.14。

注意，K 的变化范围为 100 到 12 000，其中间隔为 100；K_s 的变化范围为 10 到 1000，其间隔为 10。

从图 5.14 中我们可以得出两个结论：

(1) ELM、H-ELM 和 BLS 的网络性能取决于隐藏节点的数量，即隐藏节点的数量越多，网络性能越好。当节点数非常少时，网络性能呈指数级下降。

(2) 与其他三种方法相比，当节点数很小时，SDCNN 仍可以获得较好的识别精度，但缺点是特征映射个数和通道个数的增加会导致时间复杂性的增加。

2. NORB

纽约大学的对象识别基准数据集 NORB 比 MNIST 更为复杂，它包含 50 个不同的三维玩具对象的图像，在五个通用类(汽车、卡车、飞机、动物和人类)中各有 10 个对象。这些图像来自不同的视角，在不同的照明条件下，其尺寸大小为 28×28×2 像素。训练集包含 24 300 对 25 个对象的立体图像(每个类 5 个)，而测试集包含剩余的 25 个对象的图像对。在下面的实验中，SDCNN 仍使用先前的流程图来处理，但该网络的参数需要修正，见表 5.8。

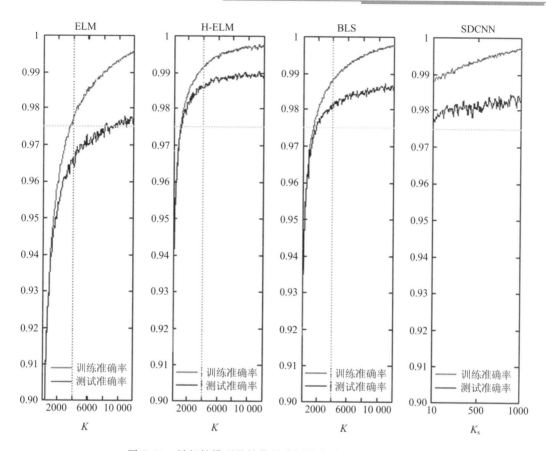

图 5.14　随机性模型的性能随隐层节点增加时的变化趋势

表 5.8　在 NORB 数据集上 SDCNN 中的参数设置

参数	S	q	u	t	γ	ρ_c	λ_c
M_1	1	2	5	9	2	0.25	1
M_2	1	9	3	16	1	0.25	1

参数	S	Q	ρ_f	λ_f			
M_3	10	784	0.1	1			

作为参考，DSN、DBN 和 MLP 的架构分别为 1000-500-100、1000-1000-2000 和 1000-500-100，CNN 的架构为 (6，5，2)-(12，5，2)-192，其中 (6，5，2) 分别依次表示特征映射图的数量、卷积核的大小和池化半径；另外，批处理的大小和 Epoch 均设置为 100。对于 PCANet 和 S-HMAX，我们使用线性支持向量机 SVM 分类器，其网络参数的设置使用原

文的架构方式。ELM、H-ELM 的网络架构分别为 10 000、300-300-15 000。对于 BLS,其网络中的窗口个数、每个窗口内节点的个数以及增强节点的个数分别设置为 10、100 以及 9000。对于随机性的模型,我们运行 100 次随机实验后得到平均结果;对于确定性模型,运行一次得到结果。最后,将这些结果总结在表 5.9 中。

表 5.9　在 NORB 数据集上 SDCNN 与其他模型的性能比较

模型	训练结果		测试结果	
	准确率	时间消耗/s	准确率	时间消耗/s
DSN	0.9995	626.449	0.8627	2.156 70
DBN	1.0000	5581.93	0.8827	10.3972
MLP	1.0000	132.266	0.8853	0.801 20
PCANet	0.9840	4337.82	0.9004	34.4645
S-HAMX	0.9964	987.637	0.8798	35.0456
CNN	0.9998	5597.84	0.8674	22.3982
ELM	1.0000	501.480	0.8435	75.1800
H-ELM	1.0000	71.2274	0.8966	13.9647
BLS	1.0000	21.8874	0.8760	5.712 60
SDCNN	1.0000	37.2885	0.8865	25.7097

从表 5.9 可以得到两个结论:一是 SDCNN 可以获得与其他模型相媲美的性能,即使最后一个隐层节点个数相对较少。二是由于网络设计的特点,即网络中特征映射个数和通道个数的增加会导致时间复杂性的增加,也使得 SDCNN 在测试阶段时仍需要较高的时间消耗,关于这一点的改进也是我们需要进一步研究的方向。

3. CIFAR10

本小节的动机是进一步探索提出的 SDCNN 在相对复杂的数据集上的可行性和有效性。首先,对于 CIFAR10 数据集,它是一个普适物体的彩色图像数据集,包含 10 个类别(即飞机、汽车、鸟类、猫、鹿、狗、蛙类、马、船和卡车)的 RGB 彩色图片。另外每张图片的尺寸为 32×32×3,该数据集包含 50 000 张训练图片和 10 000 张测试图片。其次,与之前实验中的网络结构不同,这里的 SDCNN 由 5 个相同的随机全连接模块堆栈组成,每一个模块的参数设置为

$$[S, Q, \rho_f, \lambda_f] = [3072, 10, 0.0025, 1] \tag{5.47}$$

另外，ELM、H-ELM 的网络架构分别为 10 000、3000-3000-20 000。对于 BLS，其网络中的窗口个数、每个窗口内节点的个数以及增强节点的个数分别设置为 10、100 以及 10 000。对于这些随机性的模型，我们运行 100 次随机实验后得到的平均结果见表 5.10。

表 5.10　在 CIFAR10 数据集上 SDCNN 与随机性模型的性能比较

模型	训练结果		测试结果	
	准确率	时间消耗/s	准确率	时间消耗/s
ELM	0.7499	956.79	0.4609	37.630
H-ELM	0.8696	194.02	0.5270	8.6491
BLS	0.8160	49.325	0.5141	2.7677
SDCNN	0.9341	436.91	0.5719	45.411

从表 5.10 可以看出，虽然 SDCNN 获得了 0.5719 的识别准确率，但这仍相对较低。显然，SDCNN 出现过拟合现象的主要原因是样本的拓扑结构过于复杂，例如训练样本和测试样本的背景风格差异，还有样本中识别目标太小等。

5.5　样本学习的潜在研究方向

如果样本中背景的复杂性可以有效地降低，那么深度网络的结构会变得相对简单吗？或者说对极深模型的依赖是否不再必须？特别地，这里我们可以给出三个需要进一步研究的问题。

问题 1：如果同一类中的样本具有相同的背景样式，这能有效地提高网络的泛化性能吗？

问题 2：如果奇异性样本被修复或者移除，深度网络模型的泛化能力会得到提升吗？

问题 3：如何有效地使用深度网络模型来实现复杂样本集到简单样本集的转换，如从 CIFAR10 到 MNIST？

对于问题 3，利用图 5.8 的网络结构将 CIFAR10 转化为 MNIST，如图 5.15 所示，其中生成网络的输入为复杂的 CIFAR10 数据集，输出为 MNIST 数据集，判别器的输入为 MNIST 数据集及其生成的 MNIST 数据集，输出包括真伪判别以及类别预测，结果如图 5.16 所示。

图 5.15　CIFAR10 与 MNIST 对应构成的数据对

图 5.16　对应 CIFAR10 数据集，生成网络生成的 MNIST 数据集

从图 5.16 的实验结果来看，生成网络获得的 MNIST 样本与 CIFAR10 的对应性并不理想，主要原因是基于一维卷积神经网络架构的生成网络与判别网络过于简单，并不能很好地捕获 CIFAR10 数据集中样本的结构特性。另外，从网络约束来看（见图 5.17），生成的伪样本与真样本的互信息约束较小，因为生成器可解释部分的计算熵 $H(y)$ 是固定的，所以融入多个可解释的变量，可能会较好地改善生成样本的质量。

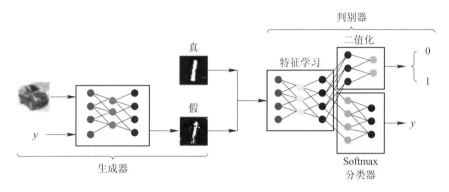

图 5.17　基于 InfoGAN 将 CIFAR10 数据集转变为 MNIST 数据集

本 章 小 结

本章探讨了一种小样本学习的可行性方案，其中有三个关键要素，一是使用基于 InfoGAN 的样本组合机制生成样本；二是利用数据学习来降低样本中的复杂性；三是采用稀疏深度组合神经网络对多层级多通路进行快速高效的计算。该网络的设计基于稀疏极限学习机的思想，它也是该框架的研究重点。

对于基于 InfoGAN 的样本组合机制，在小数据集上的实验已证实：生成的样本质量随着组合数的增加而逐渐增加。另外，对 MNIST、NORB 和 CIFAR10 等数据集的实验也表明 SDCNN 的有效性和可行性。然而，数据学习的动机是在生成器中嵌入判别能力，使得样本更容易识别，但实验结果似乎并不支持这一假设，但我们相信数据学习仍然是一个有前景的研究方向。

相比传统的深度学习模型，组合模型具有许多理想的理论特性，例如可解释性，并且能够生成样本。但是，学习组合模型是很困难的，它需要学习构建模块和规则库，可以说，最严峻的挑战是如何开发能够应对组合机制的算法，研究人员需要在越来越现实的条件下处理越来越复杂的视觉任务。虽然深度网络肯定是解决方案的一部分，但我们认为还需要包含组合原则和因果模型的补充方法，以捕捉数据的基本结构。此外，面对组合爆炸，我们需要重新思考如何训练和评估视觉算法。

本章参考文献

[1] ZHANG L, XIANG T, GONG S. Learning a deep embedding model for zero-shot learning[J]. arXiv, 2016: 1-11.

[2] LI Z, ZHOU F, CHEN F, et al. Meta-SGD: learning to learn quickly for few-shot learning[J]. arXiv, 2017: 1-14.

[3] LIU Y, LEE J, PARK M, et al. Learning to propagate labels: transductive propagation network for few-shot learning[J]. arXiv, 2018: 1-9.

[4] MNIH V, KAVUKCUOGLU K, SILVER D, et al. Human-level control through deep reinforcement learning[J]. Nature, 2015, 518(7540): 529-533.

[5] SHEN Y, YUN H, LIPTON Z C, et al. Deep active learning for named entity recognition[J]. arXiv, 2017: 1-13.

[6] TANNO R, ARULKUMARAN K, ALEXANDER D C, et al. Adaptive Neural trees[J]. arXiv, 2018: 1-15.

[7] LI T, FANG L, JENNINGS A. Structurally adaptive self-organizing neural trees[C]// International Joint Conference on Neural Networks. 1992: 1-7.

[8] FORESTI G L, CHRISTIAN M, SNIDARO L. Adaptive high order neural trees for pattern recognition[C]// International Conference on Pattern Recognition. 2002: 1-12.

[9] FINN C, ABBEEL P, LEVINE S. Model-agnostic meta-learning for fast adaptation of deep networks[J]. arXiv, 2017: 1-10.

[10] WANG K, ZHANG D, LI Y, et al. Cost-effective active learning for deep image classification[J]. IEEE Transactions on Circuits & Systems for Video Technology, 2017, 27(12): 2591-2600.

[11] PING L, WANG G, LIANG L, et al. Deep dual learning for semantic image segmentation[C]// IEEE International Conference on Computer Vision. 2017: 1-8.

[12] BLUMER A. Learnability and the vapnik-chervonenkis dimension[J]. Journal of the Acm, 1989, 36(4): 929-965.

[13] POGGIO T, KAWAGUCHI K, LIAO Q, et al. Theory of deep learning Ⅲ: explaining the non-overfitting puzzle[J]. arXiv, 2017: 1-19.

[14]　LU J, GANG W, DENG W, et al. Multi-manifold deep metric learning for image set classification [C]// Computer Vision & Pattern Recognition. 2015：1 - 9.

[15]　PAO Y H, PARK G H, SOBAJIC D J. Learning and generalization characteristics of the random vector Functional-link net[J]. Neurocomputing，1994，6(2)：163 - 180.

[16]　CHEN C, LIU Z. Broad learning system：an effective and efficient incremental learning system without the need for deep architecture. [J]. IEEE Transactions on Neural Networks & Learning Systems，2018，29(1)：10 - 24.

[17]　TEMBINE H. Deep learning meets game theory：bregman-based algorithms for interactive deep generative adversarial networks[J]. IEEE Transactions on Cybernetics，50(3)：1132 - 1145.

[18]　王坤峰，苟超，段艳杰，等. 生成式对抗网络 GAN 的研究进展与展望[J]. 自动化学报，2017，43 (3)：321 - 332.

[19]　GOODFELLOW I J, POUGET-ABADIE J, MIRZA M, et al. Generative adversarial nets[C]// International Conference on Neural Information Processing Systems. 2014：1 - 7.

[20]　MAO X, LI Q, XIE H, et al. Least squares generative adversarial networks[C]// 2017 IEEE International Conference on Computer Vision (ICCV). 2017：1 - 12.

[21]　WEI X, GONG B, LIU Z, et al. Improving the improved training of wasserstein GANs：a consistency term and its dual effect[J]. arXiv, 2018：1 - 13.

[22]　CHEN X, DUAN Y, HOUTHOOFT R, et al. InfoGAN：interpretable representation learning by information maximizing generative adversarial nets[J]. arXiv, 2016：1 - 12.

[23]　GENG B, TAO D, XU C. DAML：domain adaptation metric learning[J]. IEEE Transactions on Image Processing，2011，20(10)：2980 - 2989.

[24]　WANG Y, ZHANG Q, HU X. Distributed sparse HMAX model[C]// Chinese Automation Congress. 2015：1 - 8.

[25]　NGUYEN T N, LE T L, HAI V, et al. A combination of deep learning and hand-designed feature for plant identification based on leaf and flower images [C]// Advanced Topics in Intelligent Information and Database Systems. 2017：1 - 13.

[26]　TRAN K, DUONG T, HO Q. Credit scoring model：a combination of genetic programming and deep learning[C]// Future Technologies Conference. 2017：1 - 16.

第6章 稀疏深度堆栈神经网络

为了获取更好的数据表示，研究者们使用更多隐层的深度神经网络，并通过逐层学习和精调的策略使得这一网络中的参数得到有效的学习。通过闭形式解求解凸优化问题来得到每一个模块（由线性层与非线性层构成）中的参数的网络被称为凸网络。不同于深度凸网络，深度堆栈网络仍由若干个模块堆栈构成，但每个模块都可以输出最终类标的估计值，该估计值与该模块的输入再级联起来，从而形成下一个模块的扩展输入。本章基于稀疏深度堆栈神经网络相关基础知识，给出了具体的稀疏深度堆栈神经网络模型，并对其进行了结果分析和性能评估。

6.1 从深度凸网络到深度堆栈网络

如果有监督学习的目标是建立输入与输出之间的映射关系，那么无监督学习的目标则是发现数据中隐藏的有价值信息，包括有效的特征、结构以及概率分布等。众所周知，无监督特征学习是指从没有标注的数据中自动地学习有效的数据表示，从而能够辅助机器学习模型更为快速地达到更好的性能。通常，无监督特征学习的主要方法包括主成分分析（Principal Component Analysis，PCA）、稀疏编码（Sparse Coding，SC）和自编码器（Auto-Encoder，AE）等。对多数应用任务来说，仅使用一个隐层的神经网络不足以获取一种好的数据表示。为了获取更好的数据表示，我们可以使用更多隐层的深度神经网络，并通过逐层学习和精调的策略使这一网络中的参数得到有效的学习。无论是基于概率图模型的深度置信网络、前馈连接方式的深度堆栈自编码网络、仿卷积神经网络架构的主成分分析网络PCANet、多隐层卷积稀疏编码网络（Multi-Layer Convolutional Sparse Coding，ML-CSC），还是不可微分系统的深度森林、内嵌随机连接特性的层级极限学习机（Hierarchical Extreme Learning Machine，H-ELM）以及宽度学习系统（Broad Learning System，BLS）等，都充分利用了逐层训练的方法来获取更为有效的深层特征表示。值得指出的是，这些深度网络(除不可微分的系统外)也可以被称为深度凸网络,因为该网络中的每一个模块(由线性层与非线性层构成)中的参数均可以通过闭形式解求解凸优化问题获得。目前,尽管由浅层网络通过堆栈的方式形成的深度网络模型及其训练方式已经很少使用,但其在半监督深度学习的发展进程中贡献仍然很大,而且有着相对较好的可解释性,依然是一种值得在理论上深入研究的网络架构方式。

与获得层级有效特征的深度凸网络不同,深度堆栈网络(Deep Stacking Networks,DSN)仍由若干个模块堆栈构成,但每个模块都可以输出最终类标的估计值,该估计值与该模块的输入级联起来,形成下一个模块的扩展输入。需要注意的是,DSN 的设计初衷并不是获取有效的层级变换特征表示。此外,DSN 所具有的优势包括:它是一种可扩展的深度体系结构,易于并行权值矩阵的学习,以及可以通过有监督的、分块的方式进行优化训练,而且不需在所有模块上进行误差反向传播调整,仅需在每一个模块上更新参数。此外,由于 DSN 中的每个模块都保留了原始的输入信息,因此可以保证在数据集中,当前模块拥有着比上一个模块更为丰富的输入信息,从而也期望着随着模块个数的增加,DSN 具有更好的准确性。需要特别注意的是,深度凸网络与 DSN 的本质不同在于后者为了在分类任务中提高效率,通过学习较低层的权重,从而使得 DSN 中的整体权重学习问题不再是凸优化的。

与传统的神经网络模型或概率图模型不同,随机向量函数连接(Random Vector Functional Link,RVFL)神经网络和极限学习机(Extreme Learning Machine,ELM)这一类单隐层前馈神经网络主要考虑输入层与隐层之间的权值和偏置不需要优化更新,其随机性主要体现在三方面,一是输入域隐层之间的权值和偏置随机生成;二是随机连接方式,不一定所有的输入节点都连接到某个隐层节点,而是在某个局部感受域的输入连接到某个隐层节点;三是一个隐层节点本身可以是由几个节点组成的子网络,这些节点形成了局部感受域和池化的功能,所以可以学习局部特征。随着研究的不断深入,基于 RVFL 的研究,科研工作者提出了将 RVFL 与核技巧结合起来执行高度复杂的非线性特征学习,即核 RVFL,以及将单隐层的 RVFL 通过稀疏自编码的形式逐层堆栈得到深度的 RVFL,即宽度学习系统 BLS。基于 ELM 的研究,研究者提出了经典的深度网络 H-ELM。总之,这些随机性模型的最大的特点就是在保证学习精度的前提下比传统的基于反向传播的学习算法速度更快。

本章的主要工作围绕深度堆栈网络 DSN 和极限学习机 ELM 展开,提出的稀疏深度堆栈神经网络包括两种,一种是稀疏深度堆栈极限学习机(Sparse Deep Stacking ELM,SDS-ELM),其网络的架构方式为在每一模块中通过嵌入多通道的策略,从而有效地解决了经典 ELM 关于泛化性能和训练时耗之间的困境;另一种是稀疏深度张量极限学习机(Sparse Deep Tensor ELM,SDT-ELM),通过在每一模块中融入张量的运算,使得初始数据的格式及其相互关系得到保留,并且实现更紧凑的结构化特征表示。值得指出的是,本章提出的稀疏深度堆栈神经网络不仅体现在网络框架的设计上,而且还设计了相应完整的优化算法。最后,我们在三个广泛使用的分类数据集进行了大量的实验,例证了提出的这两个网络模型具有较好的鲁棒性和较高的泛化性能。

6.2　稀疏深度堆栈神经网络相关基础知识

6.2.1　深度堆栈自编码网络

众所周知，深度置信网络(Deep Belief Network，DBN)是根据生物神经网络及浅层神经网络的研究发展而来的。作为一种概率生成模型，DBN 通过联合概率分布推断出数据样本分布。DBN 的核心思想在于训练方式，即逐层预训练受限玻尔兹曼机（Restricted Boltzmann Machine，RBM)获取层级初始化权值矩阵参数后，再通过端到端精调整个网络，从而形成了一套自动提取特征的快速学习算法。受 DBN 启发，深度堆栈自编码器（Deep Stacked AE，DSAE)用自编码器来替换 DBN 里面的 RBM，从而通过同样的规则来训练产生深度神经网络架构。与 RBM 不同，自编码器为判别模型，形成的 DSAE 亦可以捕获输入数据中的有效特征。下面我们简要介绍 AE 和 DSAE。

AE 是通过无监督的学习方式来获取一组数据的有效编码，它的结构可以分为两部分，即编码器和解码器。其中编码器能够获得有效的特征表示，解码器可以重构出原来的输入样本。AE 网络结构见图 6.1。

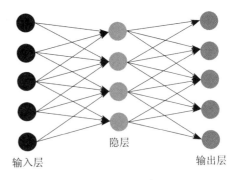

图 6.1　AE 网络

自编码器的学习目标是最小化重构误差，对于给定训练数据 $\{x^{(n)}\}_{n=1}^{N}$，我们有如下的优化目标函数：

$$L = \sum_{n=1}^{N} \| x^{(n)} - \gamma(f(x^{(n)}, \theta_f), \theta_\gamma) \|_2^2 + \lambda \| \theta_f \|_2^2 + \zeta \| \theta_\gamma \|_2^2 \tag{6.1}$$

其中，f 为编码器，即对于样本 x，有

$$\begin{cases} h = f(x, \theta_f) \overset{\text{def}}{=} \sigma(x W_f + b_f) \\ \theta_f \overset{\text{def}}{=} (W_f, b_f) \end{cases} \tag{6.2}$$

这里的 σ 为激活函数。另外，对于解码器 γ，以及隐层输出 h，有

$$\begin{cases} \hat{x} = \gamma(h, \theta_\gamma) \overset{\text{def}}{=\!=} \sigma(hW_\gamma + b_\gamma) \\ \theta_\gamma \overset{\text{def}}{=\!=} (W_\gamma, b_\gamma) \end{cases} \tag{6.3}$$

另外，公式 (6.1) 中的 λ 与 ζ 为正则化项系数。通过最小化重构错误，可以有效地学习网络参数。注意，利用 AE 是为了得到有效的特征表示，因此在训练结束后，只保留编码器部分，它可作为后续模块的输入。

伴随着 AE 研究的不断深入，涌现了诸如稀疏自编码器、降噪自编码器、卷积自编码器、可收缩性自编码器等一系列网络模型。无论是将 AE 视为特征提取还是数据降维算法，隐层输出都是为了形成对输入的一种有效表达。通常，对于大多数应用任务而言，仅仅使用单隐层的自编码器不足以获取一种较好的特征表示。对于模式分类任务，为了获取更好的特征表示，我们可以使用更多隐层的深度神经网络。自然地，将 AE 通过逐层堆叠的方式，得到如下的深度堆栈自编码网络，其网络结构见图 6.2。

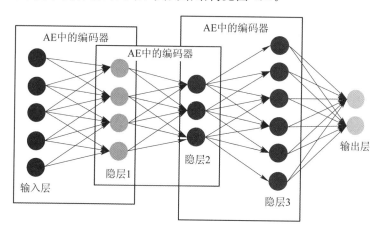

图 6.2　DSAE 网络

图 6.2 的 DSAE 网络由两部分构成，第一部分是前三个隐层之间的连接过程，能实现层级间的特征学习；第二部是最后一个隐层到输出之间的连接过程，为分类器的设计。可以看出，DSAE 通过逐层无监督学习的预训练来初始化网络中的参数，进而通过端到端整体地精调该网络，从而提升收敛速度和获取相对抽象的特征。具体地，将每一个自编码器对应于一个隐层，其中第一层就是将原始训练数据作为输入转化成隐层，通过自编码器的训练重构误差最小化来确定其参数；接着将隐层输出作为下一层的输入，继续通过自编码器的训练重构误差最小化来确定这层参数。以此类推，上一层的隐层都是下一层的输入，并且通过重构误差最小化来确定每层的参数，这就是堆栈自编码器构建深度神经网络的一个很重要的应用。

6.2.2　深度堆栈神经网络

与深度堆栈自编码网络不同，深度堆栈神经网络 DSN 的架构方式并不采用自编码网络的堆栈形式。DSN 网络的每一个模块均可以对输出类标进行有效的估计，其网络结构见图 6.3。

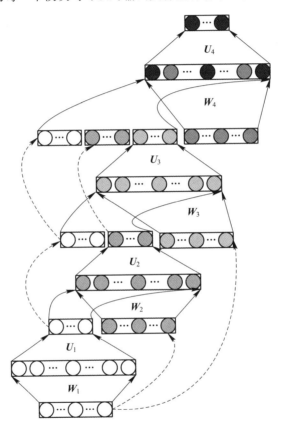

图 6.3　DSN 网络

在 DSN 网络中，第一个模块，其输入为 $x_1 \overset{\text{def}}{=} x$，该模块的输出为

$$y_1 = U_1^T \sigma (W_1^T x_1) \tag{6.4}$$

其中，W_1 与 U_1 分别为该模块需要学习的参数，σ 为激活函数；y_1 为第一个模块对输出类标或目标 y 的逼近。

对于第二个模块，其输入为 $x_2 \overset{\text{def}}{=} [x_1, y_1] = [x, y_1]$，则第二个模块的输出为

$$y_2 = U_2^T \sigma (W_2^T x_2) \tag{6.5}$$

其中，$\boldsymbol{y}_2$ 为第二个模块对输出类标或目标 $\boldsymbol{y}$ 的逼近。以此类推，对于第三个模块的输入 $\boldsymbol{x}_3 \stackrel{\text{def}}{=} [\boldsymbol{x}_2, \boldsymbol{y}_2] = [\boldsymbol{x}, \boldsymbol{y}_1, \boldsymbol{y}_2]$，第三个模块的输出为

$$\boldsymbol{y}_3 = \boldsymbol{U}_3^{\text{T}} \sigma(\boldsymbol{W}_3^{\text{T}} \boldsymbol{x}_3) \tag{6.6}$$

其中，$\boldsymbol{y}_3$ 为第三个模块对输出类标或目标 $\boldsymbol{y}$ 的逼近。同理，我们可以通过这种方式搭建给定层数的深度堆栈网络。

如何优化每一个模块中的参数？不失一般性，我们给出第一个模块的参数优化方式。假设矩阵形式的训练样本集为 $\boldsymbol{X}$，对应的输出类标为 $\boldsymbol{Y}$，则根据第一模块的公式（6.4），我们有如下的优化目标函数：

$$\min_{\boldsymbol{W}, \boldsymbol{U}} \boldsymbol{J} = \| \boldsymbol{Y} - \boldsymbol{U}^{\text{T}} \boldsymbol{H} \|_F^2 \stackrel{\text{def}}{=} \| \boldsymbol{Y} - \boldsymbol{U}^{\text{T}} \sigma(\boldsymbol{W}^{\text{T}} \boldsymbol{X}) \|_F^2 \tag{6.7}$$

定义 $\boldsymbol{H} \stackrel{\text{def}}{=} \sigma(\boldsymbol{W}^{\text{T}} \boldsymbol{X})$，参数优化采用交替迭代的方式，具体有以下两种情形：

（1）当 $\boldsymbol{W}$ 固定时，则 $\boldsymbol{H}$ 已知，参数 $\boldsymbol{U}$ 可以通过闭形式解给出，即

$$\boldsymbol{U} = \boldsymbol{H}^{\dagger} \boldsymbol{Y}^{\text{T}} \tag{6.8}$$

其中，$\boldsymbol{H}^{\dagger}$ 为 $\boldsymbol{H}$ 的伪逆，即 $\boldsymbol{H}^{\dagger} = (\boldsymbol{H}\boldsymbol{H}^{\text{T}})^{-1} \boldsymbol{H}$。

（2）当 $\boldsymbol{U}$ 固定时，则参数 $\boldsymbol{W}$ 通过如下的迭代方式给出：

$$\boldsymbol{W}^{(k+1)} = \boldsymbol{W}^{(k)} - \alpha \cdot \left. \frac{\partial \boldsymbol{J}}{\partial \boldsymbol{W}} \right|_{\boldsymbol{W} = \boldsymbol{W}^{(k)}} \tag{6.9}$$

其中，α 为学习率，k 为迭代次数。特别地，有

$$
\begin{aligned}
\frac{\partial \boldsymbol{J}}{\partial \boldsymbol{W}} &= \frac{\partial Tr[(\boldsymbol{U}^{\text{T}}\boldsymbol{H} - \boldsymbol{Y})(\boldsymbol{U}^{\text{T}}\boldsymbol{H} - \boldsymbol{Y})^{\text{T}}]}{\partial \boldsymbol{W}} \\
&= \frac{\partial Tr[([(\boldsymbol{H}\boldsymbol{H}^{\text{T}})^{-1}\boldsymbol{H}\boldsymbol{Y}^{\text{T}}]^{\text{T}}\boldsymbol{H} - \boldsymbol{Y})([(\boldsymbol{H}\boldsymbol{H}^{\text{T}})^{-1}\boldsymbol{H}\boldsymbol{Y}^{\text{T}}]^{\text{T}}\boldsymbol{H} - \boldsymbol{Y})^{\text{T}}]}{\partial \boldsymbol{W}} \\
&= \frac{\partial Tr[\boldsymbol{Y}\boldsymbol{Y}^{\text{T}} - \boldsymbol{Y}\boldsymbol{H}^{\text{T}}(\boldsymbol{H}\boldsymbol{H}^{\text{T}})^{-1}\boldsymbol{H}\boldsymbol{Y}^{\text{T}}]}{\partial \boldsymbol{W}} \\
&= 2\boldsymbol{X}[\boldsymbol{H}^{\text{T}} \circ (1 - \boldsymbol{H})^{\text{T}}[\boldsymbol{H}^{\dagger}(\boldsymbol{H}\boldsymbol{Y}^{\text{T}})(\boldsymbol{Y}\boldsymbol{H}^{\dagger}) - \boldsymbol{Y}^{\text{T}}(\boldsymbol{Y}\boldsymbol{H}^{\dagger})]]
\end{aligned} \tag{6.10}
$$

通过参数的交替优化更新，我们可以求解第一个模块中的参数 $\boldsymbol{U}$ 和 $\boldsymbol{W}$。其他 DSN 模块的参数可以进行类似的求解。

显然，与 DSAE 不同，DSN 不需在所有模块上进行误差反向传播调整，仅需在每一个模块上更新参数。

6.2.3　极限学习机的研究进展

极限学习机 ELM 也称超限学习机，是一种求解单隐层前馈神经网络的快速学习算法。另外，ELM 的主要思想是：网络中隐层节点的权重通过随机生成或者人工定义，整个优化学习过程仅需计算输出权重，不需要整个网络精调。随着研究和应用的不断深入，涌现了

如批量极限学习机(Batch Learning Mode of ELM)、核化极限学习机(Kernel based ELM)、全复值极限学习机(Fully Complex ELM)、在线序列极限学习机(Online Sequential ELM)、增量极限学习机(Incremental ELM)、集成极限学习机(Ensemble of ELM)、极限学习机稀疏自编码网络(ELM Sparse AE)、截断极限学习机(Pruning ELM)和深度极限学习机(Hierarchical ELM)等诸多性能优异的变体模型。

总之，关于 ELM 研究的基础是因为该网络具有如下两个优势：随机隐层的通用近似能力和易于快速实现的各种学习方法。但是仍然有着一些悬而未决的开放问题，包括在设置大量的隐层节点个数下，ELM 的性能表现才是相对稳定的，然而，如何证明这一点在理论上仍是开放的。还有，估计 ELM 网络的泛化性能的振荡范围仍然是未知的。最后，与 BP 网络和支持向量机相比，ELM 在回归和模式分类任务中能够完成相似甚至更好的泛化特性，如何在理论上给出合理的解释仍然是一个值得研究的问题。

6.3 稀疏深度堆栈神经网络模型与分析

在本节，我们将详细叙述两种稀疏深度堆栈神经网络，除了基本的模块设计外，还给出具体的参数优化方法。

6.3.1 稀疏深度堆栈极限学习机

1. 稀疏单隐层多通路极限学习机

基于 ELM，我们设计了稀疏单隐层多通路极限学习机(Sparse Single hidden layer Multi-paths ELM，SSM-ELM)，其网络结构如图 6.4 所示。

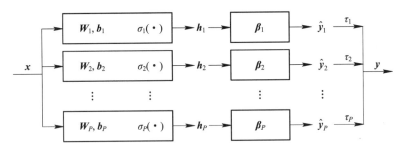

图 6.4　SSM-ELM 网络

对于输入 $x \in \mathbf{R}^{1 \times m}$ 和输出 $y \in \mathbf{R}^{1 \times C}$，我们有如下的数学模型：

$$y = \sum_{i=1}^{P} \hat{y}_i \stackrel{\text{def}}{=} \sum_{i=1}^{P} h_i \boldsymbol{\beta}_i = \sum_{i=1}^{P} \sigma_i (x \boldsymbol{W}_i + \boldsymbol{b}_i) \boldsymbol{\beta}_i \tag{6.11}$$

其中，σ_i 为激活函数，$\boldsymbol{W}_i \in \mathbf{R}^{m \times M}$ 与 $\boldsymbol{b}_i \in \mathbf{R}^M$ 由稀疏随机赋值方式来确定，该网络中需要学习的参数为 $\boldsymbol{\beta}_i \in \mathbf{R}^{M \times C}$，$i = 1, 2, \cdots, P$，$M$ 为节点个数。注意，其中的稀疏随机赋值方式为，参数 $\boldsymbol{W}_i \in \mathbf{R}^{m \times M}$ 与 $\boldsymbol{b}_i \in \mathbf{R}^M$ 是随机生成的，但其稀疏性应满足：

$$\begin{cases} \text{Sparsity}(\boldsymbol{W}_i) \stackrel{\text{def}}{=} \dfrac{\|\boldsymbol{W}_i\|_0}{m \cdot M} = \rho \\[3mm] \text{Sparsity}(\boldsymbol{b}_i) \stackrel{\text{def}}{=} \dfrac{\|\boldsymbol{b}_i\|_0}{M} = \rho \end{cases} \tag{6.12}$$

这里的 $\rho(0 < \rho \leqslant 1)$ 为事先给定的稀疏度；符号 $\|\ \|_0$ 表示矩阵或向量中对应的零元素的个数。根据公式(6.11)，矩阵形式的训练样本集为 $\boldsymbol{X} \in \mathbf{R}^{N \times m}$，对应的输出类标为 $\boldsymbol{Y} \in \mathbf{R}^{N \times C}$，我们有如下的优化目标函数：

$$\min_{\langle \beta_i \rangle} \frac{1}{N} \left\| \boldsymbol{Y} - \sum_{i=1}^{P} \hat{\boldsymbol{Y}}_i \right\|_F^2 \tag{6.13}$$

其中

$$\hat{\boldsymbol{Y}}_i = \boldsymbol{H}_i \boldsymbol{\beta}_i = \sigma(\boldsymbol{X} \boldsymbol{W}_i + \boldsymbol{b}_i) \boldsymbol{\beta}_i \tag{6.14}$$

下面，我们给出一种迭代优化方法来获取参数 $\boldsymbol{\beta}_i$：

$$\begin{cases} \boldsymbol{E}_i = \boldsymbol{E}_{i-1} - \hat{\boldsymbol{Y}}_i \\ \hat{\boldsymbol{Y}}_i = \boldsymbol{H}_i \boldsymbol{\beta}_i^* \\ \boldsymbol{\beta}_i^* = \boldsymbol{H}_i^{\dagger} \boldsymbol{E}_{i-1} \end{cases} \tag{6.15}$$

其中，$\boldsymbol{E}_0 = \boldsymbol{Y}$，且 $i = 1, 2, \cdots, P$。不失一般性，当通道数 $P = 1$ 时，SSM-ELM 将退化为带有稀疏随机赋值的 ELM。

2. 稀疏深度堆栈极限学习机

基于 SSM-ELM，我们通过 DSN 的设计方式，提出了稀疏深度堆栈极限学习机(Sparse Deep Stacking ELM，SDS-ELM)，其网络结构见图 6.5。

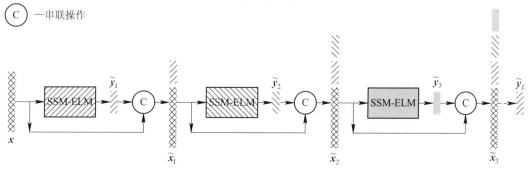

图 6.5　SDS-ELM 网络

在图 6.5 中，每一个 SSM-ELM 模块中的超参数包括隐层节点个数和通道数，以及激活函数等。进一步，对于隐层模块的输入与输出关系，我们有如下的数学模型：

$$
\begin{cases}
\widetilde{\boldsymbol{y}}_{l+1} = \sum_{i=1}^{P} \boldsymbol{h}_i^{(l+1)} \boldsymbol{\beta}_i^{(l+1)} \\
\boldsymbol{h}_i^{(l+1)} \overset{\text{def}}{=} \sigma_i (\widetilde{\boldsymbol{x}}_l \boldsymbol{W}_i^{(l+1)} + \boldsymbol{b}_i^{(l+1)}) \\
\widetilde{\boldsymbol{x}}_l \overset{\text{def}}{=} [\widetilde{\boldsymbol{x}}_{l-1}, \widetilde{\boldsymbol{y}}_l]
\end{cases}
\tag{6.16}
$$

其中，$\boldsymbol{h}_i^{(l+1)}$ 为第 $l+1$ 个模块 SSM-ELM 中第 i 个通道的隐层输出，$\widetilde{\boldsymbol{x}}_l$ 与 $\widetilde{\boldsymbol{y}}_l$ 分别为第 $l+1$ 个模块 SSM-ELM 中的输入与输出，其中参数 $\boldsymbol{W}_i^{(l+1)}$ 与 $\boldsymbol{b}_i^{(l+1)}$ 利用稀疏随机赋值的方式来确定，模块中待优化的参数为 $\boldsymbol{\beta}_i^{(l+1)}$，且 $l=1, 2, \cdots, L$，$i=1, 2, \cdots, P_l$。这里的 L 为网络 SDS-ELM 中模块 SSM-ELM 的个数，P_l 为模块 SSM-ELM 的通路数。此外，$\widetilde{\boldsymbol{x}}_0 \overset{\text{def}}{=} \boldsymbol{x}$。

另外，值得注意的是，每一个模块的输出维度是固定的，即 $\widetilde{\boldsymbol{y}}_l \in \mathbf{R}^{1 \times C}$，但输入的维度 $\widetilde{\boldsymbol{x}}_l \in \mathbf{R}^{1 \times m_l}$ 随着 l 的变化而变化，即

$$
m_l = m + (l-1) \cdot C
\tag{6.17}
$$

其中，m 为输入的维度，即 $\boldsymbol{x} \in \mathbf{R}^{1 \times m}$。根据公式(6.15)，对于矩阵形式的训练样本集 $\boldsymbol{X} \in \mathbf{R}^{N \times m}$ 和输出类标 $\boldsymbol{Y} \in \mathbf{R}^{N \times C}$，对于第 l 个模块 SSM-ELM，我们有如下的优化目标函数：

$$
\min_{\{\boldsymbol{\beta}_i^{(l+1)}\}} \boldsymbol{J}_{l+1} = \| \boldsymbol{Y} - \widetilde{\boldsymbol{Y}}_l \|_F^2 = \left\| \boldsymbol{Y} - \sum_{i=1}^{P} \boldsymbol{H}_i^{(l+1)} \boldsymbol{\beta}_i^{(l+1)} \right\|_F^2
\tag{6.18}
$$

其中

$$
\boldsymbol{H}_i^{(l+1)} = \sigma_i^{(l+1)} (\overline{\boldsymbol{X}}_l \boldsymbol{W}_i^{(l+1)} + \boldsymbol{b}_i^{(l+1)})
\tag{6.19}
$$

对于公式(6.17)的优化目标函数，我们可以利用 SSM-ELM 中的迭代优化求解方式给出。随着 l 的变化，我们通过逐模块优化的方式可以求解得到 SDS-ELM 网络的参数：

$$
\{\boldsymbol{\beta}_i^{(l)}, i=1, 2, \cdots, P_l, l=1, 2, \cdots, L\}
\tag{6.20}
$$

值得注意的是，受 ELM 启发，上述 SDS-ELM 的参数优化并没有将参数 $\boldsymbol{W}_i^{(l+1)}$ 与 $\boldsymbol{b}_i^{(l+1)}(i=1, 2, \cdots, P_l, l=1, 2, \cdots, L)$ 一起进行优化，这样的优化方式不但可以确保网络具有相对优异的泛化性能，而且训练中的时间消耗可大幅度降低。与 DSN 一样，为了去除网络 SDS-ELM 中每一模块隐层输出所蕴含的随机特性，能否将网络中的参数都进行优化？其关键在于求解如下的偏导数：

$$
\begin{cases}
\dfrac{\partial \boldsymbol{J}_{l+1}}{\partial \boldsymbol{W}_i^{(l+1)}} = 2 \overline{\boldsymbol{X}}_l [(\boldsymbol{H}_i^{(l+1)})^{\mathrm{T}} \circ (1 - \boldsymbol{H}_i^{(l+1)})^{\mathrm{T}} \boldsymbol{U}_i^{(l+1)}] \\
\boldsymbol{U}_i^{(l+1)} \overset{\text{def}}{=} [(\boldsymbol{H}_i^{(l+1)})^{\dagger} (\boldsymbol{H}_i^{(l+1)} \boldsymbol{Y}^{\mathrm{T}})(\boldsymbol{Y}(\boldsymbol{H}_i^{(l+1)})^{\dagger}) - \boldsymbol{Y}^{\mathrm{T}}(\boldsymbol{Y}(\boldsymbol{H}_i^{(l+1)})^{\dagger})]
\end{cases}
\tag{6.21}
$$

类似地，我们还可以求出 $\boldsymbol{J}_{l+1}$ 关于 $\boldsymbol{b}_i^{(l+1)}$ 的偏导数。关于 $\boldsymbol{W}_i^{(l+1)}$ 的更新公式为

$$(\boldsymbol{W}_i^{(l+1)})^{(k+1)} = (\boldsymbol{W}_i^{(l+1)})^{(k)} - \alpha \cdot \frac{\partial \boldsymbol{J}_{l+1}}{\partial \boldsymbol{W}_i^{(l+1)}} \tag{6.22}$$

其中，k 为迭代次数，α 为学习率。

从上述过程可以得出，SDS-ELM 的优化思路分为两种，一种是模块中隐层输出带有随机性的；另一种是模块中所有参数均是优化求解得到的。这两种优化方式均与深度堆栈自编码网络 DSAE 不同。与 DSN 一样，本文提出 SDS-ELM 的目的不是为了获取变换特征表示。SDS-ELM 的核心思想是：每个简单模块 SMS-ELM 输出一个最终目标的估计值，该估计值与该模块的输入连接起来，形成下一个简单模块的增强输入，这个过程将不断地重复，直到这个网络的性能趋于保持稳定。

6.3.2 稀疏深度张量极限学习机

张量作为向量、矩阵等概念在组织结构上由低维向高维扩展所得到的一般形式，可以自然地表示高维数据，从而刻画现实中复杂的事物。以张量为视角的数据处理方法能够保持数据蕴含的结构信息，这个优势使得张量方法在高维数据处理中极具潜力。下面我们介绍的稀疏深度张量极限学习机正是将张量与 SDS-ELM 结合，充分利用了张量保持结构信息的优势。

1. 稀疏张量极限学习机

基于 ELM 和张量运算，我们设计稀疏张量极限学习机（Sparse Tensor Extreme Learning Machine，ST-ELM），其网络结构如图 6.6 所示。

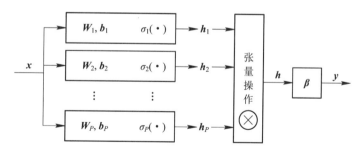

图 6.6 ST-ELM 网络

对于输入 $\boldsymbol{x} \in \mathbf{R}^{1 \times m}$ 和输出 $\boldsymbol{y} \in \mathbf{R}^{1 \times C}$，我们有如下的数学模型：

$$\begin{cases} \boldsymbol{h}_i = \sigma_i(\boldsymbol{x}\boldsymbol{W}_i + \boldsymbol{b}_i) \in \mathbf{R}^{1 \times s_i} \\ \boldsymbol{h} \stackrel{\text{def}}{=} \boldsymbol{h}_1 \otimes \boldsymbol{h}_2 \otimes \cdots \otimes \boldsymbol{h}_P \in \mathbf{R}^{1 \times s} \\ \boldsymbol{y} = \boldsymbol{h}\boldsymbol{\beta} \in \mathbf{R}^{1 \times C} \end{cases} \tag{6.23}$$

其中，$\boldsymbol{W}_i$ 和 $\boldsymbol{b}_i$ 利用稀疏随机赋值的方式确定，s_i 为每一通道的隐节点个数，σ_i 为激活函数，符号 $\otimes$ 为张量积运算，并且有

$$s = \prod_{i=1}^{P} s_i \tag{6.24}$$

其中，P 为通道数。在 ST-ELM 中，参数 $\boldsymbol{\beta}$ 是需要优化学习的。进一步，对于矩阵形式的训练样本集 $\boldsymbol{X} \in \mathbf{R}^{N \times m}$ 和输出类标 $\boldsymbol{Y} \in \mathbf{R}^{N \times C}$，我们有如下的优化目标函数：

$$\min_{\boldsymbol{\beta}} \| \boldsymbol{Y} - \boldsymbol{H}\boldsymbol{\beta} \|_F^2 \tag{6.25}$$

其中的张量输出为

$$\begin{cases} \boldsymbol{H} = \boldsymbol{H}_1 \odot \boldsymbol{H}_2 \cdots \odot \boldsymbol{H}_P \in \mathbf{R}^{N \times s} \\ \boldsymbol{H}_i = \sigma_i(\boldsymbol{X}\boldsymbol{W}_i + \boldsymbol{b}_i) \in \mathbf{R}^{N \times s_i} \end{cases} \tag{6.26}$$

其中，$\odot$ 为 Khatri-Rao 积，它可以逐列地计算张量积。参数 $\boldsymbol{\beta}$ 可通过闭形式解的形式给出，即

$$\boldsymbol{\beta} = \boldsymbol{H}^\dagger \boldsymbol{Y} = (\boldsymbol{H}^{\top}\boldsymbol{H} + \lambda \boldsymbol{I})^{-1} \boldsymbol{H}^{\top} \boldsymbol{Y} \tag{6.27}$$

值得指出的是，张量运算可以有效地约减网络的参数量，例如当参数量为 $s = 10\,000$ 时，可以通过两个通道 $s_1 = s_2 = 100$ 来得到，其参数量可以约减为这两个通道参数量的和，即 200。当然，为了获取较高的网络泛化性能，选择合适的超参数（通道数、每一通道隐节点的个数等）尤为关键。

2. 稀疏深度张量极限学习机

基于 ST-ELM，我们仍通过 DSN 的设计方式，提出了稀疏深度张量极限学习机（Sparse Deep Tensor ELM，SDT-ELM），其网络结构见图 6.7。

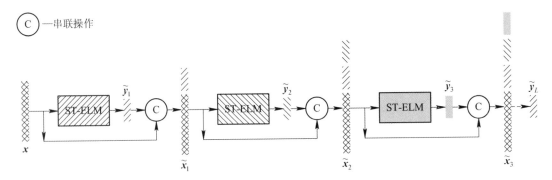

图 6.7　SDT-ELM 网络

与 SDS-ELM 的架构方式类似，进一步，对于隐层模块 ST-ELM 的输入与输出关系，即输入 $\boldsymbol{x} \in \mathbf{R}^{1 \times m}$ 和输出 $\boldsymbol{y} \in \mathbf{R}^{1 \times C}$，我们有如下的数学模型：

$$\begin{cases} \widetilde{\boldsymbol{y}}_l = \boldsymbol{h}^{(l)} \boldsymbol{\beta}^{(l)} = (\boldsymbol{h}_1^{(l)} \otimes \boldsymbol{h}_2^{(l)} \cdots \otimes \boldsymbol{h}_{P_l}^{(l)}) \boldsymbol{\beta}^{(l)} \\ \boldsymbol{h}_i^{(l)} = \sigma_i^{(l)} (\widetilde{\boldsymbol{x}}_{l-1} \boldsymbol{W}_i^{(l)} + \boldsymbol{b}_i^{(l)}) \\ \widetilde{\boldsymbol{x}}_l \overset{\text{def}}{=} [\widetilde{\boldsymbol{x}}_{l-1}, \widetilde{\boldsymbol{y}}_l] \end{cases} \tag{6.28}$$

其中，P_l 为第 l 个模块 ST-ELM 的通道数，参数 $\boldsymbol{W}_i^{(l)}$ 和 $\boldsymbol{b}_i^{(l)}$ 仍以稀疏随机化赋值的方式给出，待优化的参数为 $\boldsymbol{\beta}^{(l)}$，$l = 1, 2, \cdots, L$，$i = 1, 2, \cdots, P_l$。另外，值得注意的是，网络中每一个 ST-ELM 模块的输出维度是固定的，即 $\widetilde{\boldsymbol{y}}_l \in \mathbf{R}^{1 \times C}$，但输入的维度 $\widetilde{\boldsymbol{x}}_l \in \mathbf{R}^{1 \times m_l}$ 随着 l 的变化而变化，即

$$m_l = m + C(l - 1) \tag{6.29}$$

特别地，$\widetilde{\boldsymbol{x}}_0 \overset{\text{def}}{=} \boldsymbol{x}$。

根据公式 (6.15)，对于矩阵形式的训练样本集 $\boldsymbol{X} \in \mathbf{R}^{N \times m}$ 以及输出类标 $\boldsymbol{Y} \in \mathbf{R}^{N \times C}$，对于第 l 个 ST-ELM 模块，我们有如下的优化目标函数：

$$\min_{\boldsymbol{\beta}^{(l)}} J_l = \| \boldsymbol{Y} - \boldsymbol{H}^{(l)} \boldsymbol{\beta}^{(l)} \|_F^2 \tag{6.30}$$

参数 $\boldsymbol{\beta}^{(l)}$ 可以通过闭形式解的形式给出，即

$$\boldsymbol{\beta}^{(l)} = (\boldsymbol{H}^{(l)})^\dagger \boldsymbol{Y} = ((\boldsymbol{H}^{(l)})^\mathrm{T} (\boldsymbol{H}^{(l)}) + \lambda \boldsymbol{I})^{-1} (\boldsymbol{H}^{(l)})^\mathrm{T} \boldsymbol{Y} \tag{6.31}$$

另外，在 SDT-ELM 网络中，超参数包括 ST-ELM 模块的个数 L、权值和偏置的随机化稀疏度 ρ、激活函数 σ、每个模块 ST-ELM 中的通路数 P_l，$l = 1, 2, \cdots, L$，以及每个通路中隐节点的个数 s_i，$i = 1, 2, \cdots, P_l$。与 DSN 一样，为了有效地去除 SDT-ELM 网络中每个模块隐层输出所内蕴的随机特性，能否将网络中的参数都进行优化？有两种方法，一种是基于极限学习机稀疏自编码器 ELM-SAE，另一种是基于梯度下降的方法。对于后者，其关键在于求解如下的偏导数：

$$\frac{\partial J_l}{\partial \boldsymbol{W}_i^{(l)}} = \frac{\partial \boldsymbol{H}_i^{(l)}}{\partial \boldsymbol{W}_i^{(l)}} \cdot \frac{\partial \boldsymbol{H}^{(l)}}{\partial \boldsymbol{H}_i^{(l)}} \cdot \frac{\partial J_l}{\partial \boldsymbol{H}^{(l)}} \tag{6.32}$$

其中链式法则中的每一项偏导数可以按照如下公式求解：

$$\begin{cases} \dfrac{\partial J_l}{\partial \boldsymbol{H}^{(l)}} = 2(\boldsymbol{Y} - \boldsymbol{H}^{(l)} \boldsymbol{\beta}^{(l)}) (\boldsymbol{\beta}^{(l)})^\mathrm{T} \\ \left[\dfrac{\partial \boldsymbol{H}^{(l)}}{\partial \boldsymbol{H}_i^{(l)}(j, r)}\right] = \boldsymbol{H}_1^{(l)} \odot \cdots \odot \boldsymbol{M}_i^{(l)}(j, r) \odot \cdots \odot \boldsymbol{H}_{P_l}^{(l)} \\ \dfrac{\partial \boldsymbol{H}_i^{(l)}}{\partial \boldsymbol{W}_i^{(l)}} = \bar{\boldsymbol{X}}_{l-1} \boldsymbol{T}_i^{(l)} \end{cases} \tag{6.33}$$

其中，$\boldsymbol{H}_i^{(l)}(j, r)$ 为 $\widetilde{\boldsymbol{H}}^{(l)}$ 中在 (j, r) 位置的值；$\boldsymbol{M}_i^{(l)}(j, r)$ 为 $\boldsymbol{H}_i^{(l)}(j, r)$ 的掩模，即在坐标 (j, r) 位置上为 1，其他位置上均为零；另外，$\boldsymbol{T}_i^{(l)}$ 可以定义如下：

$$\boldsymbol{T}_i^{(l)}(u, v) = \begin{cases} 1, & \boldsymbol{F}_i(l)(u, v) > 0 \\ 0, & \text{其他} \end{cases} \tag{6.34}$$

其中，$\boldsymbol{F}_i^{(l)} = \bar{\boldsymbol{X}}^{(l)} \boldsymbol{W}_i^{(l)} + \boldsymbol{b}_i^{(l)}$，$\boldsymbol{F}_i^{(l)}(u, v)$ 为坐标 (u, v) 上的值。类似地，$\boldsymbol{T}_i^{(l)}(u, v)$ 在坐标 (u, v) 上的值可以通过公式(6.33)求出。

6.4　稀疏深度堆栈神经网络性能评估与分析

为了验证稀疏深度堆栈神经网络的可行性以及有效性，我们在基准数据集上做了充分的实验，并与经典的一些浅层模型和深度网络模型进行对比，对得到的实验结果进行了分析和总结。具体地，使用的基准数据集包括 MNIST、NORB 和 Fashion MNIST 等，对比算法包括 DSAE、主成分分析网络(PCANet、DBN、ELM)、带有局部感受野的 ELM(ELM-LRF)、H-ELM、宽度学习系统 BLS、卷积神经网络 CNN 等。另外，所有的实验均在 MATLAB 2016b 实现，实验中所有的输入都被归一化到[0, 1]之间。

6.4.1　稀疏深度堆栈极限学习机的实验结果与分析

1. SDS-ELM 在相对较少的隐节点个数上的性能分析

众所周知，经典 ELM 的泛化性能依赖于隐节点个数的选取，由于权值矩阵和偏置的随机性，所以我们在每一给定的隐节点处做了 50 次随机实验，其平均结果如图 6.8 所示。

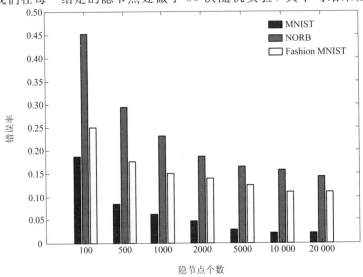

图 6.8　ELM 随着隐节点的变化其测试误差的变化

对于这三个数据集，ELM 均表现为随着隐节点个数的增大，其泛化误差呈现下降的趋势。注意，隐节点个数越大，闭形式解求伪逆时所消耗的时间复杂度越长。

而对于 SDS-ELM，首先需要指定的两个超参数分别为模块 SSM-ELM 的个数 L 和每个模块的通路数 P。其次，其他的参数包括每个模块中每个通道的隐节点个数 M、权值矩阵和偏置稀疏随机赋值时的稀疏度 ρ 以及激活函数 σ 等。假设每个 SSM-ELM 模块的参数设置均相同。下面，观察在 M 相对较小时，SDS-ELM 的网络性能随着 L 和 P 的变化的趋势。具体地，各个参数的取值为，$M=1000$，$\rho=0.05$，σ 选取 ReLU，L 与 P 均在 $[1, 2, \cdots, 10]$ 中选取。三种不同数据集上 50 次随机实验后的平均结果分别见图 6.9、6.10、6.11。

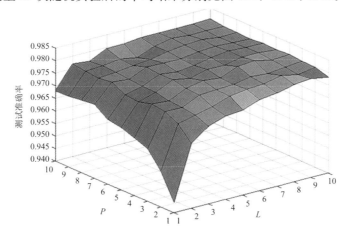

图 6.9　SDS-ELM 在 MNIST 数据集上随着 L 与 P 变化的性能趋势

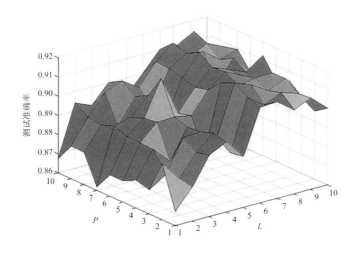

图 6.10　SDS-ELM 在 NORB 数据集上随着 L 与 P 变化的性能趋势

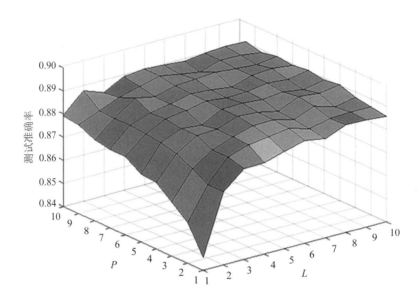

图 6.11 SDS-ELM 在 Fashion MNIST 数据集上随着 L 与 P 变化的性能趋势

从图 6.9、6.10、6.11 来看，即使在相对较小的隐节点设置上，SDS-ELM 的泛化性能可以通过增加 L 与 P 获得提升。具体地，SDS-ELM 与经典 ELM 之间最优的性能对比见表 6.1、6.2、6.3。

表 6.1 MNIST 数据集上 SDS-ELM 与 ELM 之间的参数与最优性能对比

算法	M	(L,P)	测试准确率	训练时间/s
ELM	12 000	(1, 1)	0.9785	119.95
SDS-ELM	1000	(10, 10)	0.9845	259.56

表 6.2 NORB 数据集上 SDS-ELM 与 ELM 之间的参数与最优性能对比

算法	M	(L,P)	测试准确率	训练时间/s
ELM	12 000	(1, 1)	0.9011	117.95
SDS-ELM	1000	(3, 6)	0.9165	26.646

表 6.3 Fashion MNIST 数据集上 SDS-ELM 与 ELM 之间的参数与最优性能对比

算法	M	(L,P)	测试准确率	训练时间/s
ELM	12 000	(1, 1)	0.8883	147.28
SDS-ELM	1000	(7, 9)	0.8932	189.73

从表 6.1、6.2、6.3 可以看出，相比于经典 ELM，SDS-ELM 能够获得相媲美甚至更好的泛化性能，但是网络性能的提升离不开 L 与 P 的合适选取。从实验结果来看，与 ELM 类似，并不是 L 与 P 越大其网络的泛化性能越好。值得进一步说明的是，通道数 P 可以将 ELM 中较大隐节点对应的大矩阵求伪逆问题简化为 SSM-ELM 中相对较小隐节点对应的 P 个小矩阵求伪逆问题，从而有助于降低存储的代价以及提升网络的泛化性能。当然，不可否认，L 与 P 越大，网络各模块各通道累积的训练时间消耗越大。解决训练时耗过长，设计并行优化求解的 SDS-ELM 算法将是我们接下来需要研究的一个方向。

2. SDS-ELM 与经典算法的性能对比

考虑到在不同数据集上，不同的网络达到较好泛化性能时超参数的设置是不同的，所以我们分别来做对比实验。

首先，对于 MNIST 数据集，对比的 DSAE、DBN、ELM、H-ELM 等网络的结构，其隐节点个数分别为 1000-500-100、500-500-2000、12 000、300-300-12 000。对于 PCANet，第一个隐层与第二个隐层上的 PCA 滤波器的个数均为 8，且滤波器的尺寸为 7×7，第二个隐层的输出作为经典分类器支撑向量机 SVM 的输入，最后得到预测输出。对于 ELM-LRF，感受野的尺寸为 5×5，特征映射图的个数为 10，池化半径为 3，正则化因子 $C=0.05$。对于 BLS，其窗口个数为 10，每个窗口的隐节点个数为 100，增强节点的个数为 11 000。CNN 网络为在 Matlab 2016b 下 Deep Learning Toolbox 库中的 LeNet 网络。我们提出的 SDS-ELM 网络的超参数为 $L=10$，$P=10$，$M=1000$，$\rho=0.05$，σ 选取线性修正单元 ReLU，而 SSM-ELM 为 SDS-ELM 网络 $L=1$ 时的情形。存在着随机特性的网络包括 ELM、H-ELM、ELM-LRF、BLS、SSM-ELM、SDS-ELM，其实验的结果为 50 次随机实验的平均，测试结果见表 6.4。

表 6.4　MNIST 数据集上 SDS-ELM 与经典算法之间的性能对比

算　法	测试准确率	训练时间/s
DSAE	0.9756	797.09
PCANet	0.9834	4066.5
DBN	0.9837	2376.8
CNN	0.9871	3341.1
ELM	0.9785	119.95
H-ELM	**0.9893**	**46.585**
ELM-LRF	0.9675	37.470
BLS	0.9833	53.546
SSM-ELM	0.9782	67.352
SDS-ELM	0.9845	259.56

从表 6.4 的结果来看,性能最优的为 H-ELM 算法。可以看出 SDS-ELM 的性能也可以媲美其他随机特性网络算法的性能,虽然模块个数与通路数带来的训练时间累积导致时间消耗较大,但其优势是隐节点个数相对较小。

其次,对于 NORB 数据集,对比的 DSAE、DBN、ELM、H-ELM 等网络的结构,其隐节点个数分别为 1000-500-100、4000-4000-4000、15 000、3000-3000-15 000。对于 PCANet,第一个隐层与第二个隐层上的 PCA 滤波器的个数均为 8,且滤波器的尺寸为 6×6,第二个隐层的输出作为经典分类器支撑向量机 SVM 的输入,最后得到预测输出。对于 ELM-LRF,感受野的尺寸为 4×4,特征映射图的个数为 3,池化半径为 3,正则化因子 $C=0.01$。对于 BLS,其窗口个数为 10,每个窗口的隐节点个数为 100,增强节点的个数为 9000。CNN 网络仍为在 Matlab 2016b 下 Deep Learning Toolbox 库中的 LeNet 网络。我们提出的 SDS-ELM 网络的超参数为 $L=3$,$P=6$,$M=1000$,$\rho=0.05$,σ 选取线性修正单元 ReLU,而 SSM-ELM 为 SDS-ELM 网络 $L=1$ 时的情形。存在着随机特性的网络包括 ELM、H-ELM、ELM-LRF、BLS、SSM-ELM、SDS-ELM,实验的结果为 50 次随机实验的平均,测试结果见表 6.5。

表 6.5　NORB 数据集上 SDS-ELM 与经典算法之间的性能对比

算　法	测试准确率	训练时间/s
DSAE	0.8627	626.45
PCANet	0.9004	4337.8
DBN	0.8827	5581.9
CNN	0.8674	5597.8
ELM	0.9037	94.892
H-ELM	0.8966	71.227
ELM-LRF	0.8391	19.980
BLS	0.8760	21.884
SSM-ELM	0.8793	31.823
SDS-ELM	**0.9165**	**26.646**

从表 6.5 的结果来看,性能最优的为 SDS-ELM 算法,可以看出 SDS-ELM 的性能完全优于其他网络算法的性能,这主要是由于其模块个数与通路数相对较少(通过格搜索的方

式获得最优的 L 与 P)。

最后,对于 Fashion MNIST 数据集,对比的 DSAE、DBN、ELM、H-ELM 等网络的结构分别为 1000-500-100、500-500-2000、10 000、1000-3000-10 000。对于 PCANet,第一个隐层与第二个隐层上的 PCA 滤波器的个数均为 8,且滤波器的尺寸为 4×4,第二个隐层的输出作为经典分类器支撑向量机 SVM 的输入,最后得到预测输出。对于 ELM-LRF,感受野的尺寸为 5×5,特征映射图的个数为 10,池化半径为 2,正则化因子 $C = 0.05$。对于 BLS,其窗口个数为 10,每个窗口的隐节点个数为 10,增强节点的个数为 12 000。CNN 网络仍为在 Matlab 2016b 下 Deep Learning Toolbox 库中的 LeNet 网络。我们提出的 SDS-ELM 网络的超参数为 $L = 7$,$P = 9$,$M = 1000$,$\rho = 0.05$,σ 选取线性修正单元 ReLU,而 SSM-ELM 为 SDS-ELM 网络 $L = 1$ 时的情形。存在着随机特性的网络包括 ELM、H-ELM、ELM-LRF、BLS、SSM-ELM、SDS-ELM,实验的结果为 50 次随机实验的平均,测试结果见表 6.6。

表 6.6   **Fashion MNIST 数据集上 SDS-ELM 与经典算法之间的性能对比**

算　法	测试准确率	训练时间/s
DSAE	0.8894	4151.2
PCANet	**0.9001**	**3572.6**
DBN	0.8699	10 487
CNN	0.8894	4724.7
ELM	0.8887	24.449
H-ELM	0.8855	46.472
ELM-LRF	0.8814	9113.6
BLS	0.8958	62.656
SSM-ELM	0.8891	25.716
SDS-ELM	0.8932	189.73

从表 6.6 的结果来看,测试准确率最优的为 PCANet,但其训练时间较长。另外可以看出,BLS 可以在测试准确率与训练时间之间取得较好的折中。我们提出的 SDS-ELM 也具有相对优势的性能,但由于模块个数与通路数相对较大(通过格搜索的方式获得最优的 L 与 P),所以导致其训练时间在随机特性的模型中较高。

6.4.2　稀疏深度张量极限学习机的实验结果与分析

1. ST-ELM 与 SDT-ELM 的性能分析

首先，对于 ST-ELM，其超参数包括通路个数 P、每个通路中的隐层节点个数 $s_i(i=1,2,\cdots,P)$、权值和偏置的随机化稀疏度 ρ、激活函数 σ 等。为了方便，将所有的隐节点个数定义为 V，即

$$V \stackrel{\text{def}}{=} [s_1, s_2, \cdots, s_P] \tag{6.35}$$

其中，稀疏度 $\rho=0.05$，激活函数 σ 为 Sigmoid 函数。P 与 V 之间的关系为

$$s = \prod_{i=1}^{P} V(i) = \prod_{i=1}^{P} s_i \tag{6.36}$$

其中，s 为模块 ST-ELM 中张量运算后特征向量的维数。不失一般性，在实验中，s 分别设置为 10 000、8100、1600。显然，当通道数给定时，s 的分解形式有多种，这里我们仅考虑三种情形。表 6.7 的实验结果为 50 次随机实验的平均。

表 6.7　MNIST 数据集上关于 P 与 V 变化时 ST-ELM 的性能

P	V	测试准确率	训练时间/s
1	10 000	0.9767	47.857
2	[100, 100]	0.9745	32.921
4	[10, 10, 10, 10]	0.9343	32.387
6	[2, 2, 5, 5, 10, 10]	0.9017	32.175
1	8100	0.9757	34.068
2	[90, 90]	0.9734	22.704
4	[9, 9, 10, 10]	0.9272	23.101
6	[3, 3, 3, 3, 10, 10]	0.8990	22.486
1	1600	0.9495	4.8874
2	[40, 40]	0.9505	2.1513
4	[5, 5, 8, 8]	0.8541	2.0397
6	[2, 2, 4, 4, 5, 5]	0.7774	2.3165

从表 6.7 可以看出，随着通道数的不断增大，每个通道的隐节点个数非常小，从而导

致 ST-ELM 网络的泛化性能迅速下降。但相比于 $P=1$, $P=2$ 时,网络的泛化性能变化很小,最重要的是网络的训练时间明显减少。

其次,对于 SDT-ELM,其每一个模块有两个通道,即 $P=2$,且这两个通道上的隐节点个数设置为一样,稀疏度 $\rho=0.05$,激活函数 σ 仍为 Sigmoid 函数。随着模块数 L 的变化,SDT-ELM 的网络性能见表 6.8,其实验结果为 30 次随机实验的平均。从实验结果可知,随着模块数 L 的增加,SDT-ELM 网络的泛化性能逐渐得到显著改善。

进一步,我们分析了随着模块数 L 的增加,SDT-ELM 网络训练和测试误差的下降趋势,其中 L 从 1 到 80 变化,稀疏度 $\rho=0.05$,激活函数 σ 为 Sigmoid 函数,每一模块的通道数 $P=2$,而且 $V=[32,32]$,其结果见图 6.12。

最后,我们通过实验来说明 SDT-ELM 在 $P=2$, $L=80$, $s=1024$ 时的性能。除每个通道隐节点个数外,稀疏度 $\rho=0.05$,激活函数 σ 仍为 Sigmoid 函数。从该实验可以看出,当 $P=2$ 时,关于 V 的配置尽可能使每一个通道的隐节点个数相等,如表 6.9 所示。

表 6.8 MNIST 数据集上当 L 变化时 SDT-ELM 的性能

s	L	测试准确率	训练时间/s
$s=1024$ ($s_1=s_2=32$)	1	0.9382	1.5010
	5	0.9537	7.1948
	10	0.9611	14.043
	15	0.9669	22.209
	20	0.9737	27.566
	30	0.9786	38.377
	40	0.9843	60.410
$s=2304$ ($s_1=s_2=48$)	1	0.9579	3.4418
	5	0.9711	17.186
	10	0.9759	34.381
	15	0.9797	51.558
	20	0.9868	68.669
$s=4096$ ($s_1=s_2=64$)	1	0.9665	7.7980
	5	0.9796	39.979
	10	0.9883	80.832

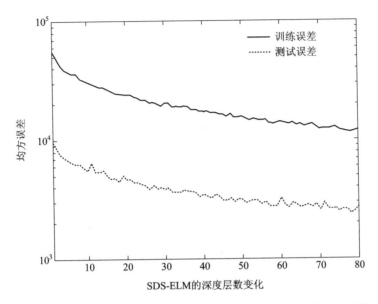

图 6.12　SDS-ELM 在 MNIST 数据集上随着 L 变化其泛化误差的趋势

表 6.9　MNIST 数据集上 SDT-ELM 关于 V 的配置的性能分析

V	测试准确率	训练时间/s
[32，32]	0.9857	124.66
[16，64]	0.9831	129.53
[64，16]	0.9794	130.60
[8，128]	0.9763	147.31
[128，8]	0.9737	149.09
[4，256]	0.9704	157.08
[256，4]	0.9663	157.20
[2，512]	0.9553	198.69
[512，2]	0.9621	196.31

2. SDT-ELM 与经典算法的性能比较

考虑到不同数据集上不同的网络达到较好泛化性能时超参数的设置是不同的，所以分别来做对比实验。

首先，对于 MNIST 数据集，对比的 DSAE、DBN、ELM、H-ELM 等网络的结构(隐层

-隐节点个数)分别为 1000-500-100，500-500-2000，12 000，300-300-12 000。对于 PCANet，第一个隐层与第二个隐层上的 PCA 滤波器的个数均为 8，且滤波器的尺寸为 7×7，第二个隐层的输出作为经典分类器支撑向量机 SVM 的输入，最后得到预测输出。对于 ELM-LRF，感受野的尺寸为 5×5，特征映射图的个数为 10，池化半径为 3，正则化因子 $C=0.05$。对于 BLS，其窗口个数为 10，每个窗口的隐节点个数为 100，增强节点的个数为 11 000。CNN 网络为在 Matlab 2016b 下 Deep Learning Toolbox 库中的 LeNet 网络。DSN 网络中每个模块的隐层节点个数均为 1000。我们提出的 SDS-ELM 网络的超参数为 $L=26$，$P=2$，$M=71$，$\rho=0.05$，σ 选取线性修正单元 ReLU。而 ST-ELM 为 SDT-ELM 网络 $L=1$ 时的情形。存在着随机特性的网络包括 ELM、H-ELM、ELM-LRF、BLS、ST-ELM、SDT-ELM，实验的结果为 50 次随机实验的平均，测试结果见表 6.10。需要注意的是，表 6.10 中的 SDT-ELM(R) 为有随机特性，即模块 ST-ELM 中的权值和偏置采用的稀疏随机赋值，SDT-ELM(D) 为无随机特性，即将随机特性利用梯度下降的方法有效地去除了。从表 6.10 的结果来看，性能最优的为 SDT-ELM(D) 算法，可以看出 SDS-ELM(R) 的性能也可以媲美其他网络算法，虽然模块个数与通路数带来的训练时间累积导致时间消耗较大，但其优势在于隐节点个数相对较小。

表 6.10　MNIST 数据集上 SDT-ELM 与经典算法之间的性能对比

算　法	测试准确率	训练时间/s
DSAE	0.9756	797.09
DSN	0.9823	1029.1
PCANet	0.9834	4066.5
DBN	0.9837	2376.8
CNN	0.9871	3341.1
ELM	0.9785	119.95
H-ELM	0.9893	46.585
ELM-LRF	0.9675	37.470
BLS	0.9833	53.546
ST-ELM	0.9666	10.428
SDT-ELM(R)	0.9904	239.12
SDT-ELM(D)	0.9925	687.56

对于 NORB 数据集，对比的 DSAE、DBN、ELM、H-ELM 等网络的结构(隐层-隐节

点个数)分别为 1000-500-100、4000-4000-4000、15 000、3000-3000-15 000。对于 PCANet，第一个隐层与第二个隐层上的 PCA 滤波器的个数均为 8，且滤波器的尺寸为 6×6，第二个隐层的输出作为经典分类器支撑向量机 SVM 的输入，最后得到预测输出。对于 ELM-LRF，感受野的尺寸为 4×4，特征映射图的个数为 3，池化半径为 3，正则化因子 $C=0.01$。对于 BLS，其窗口个数为 10，每个窗口的隐节点个数为 100，增强节点的个数为 9000。CNN 网络仍为在 Matlab 2016b 下 Deep Learning Toolbox 库中的 LeNet 网络。DSN 网络中每个模块的隐层节点个数均为 2000。我们提出的 SDT-ELM 网络的超参数为 $L=26$，$P=2$，$M=1000$，$\rho=0.05$，σ 选取线性修正单元 ReLU，而 ST-ELM 为 SDT-ELM 网络 $L=1$ 时的情形。对于随机性的网络模型，其实验的结果为 50 次随机实验的平均。测试结果见表 6.11。从表 6.11 的结果来看，性能最优的为 SDT-ELM(D)算法，可以看出即使 SDS-ELM(R)的性能也完全优于其他网络算法的性能，相比于 SDT-ELM(D)，网络 SDS-ELM(R)的训练时间显著地减少了。

表 6.11　NORB 数据集上 SDT-ELM 与经典算法之间的性能对比

算　法	测试准确率	训练时间/s
DSAE	0.8627	626.45
DSN	0.8827	1687.3
PCANet	0.9004	4337.8
DBN	0.8827	5581.9
CNN	0.8674	5597.8
ELM	0.9037	94.892
H-ELM	0.8966	71.227
ELM-LRF	0.8391	19.980
BLS	0.8760	21.884
ST-ELM	0.8221	0.8626
SDT-ELM(R)	0.9105	14.724
SDT-ELM(D)	0.9243	472.16

对于 Fashion MNIST 数据集，对比的 DSAE、DBN、ELM、H-ELM 等网络的结构分别为 1000-500-100、500-500-2000、10 000、1000-3000-10 000。对于 PCANet，第一个隐层与第二个隐层上的 PCA 滤波器的个数均为 8，且滤波器的尺寸为 4×4，第二个隐层的输出

作为经典分类器支撑向量机 SVM 的输入，最后得到预测输出。对于 ELM-LRF，感受野的尺寸为 5×5，特征映射图的个数为 10，池化半径为 2，正则化因子 $C = 0.05$。对于 BLS，其窗口个数为 10，每个窗口的隐节点个数为 10，增强节点的个数为 12 000。CNN 网络仍为在 Matlab 2016b 下 Deep Learning Toolbox 库中的 LeNet 网络。对于 DSN，网络中每个模块的隐层节点个数均为 2000。我们提出的 SDT-ELM 网络的超参数为 $L = 18$，$P = 2$，$M = 64$，$\rho = 0.05$，σ 选取线性修正单元 ReLU，而 ST-ELM 为 SDS-ELM 网络 $L = 1$ 时的情形。对于随机性的网络模型，其实验的结果为 50 次随机实验的平均，测试结果见表 6.12。

从表 6.12 的结果来看，测试准确率最优的为 SDT-ELM(D)，但其训练过程所需的时间较长。另外可以看出 SDT-ELM(D) 可以在测试准确率与训练时间之间取得较好的折中，进一步例证了我们提出的 SDT-ELM 具有相对竞争优势的性能。

表 6.12　Fashion MNIST 数据集上 SDT-ELM 与经典算法之间的性能对比

算　法	测试准确率	训练时间/s
DSAE	0.8894	4151.2
DSN	0.8924	6831.9
PCANet	0.9001	3572.6
DBN	0.8699	10 487
CNN	0.8894	4724.7
ELM	0.8887	24.449
H-ELM	0.8855	46.472
ELM-LRF	0.8814	9113.6
BLS	0.8958	62.656
ST-ELM	0.8702	6.9035
SDT-ELM(R)	0.8996	132.95
SDT-ELM(D)	0.9109	1472.4

本 章 小 结

本章提出了稀疏深度堆栈神经网络，该网络强调每个简单模块都可以输出最终目标的估计值，该估计值与输入连接，形成下一个简单模块的增强输入。具体地，稀疏深度堆栈神经网络包括两种形式，一种是稀疏深度堆栈极限学习机 SDS-ELM，其简单模块为稀疏单隐层多通路极限学习机 SSM-ELM；另一种是稀疏深度张量极限学习机，其简单模块为稀疏张量极限学习机 ST-ELM。前者可以有效解决 ELM 关于泛化性能和训练耗时之间的困境。后者使得初始数据的格式及其相互关系得到保留，并且实现更紧凑的结构化特征表示。值得指出的是，本章提出的稀疏深度堆栈神经网络不仅体现在网络框架的设计上，而且还设计了相应完整的优化算法。最后，我们在三个广泛使用的分类数据集上进行了大量的实验，例证了提出的这两个网络模型具有较好的鲁棒性和较高的泛化性能。

此外，从网络体系结构的角度来看，值得进一步考虑的是，网络 SDS-ELM 与 SDT-ELM 的参数优化可能在 CPU 集群或 GPU 集群中并行化地实现，从而有效降低网络的训练时耗。

本章参考文献

[1] VINCENT P，LAROCHELLE H，LAJOIE I，et al. Stacked denoising autoencoders：learning useful representations in a deep network with a local denoising criterion[J]. Journal of Machine Learning Research，2010，11(12)：3371 – 3408.

[2] BENGIO Y，COURVILLE A，VINCENT P. Unsupervised feature learning and deep learning：a review and new perspectives[J]. arXiv，2012：1 – 18.

[3] GAO S，CHIA L T，TSANG W H，et al. Concurrent single-label image classification and annotation via efficient multi-layer group sparse coding[J]. IEEE Transactions on Multimedia，2014，16(3)：762 – 771.

[4] WU F，WANG Z，ZHANG Z，et al. Weakly semi-supervised deep learning for multi-label image annotation[J]. IEEE Transactions on Big Data，2017，1(3)：109 – 122.

[5] ZHANG X，HUI Z，SHUAI N，et al. A pairwise algorithm using the deep stacking network for speech separation and pitch estimation[J]. IEEE/ACM Transactions on Audio Speech & Language Processing，2016，24(6)：1066 – 1078.

[6] SARANGI N，SEKHAR C C. Tensor deep stacking networks and kernel deep convex networks for annotating natural scene images[M]// Pattern Recognition：Applications and Methods. 2015.

[7] HUTCHINSON B，LI D，DONG Y. Tensor deep stacking networks[J]. IEEE Trans Pattern Anal Mach Intell，2013，35(8)：1944 – 1957.

[8] GANG X，TAN Y，YU Z，et al. Approach on random weighted deep neural learning model for electricity customer classification[C]// International Conference on Communication & Information Processing. 2016：1 – 8.

[9] WANG X Z，ZHANG T，WANG R. Noniterative deep learning：incorporating restricted boltzmann machine into multilayer random weight neural networks[J]. IEEE Transactions on Systems Man &

Cybernetics Systems, 2017, (99): 1 - 10.

[10]　LIU Z, LI X, PING L, et al. Deep learning markov random field for semantic segmentation[J]. IEEE Trans Pattern Anal Mach Intell, 2018, (99): 1 - 13.

[11]　ZHANG P B, YANG Z X. A new learning paradigm for random vector functional-link network: RVFL+[J]. arXiv, 2017: 1 - 12.

[12]　XU K K, LI H X, YANG H D. Kernel-based random vector functional-link network for fast learning of spatiotemporal dynamic processes[J]. IEEE Transactions on Systems Man & Cybernetics Systems, 2017, (99): 1 - 11.

[13]　VINCENT P, LAROCHELLE H, LAJOIE I, et al. Stacked denoising autoencoders: learning useful representations in a deep network with a local denoising criterion[J]. Journal of Machine Learning Research, 2010, 11(12): 3371 - 3408.

[14]　RANZATO M A, BOUREAU Y L, LECUN Y. Sparse feature learning for deep belief networks [C]// International Conference on Neural Information Processing Systems. 2007: 1 - 8.

[15]　HINTON G E, OSINDERO S, TEH Y W. A fast learning algorithm for deep belief nets[J]. Neural computation, 2006, 18(7): 1527 - 1554.

[16]　LIU Y, FENG X, ZHOU Z. Multimodal video classification with stacked contractive autoencoders [J]. Signal Processing, 2015, 120(4): 761 - 766.

[17]　JIE G, WANG H, FAN J, et al. Deep supervised and contractive neural network for SAR image classification[J]. IEEE Transactions on Geoscience & Remote Sensing, 2017, 55(4): 2442 - 2459.

[18]　DAN Z, GUO B, WU J, et al. Robust feature learning by improved auto-encoder from non-Gaussian noised images[C]// IEEE International Conference on Imaging Systems & Techniques. 2015: 1 - 6.

[19]　HUANG G B, WANG D H, LAN Y. Extreme learning machines: a survey[J]. International Journal of Machine Learning & Cybernetics, 2011, 2(2): 107 - 122.

[20]　GÜRPINAR F, KAYA H, DIBEKLIOGLU H, et al. Kernel ELM and CNN based facial age estimation[C]// Computer Vision & Pattern Recognition Workshops. 2016: 1 - 9.

[21]　BABU V R, SURESH S. Fully complex-valued ELM classifiers for human action recognition[C]// International Joint Conference on Neural Networks. 2011: 1 - 13.

[22]　CHANDRA B, SHARMA R K. On improving the efficiency of complex-valued ELM[C]// International Joint Conference on Neural Networks. 2016: 1 - 8.

[23]　YADAV B. Discharge forecasting using an online sequential extreme learning machine (OS-ELM) model: a case study in neckar river, germany[J]. Measurement, 2016, 92 (October 2016): 433 - 445.

[24]　CHEN Z, WANG S, SHEN Z, et al. Online sequential ELM based transfer learning for transportation mode recognition[C]// Cybernetics & Intelligent Systems. 2014: 1 - 7.

[25]　AKUSOK A, EIROLA E, MICHE Y, et al. Incremental ELMVIS for unsupervised learning[M]// Proceedings of ELM-2016. 2018.

[26]　ZHAI J, ZHANG S, WANG C. The classification of imbalanced large data sets based on MapReduce

and ensemble of ELM classifiers[J]. International Journal of Machine Learning & Cybernetics, 2015, 8(3): 1009 - 1017.

[27] LANDWEHR V R, PHILLIPSEN W J, ASCERNO M E, et al. Attraction of the native elm bark beetle to American elm after the pruning of branches. [J]. Journal of Economic Entomology, 1981, 74(5): 577 - 580.

[28] BELL K J, GIANNINAS A, HERMES J J, et al. Pruning the elm survey: characterizing candidate low-mass white dwarfs through photometric variability[J]. Astrophysical Journal, 2017, 835 (2): 180.

[29] ZHIHONG Z, XINYING X U, QI C, et al. An improved elm-lrf image classification method[J]. Journal of Taiyuan University of Technology, 2018, 4(3): 1 - 12.

[30] ZHOU Z, KUO H C, PENG H, et al. DeepNeuron: an open deep learning toolbox for neuron tracing[J]. Brain Informatics, 2018, 5(2): 3 - 12.

[31] WELCHOWSKI T, SCHMID M. A framework for parameter estimation and model selection in kernel deep stacking networks[J]. Artificial Intelligence in Medicine, 2016, 70: 31 - 40.

第 7 章　稀疏深度判别神经网络

在神经网络的具体使用过程中，各层的特征往往具备一定的稀疏性，在网络框架设计中，研究者们希望能只使用少数重要特征或神经元，同时忽略不太相关的特征，这是一种类似于人类大脑处理信息的方式。本章通过探索研究层级特征的判别特性，试图对逐层逐类特征实现稀疏的且更有效的表示。基于线性判别分析模型和稀疏深度判别神经网络相关基础知识，本章给出了具体的稀疏深度判别学习模型的框架，并对其进行了结果分析和性能评估。

7.1　线性判别分析模型

众所周知，线性判别分析（Linear Discriminative Analysis，LDA）的基本思想是将高维的模式样本投影到最佳判别的矢量空间，以达到提取有效特征和压缩特征空间维数的目的，投影后不仅能够保证模式样本在新的子空间有最大的类间距离和最小的类内距离，即模式在新的子空间中有最佳的可分离性，而且还有利于直观理解和探索潜在的数据结构，并为后续的分类算法获得更好的泛化性能提供良好的保证。除了 LDA，经典的非线性判别分析主要包括基于核化的方式与深度神经网络的方式，如核化线性判别分析（Kernel LDA，KLDA）、流形判别分析与深度线性判别分析（Deep LDA，DLDA）、判别深度距离学习（Discriminative Deep Metric Learning，DDML）、判别深度置信网络（Discriminative Deep Belief Network，DDBN）等，其目的是通过非线性变换将输入映射到输出空间，以实现非线性判别。特别是对于深度学习的线性判别性分析，其主要思路为将费舍尔向量（Fisher Vector，FV）与深度神经网络结合，有效地学习数据中的非线性特征表示，进一步通过在深度神经网络的最后一个隐层上（即获取到的有效非线性特征表示）融入线性判别分析（LDA），以端到端的方式学习线性可分离的潜在表征，即使非线性特征构成的空间是可分的。深度线性判别分析模型如图 7.1 所示。

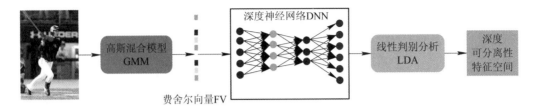

图 7.1 深度线性判别分析模型

图 7.1 中使用的是高斯混合模型，由于图像采集的描述子是在全局范围内的，因此费舍尔向量 FV 描述的也是全局的特征。与 CNN 网络中的池化一样，FV 也可以视为池化的一种扩展方法，用来描述数据或者特征映射的全局特征。在图 7.1 中除了 LDA，距离学习（Metric Learning）也可以用来学习判别性空间，即对于任意两个输入样本 x_i，$x_j \in X$，经过预处理和深度神经网络处理后的非线性特征表示分别为 $f(x_i)$ 和 $f(x_j)$，其中映射 f 为高阶非线性复合函数，则其欧式距离为

$$D_f^2(x_i, x_j) = \| f(x_i) - f(x_j) \|_2^2 \tag{7.1}$$

进一步，对于两个输入样本 x_i、x_j 的关系，我们可以考虑两种情形，即来自同一类和不同类，因此有关系预测函数为

$$\widetilde{\ell}_{i,j} = \begin{cases} 1, & x_i, x_j \in X^s, D_f^2(x_i, x_j) \leqslant \tau_1 \\ -1, & x_i \in X^s, x_j \in X^k, D_f^2(x_i, x_j) \geqslant \tau_2 \end{cases} \tag{7.2}$$

其中，$\widetilde{\ell}_{i,j}$ 表示当这两个样本来自于同一类 X^s，且其欧式距离小于等于给定的阈值 $\tau_1(\tau_1 > 0)$ 时，取值为 1；否则，如果来自不同类，且当欧式距离大于等于给定的阈值 $\tau_2(\tau_2 > 0)$ 时，则 $\widetilde{\ell}_{i,j} = -1$；$s, k = 1, 2, \cdots, C$，$C$ 为类别个数。当然，我们可以将式(7.2)中的阈值 τ_1、τ_2 只用一个阈值 τ 来表示，即

$$\begin{cases} \tau_1 \stackrel{\text{def}}{=\!=} \tau - 1 \\ \tau_2 \stackrel{\text{def}}{=\!=} \tau + 1 \end{cases} \tag{7.3}$$

其中，$\tau > 1$。进而可以得到损失目标函数：

$$\min_f L(f) = \frac{1}{2} \sum_{i,j} \max\left(0, 1 - \frac{\widetilde{\ell}_{i,j}(\tau - D_f^2(x_i, x_j))}{\ell_{i,j}}\right) \tag{7.4}$$

其中，$\ell_{i,j}$ 为两个输入样本 x_i，x_j 的真实关系，即来自同一类时，$\ell_{i,j} = 1$；否则 $\ell_{i,j} = -1$。式(7.4)可以利用随机梯度下降的方法求解深度神经网络 f 中的权值和偏置参数。

深度学习领域关于判别性的研究通常在数据预处理阶段和深度网络的最后一个隐层上。那么，各隐层的特征是否具有判别特性呢？换言之，随着层级的加深，逐层特征刻画出的类内距离是否呈现递减的趋势，以及类间距离是否呈现递增的趋势？另外，与经典深度网络的层级参数相比，在参数学习的过程中嵌入判别结构的特性，是否有助于改善网络的

泛化性能？为了探索研究层级特征的判别特性，形成逐层逐类更为紧致的表示，我们提出了稀疏深度判别神经网络(Sparse Deep Discriminative Neural Network，SDDNN)，该网络框架分别通过稀疏表示分类器(Sparse Representation Classifier，SRC)、字典对学习(Dictionary Pair Learning，DPL)以及判别极限学习机(Discriminative Extreme Learning Machine，DELM)等判别性模块在深度神经网络 DNN 中的每个隐层的参数上融入判别结构特性，并在 DNN 网络的最后一个隐层通过设计分类器实现模式识别的任务。为了快速实现 SDDNN 的参数优化，我们在分类器的设计阶段采用了稀疏极限学习机，使其兼具 ELM 的万能逼近能力和解析获得全局最优解的快速性。本章主要探讨了三种不同形式的层级判别特性融入策略，但要注意 SDDNN 并未采用端到端的方式来优化训练。为了例证 SDDNN 在分类任务上的可行性和有效性，我们使用了四个流行的基准数据集，即 MNSIT、NORB、SVHN 以及 Fashion MNIST。实验结果显示 SDDNN 可以获得优异的泛化性能，反映了层级判别特性有助于提升网络泛化性能。

7.2　稀疏深度判别神经网络相关基础知识

7.2.1　神经网络中的随机性

要理解深度学习，我们必须接受随机性。在深度学习中，关于随机性的体现包括如下方面(但不限于)：

- 随机噪声：如变分自动编码，其在隐含层里加入高斯噪声，这种噪声会破坏过剩信息，迫使网络学习到训练数据的简洁表示。

- 随机梯度下降(Stochastic Gradient Descent，SGD)：通过小批量样本或在梯度本身加入噪声是一个允许优化方法去做一些搜索和从局部最小值跳出的有效途径。

- Dropout：随机地将网络中的部分单元置为零，使其不参与训练。与变分自动编码相似，迫使网络在有限的数据里学习到有用的信息。

- 随机深度的深度学习：与 Dropout 类似，但不是在隐层层面上将神经元的响应随机置零，而是随机将训练中的某些层删除，使其不参与训练。

- 随机森林：构建多个决策树，并对结果进行投票或平均，其核心是树的数量和随机选择的特征数量，具有良好的可解释性以及参数量少的优点，但缺点是构建的网络的算法稳定性较差。

- 随机权值连接：包括极限学习机 ELM 与随机向量函数连接网络 RVFL，其优势是具有高效的优化求解机制，以及泛化能力强等，并且这两个网络均满足通用逼近定理。另外，已有研究发现随机权值连接有助于 SGD 算法的稳健性。

• 随机化标签：它使训练学习的其他属性保持不变，即深度学习网络即使在拟合随机数据时也能很好地泛化。

• 随机有线连接神经网络：首先基于图论的随机图方法生成随机图，然后将该随机图转化为神经网络模块，进一步，将若干个神经网络模块堆叠起来形成随机有线连接神经网络。注意，随机有线连接网络并非完全先验随机，许多强先验或规则被隐式地设计到网络架构生成器中，包括选择特定的规则和分布来控制连接或不连接某些节点的概率等。

众所周知，从信息论角度分析，随机性是由最大熵产生的，但最大熵却没有确定的结构。但不可否认，随机性仍是当前深度神经网络正常运行的关键要素之一。关于深度学习中的随机性分析仍是科学研究的一个核心方向，包括随机噪声的扰动性理论、随机梯度下降算法的稳定性、随机权值初始化的谱分析对深度学习算法收敛性的影响等等。近年来，人们将随机性、稀疏/低秩性、对称性、可逆性以及判别性等一系列特性融入深度学习中，一方面使得网络的泛化性能不断提升，另一方面也提供了可量化模型容量的 VC 维思路。

7.2.2 从 ELM/RVFL 到 DSAE/DSN

随机向量函数连接网络 RVFL 与极限学习机 ELM 的网络架构方式相似，均是在单隐层前馈神经网络对数据输入与目标输出建模，并且都假设数据输入到隐层之间的权值矩阵和偏置是随机化采样赋值或者人为给定且不需要调整。不同之处在于隐层到目标输出的映射方式，RVFL 网络通过将隐层输出特征与数据输入进行级联得到新的隐层特征，然后通过全连接的方式得到目标输出，而 ELM 直接将隐层输出特征与目标输出进行全连接。另外，在网络的训练优化上，RVFL 与 ELM 都是通过对凸优化目标函数的闭形式解来获取隐层到目标输出之间的参数，都不需要学习数据输入到隐层之间的权值和偏置。因此，RVFL 和 ELM 均具有学习效率高和泛化能力强的优点，被广泛应用于分类、回归、聚类、特征学习等问题中。但注意，从模型融合的角度，将 RVFL 与 ELM 分别以堆栈的形式得到的深度网络模型在模式识别任务中似乎并不奏效，一个重要的原因是隐层特征携载的随机性。为了有效地去除 RVFL 和 ELM 的随机性，研究人员采用重构约束下自编码模型的思路，分别提出了基于 RVFL 与 ELM 的稀疏自编码模型。改进后的这两种自编码模型在构造宽度学习系统 BLS、层次极限学习机 H-ELM 等深度网络时扮演着重要的角色。

众所周知，基于受限玻尔兹曼机(Restricted Boltzmann Machine，RBM)构建的深度置信网络(Deep Belief Network，DBN)开创了由浅层模型架构深度模型的先河，其主要贡献在于网络参数的优化方式，即逐层预训练结合精调的训练模式。其中逐层预训练指无监督学习下逐层地获取较好的初始化参数，避免深度网络的损失函数或损失面(Loss Surface)过早地陷入局部极值；精调是指有监督学习下对整个网络的参数利用 BP 的方法进行参数更新。沿着这一构造深度网络模型的思路，涌现了一大批基于自编码网络的深度堆栈自编码模型(Deep Stacked Autoencoder，DSAE)。与 DBN 一样，DSAE 的优点在于半监督学习的参数优化方式，但是重构约束下的自编码网络并不是提取好的特征的必要条件，因此研究者提出了互信息约束下的自编码网络，并用于提取数据中包含重要信息的特征。从数学的角度来看，DSAE 网络实质上可理解为逐层自适应误差控制模型，如对于第 l 个隐层，其输入的特征为 h_{l-1}，输出的特征为

$$\boldsymbol{h}_l = \sigma(\boldsymbol{h}_{l-1}\boldsymbol{W}_l + \boldsymbol{b}_l) \tag{7.5}$$

其中，σ 为激活函数，权值参数 $\boldsymbol{W}_l$ 和 $\boldsymbol{b}_l$ 可以通过自编码器 AE 优化学习后获得。另外，第 l 个隐层内蕴的约束为

$$\| \boldsymbol{h}_{l-1} - \hat{\boldsymbol{h}}_{l-1} \| \leqslant \boldsymbol{\xi}_{l-1} \tag{7.6}$$

其中，$\boldsymbol{\xi}_{l-1}$ 为第 l 个隐层所对应的自适应误差，$l=1, 2, \cdots, L$，L 为 DSAE 中隐层的个数。

与 DSAE 网络设计以及参数优化的理念不同，深度堆栈网络(Deep Stacking Network，DSN)采用有监督学习逐层地获取对输出类标的估计，并且隐层之间的关系采用的前向传递模式为：将第 l 个隐层的输入与输出级联作为第 $l+1$ 个隐层的输入。另外，第 l 个隐层上的参数优化为凸优化问题，其更新后的参数通过闭形式的解给出。注意，除了架构方式，DSAE 与 DSN 最大的不同之处在于 DSN 不需要端到端地对整个网络实施精调。伴随着对 DSN 的研究，人们已经提出了诸多的网络模型，如卷积形式的 DSN、张量形式的 DSN 等等。虽然 DSN 已在许多模式识别的基准数据库上获取了较高的泛化性能，但 DSN 中的"深度"并不意味着获取到的层级特征的抽象水平愈来愈高，而是指随着层级的加深，隐层的维度逐渐增加，使得类别信息更为丰富。

从随机模型 RVFL/ELM 到深度网络 DSAE/DSN，通过堆栈浅层模型来架构深度网络的设计形式，使得在各个隐层上易于嵌入带有先验或规则的判别特性，为设计具有更好可分性的特征学习提供了新的思路。

7.2.3 从 SRC 到 DPL

稀疏表示分类器(Sparse Representation Classifier，SRC)是将稀疏表示理论与训练数据中的类别先验信息结合起来形成的一种判别分类模型。下面简要介绍 SRC。对于 N 个训练样本，记

$$\boldsymbol{X} = [\boldsymbol{X}_1, \boldsymbol{X}_2, \cdots, \boldsymbol{X}_C] \in \mathbf{R}^{m \times N} \tag{7.7}$$

其中，$\boldsymbol{X}_i \in \mathbf{R}^{m \times N_i}$ 为第 i 类 N_i 个样本集，且 $N \overset{\text{def}}{=} \sum_{i=1}^{C} N_i$，符号 C 为类别个数。若 $\forall \boldsymbol{x} \in \boldsymbol{X}_i$，则在对应的第 i 类子字典 $\boldsymbol{D}_i$ 下的表示系数几乎处处不为零；而在其他不同类的子字典

$D_k(k \neq i)$ 下，其表示系数几乎处处为零。通常子字典 D_i 可用第 i 类样本来构造。不失一般性，$D_i \overset{\text{def}}{=} X_i$。若将所有的子字典结合起来，便可得到具有判别特性的结构化字典：

$$D \overset{\text{def}}{=} [D_1, D_2, \cdots, D_C] \in \mathbf{R}^{m \times N} \tag{7.8}$$

$\forall x \in X_i$，在结构化字典 D 下的表示为

$$x = D\alpha = \sum_{i=1}^{C} D_i \alpha_i \tag{7.9}$$

其中，α 为 x 在字典 D 下的表示系数，α_i 为 x 在子字典 D_i 下的表示系数。依据假设，α_i 几乎处处不为零，但 $\alpha_k(k \neq i)$ 几乎处处为零，因此表示系数

$$\alpha \overset{\text{def}}{=} [\alpha_1, \alpha_2, \cdots, \alpha_C] \tag{7.10}$$

可视为是稀疏的。进一步，对于任意一个测试样本 x，SRC 通过如下的方式预测其类标：

$$\text{label}(x) = \arg\min_{1 \leqslant i \leqslant C} \{ \| x - D_i \alpha_i \|_2^2 \} \tag{7.11}$$

其中的稀疏表示系数 α 可通过如下的优化问题获得：

$$\alpha = \arg\min_{\alpha} \left\| x - \sum_{i=1}^{C} D_i \alpha_i \right\|_2^2 + \lambda \| \alpha \|_1 \tag{7.12}$$

该过程便是 SRC 的基本思路。沿着这一设计思路，研究人员不断地细化假设以及约束项，如经典的核化-SRC、基于 K-SVD 自适应学习字典 D 的 SRC 以及费舍尔判别字典学习（Fishers Discriminative Dictionary Learning，FDDL）等。众所周知，SRC 模型是一种合成模型，若将分析模型与合成模型联合起来，便形成了对偶框架。字典对学习（Dictionary Pair Leaning，DPL）便是一种经典的对偶框架下的模型。

在介绍 DPL 之前，先给出一个简单的定理：若 x 在过完备合成字典 D 下的稀疏表示系数为 α，即 $x = D\alpha$，则一定存在着一个分析字典 W，满足以下条件：

$$\begin{cases} DW = I \\ \alpha = Wx \end{cases} \tag{7.13}$$

其中的 I 为单位矩阵。通常，分析字典 W 与合成字典 D 之间具有如下的关系：

$$W = D^{\mathrm{T}} (DD^{\mathrm{T}})^{-1} + (I - D^{\mathrm{T}} (DD^{\mathrm{T}})^{-1} D) Q \tag{7.14}$$

这里的 Q 为自由参数矩阵。

仍沿用 SRC 的假设，从分析模型的角度，$\forall x \in X_i$，我们有如下的稀疏性描述，即 $\alpha_i \overset{\text{def}}{=} W_i x$ 几乎处处不为零，$\alpha_k \overset{\text{def}}{=} W_k x (k \neq i)$ 几乎处处为零。其中 W_i 为第 i 类样本集下的分析子字典，与合成子字典 D_i 对应。类似地，构造的分析字典为

$$W \overset{\text{def}}{=} [W_1, W_2, \cdots, W_C] \tag{7.15}$$

依据该假设，对于 X_i，我们有

$$\begin{cases} X_i = DWX_i = D_i W_i X_i \\ W_i \bar{X}_i = 0 \end{cases} \tag{7.16}$$

其中，$\bar{X}_i$ 为 X 中去除 X_i 后的其他类别训练集。因此 DPL 的优化目标函数为

$$\min_{W,D} J(W,D) = \sum_{i=1}^{C} (\parallel X_i - D_i W_i X_i \parallel_F^2 + \lambda \parallel W_i \bar{X}_i \parallel_F^2) \tag{7.17}$$

通过求解式(7.17)，便可以得到对偶框架下的分析字典与合成字典。具体地，DPL 的框架结构见图 7.2。

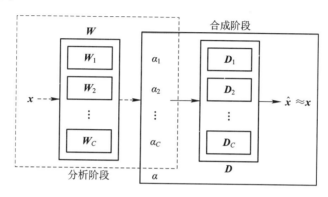

图 7.2　对偶框架下的 DPL

从以上描述可以看出，SRC 与 DPL 之间的联系是本质且深刻的，二者可以互相转化。然而，需要注意的是，这两个模型的优化目标函数中对稀疏性有不同的正则约束。

7.2.4　从 S-ELM 到 D-ELM

图 7.3　S-ELM 的网络结构

稀疏极限学习机（Sparse Extreme Learning Machine，S-ELM）是基于极限学习机稀疏自编码器（Extreme Learning Machine Sparse Auto Encoder，ELM-SAE）而提出的一种分类模型，其网络结构见图 7.3。下面简要介绍 S-ELM。

在图 7.3 中，输入 x 与输出 y 有如下的关系：

$$y = h\beta = \sigma(x\vartheta^{\mathrm{T}}) \tag{7.18}$$

其中，参数 ϑ 通过 ELM-SAE 优化学习，参数 β 通过求解一个凸优化目标函数来获得。对于参数 ϑ，可利用 ELM-SAE 对其进行优化：

$$\min_{\vartheta} \parallel X - \widetilde{H}\vartheta \parallel_F^2 + \lambda \parallel \vartheta \parallel_1 \tag{7.19}$$

其中，隐层输出矩阵 $\widetilde{H} = \sigma(XW)$，这里的 W 通过随机赋值的方式给定且不需要进行优化调整。利用凸松弛算法对式(7.19)进行求解，通过将 $\widetilde{H}$ 中的随机参数 W 替代为 ϑ，我们可以有效地去除 $\widetilde{H}$ 中的随机性，即得到的 H 为

$$H = \sigma(X\vartheta^{\mathrm{T}}) \tag{7.20}$$

对于输出权值 $\boldsymbol{\beta}$，可以在获得 $\boldsymbol{H}$ 的基础上，求解优化目标函数：

$$\min_{\boldsymbol{\beta}} \| \boldsymbol{Y} - \boldsymbol{H}\boldsymbol{\beta} \|_F^2 + \lambda \| \boldsymbol{\beta} \|_F^2 \tag{7.21}$$

其中，$\boldsymbol{X}$ 与 $\boldsymbol{Y}$ 分别为输入与输出，λ 为拉格朗日乘子。

可以看出，S-ELM 并没有将先验类别信息嵌入到参数的学习过程中，为了使得参数的学习融入更多的判别特性，基于合成模型的 SRC 与对偶框架的 DPL，我们分别提出了两种类型的判别极限学习机（Discriminative Extreme Learning Machine，D-ELM）。下面简要介绍 D-ELM。

首先，合成模型的网络结构见图 7.4。

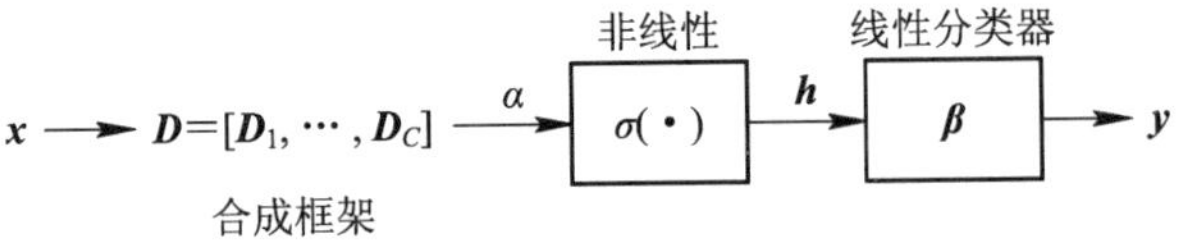

图 7.4　基于 SRC 的 D-ELM 的网络结构

关于结构化的合成字典 $\boldsymbol{D}$ 可以利用基于 K-SVD 自适应学习字典的 SRC 优化学习获得，参数 $\boldsymbol{\beta}$ 通过求解一个凸优化目标函数来获得。具体地，对于合成字典，有

$$\begin{cases} \min_{\boldsymbol{D}, \boldsymbol{\Lambda}} \left\| \boldsymbol{X} - \sum_{i=1}^{C} \boldsymbol{D}_i \boldsymbol{\Lambda}_i \right\|_F^2 + \lambda \| \boldsymbol{\Lambda} \|_{1,1} \\ \text{s.t.} \quad \| \boldsymbol{D}(:, m) \|_2^2 \leqslant 1 \end{cases} \tag{7.22}$$

其中，$\boldsymbol{\Lambda} \in \mathbf{R}^{m \times N}$ 为 $\boldsymbol{X} \in \mathbf{R}^{n \times N}$ 在字典 $\boldsymbol{D} \in \mathbf{R}^{n \times m}$ 下的表示系数，C 为类别数，λ 为拉格朗日乘子，并且稀疏约束为

$$\| \boldsymbol{\Lambda} \|_{1,1} \stackrel{\text{def}}{=} \sum_{t=1}^{N} \| \boldsymbol{\Lambda}(:, t) \|_1 \tag{7.23}$$

关于式(7.22)，可以利用 K-SVD 的算法求解获得，得到稀疏表示系数后便可以得到隐层输出特征：

$$\boldsymbol{H} = \sigma(\boldsymbol{\Lambda}) \tag{7.24}$$

类似地，对于输出权值 $\boldsymbol{\beta}$，仍可以在获得 $\boldsymbol{H}$ 的基础上，求解优化目标函数式(7.21)。

其次，对偶框架下的分析模型的网络结构见图 7.5。分析字典 $\boldsymbol{W}$ 可以用 DPL 优化学习获得，参数 $\boldsymbol{\beta}$ 可以通过求解一个凸优化目标函数来获得。

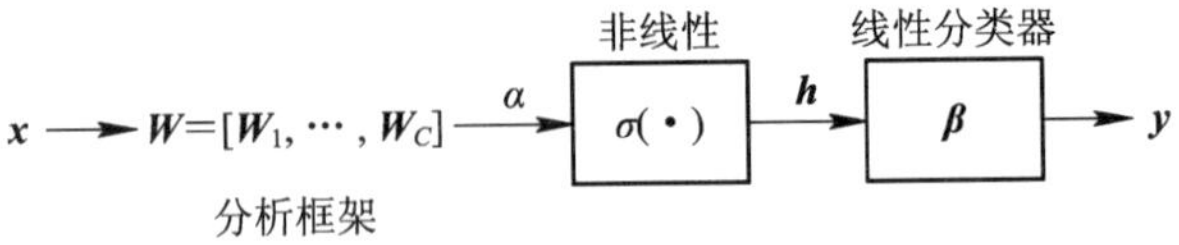

图 7.5　基于 DPL 的 D-ELM 的网络结构

具体地，对于分析字典，有

$$\min_{\boldsymbol{W},\boldsymbol{D}}\sum_{i=1}^{C}(\parallel \boldsymbol{X}_i - \boldsymbol{D}_i \boldsymbol{W}_i \boldsymbol{X}_i \parallel_F^2 + \lambda \parallel \boldsymbol{W}_i \bar{\boldsymbol{X}}_i \parallel_F^2) \tag{7.25}$$

得到分析字典后便可以通过下式得到隐层输出特征：

$$\boldsymbol{H} = \sigma(\boldsymbol{XW}) \tag{7.26}$$

类似地，对于输出权值 $\boldsymbol{\beta}$，仍可以在获得 $\boldsymbol{H}$ 的基础上，求解优化目标函数式(7.21)。

7.3　稀疏深度判别学习模型的框架与分析

稀疏深度判别学习模型主要利用 SRC 与 DPL 将类别先验信息逐层地嵌入至网络中的每一隐层参数上，其参数的优化方式采用无监督学习。另外对于模式分类，在分类器的设计上利用了 D-ELM。带有分析模型与合成模型的网络结构见图 7.6。

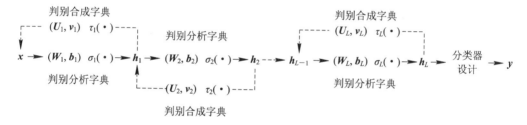

图 7.6　稀疏深度判别学习模型

下面分别介绍基于 SRC 与 DPL 的稀疏深度判别神经网络，并且分类器也对应着分别采用基于 SRC 与 DPL 的 D-ELM。

7.3.1　基于 SRC 的稀疏深度判别神经网络

基于 SRC 的稀疏深度判别神经网络(SDDNN-SRC)采用逐层赋值权值和偏置参数的策略，隐层之间的关系见图 7.7。

图 7.7 中，$\boldsymbol{U}_l$ 与 $\boldsymbol{v}_l$ 分别为第 $l-1$ 个隐层与第 l 个隐层间的判别性合成字典与偏置，τ_l 为相应的激活函数，$l=1,2,\cdots,L$。其关系为

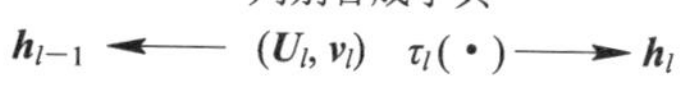

判别合成字典

$$\boldsymbol{h}_{l-1} \longleftarrow (\boldsymbol{U}_l,\boldsymbol{v}_l)\quad \tau_l(\cdot) \longrightarrow \boldsymbol{h}_l$$

图 7.7　SDDNN-SRC 中隐层之间关系

$$\begin{cases} \boldsymbol{h}_{l-1} = \boldsymbol{U}_l \boldsymbol{\mu}_l + \boldsymbol{v}_l \\ \boldsymbol{h}_l = \tau_l(\boldsymbol{\mu}_l) \end{cases} \tag{7.27}$$

通常，取偏置 $\boldsymbol{v}_l = 0$。对于输入 $\boldsymbol{X} = [\boldsymbol{X}_1,\boldsymbol{X}_2,\cdots,\boldsymbol{X}_C]$，其中 C 为类别个数，假设第

$l-1$ 个隐层的输出为 $\boldsymbol{H}_{l-1}=[\boldsymbol{H}_{l-1}^1, \boldsymbol{H}_{l-1}^2, \cdots, \boldsymbol{H}_{l-1}^C]$，判别性合成字典 $\boldsymbol{U}_l$ 可记为

$$\boldsymbol{U}_l=[\boldsymbol{U}_l^1, \boldsymbol{U}_l^2, \cdots, \boldsymbol{U}_l^C] \tag{7.28}$$

其中，$\boldsymbol{U}_l^i$ 为 $\boldsymbol{H}_{l-1}$ 的某些列构成的第 i 类子字典，$i=1, 2, \cdots, C$。进一步，$\forall \boldsymbol{h}_{l-1}\in\boldsymbol{H}_{l-1}$，则其稀疏表示系数 $\boldsymbol{\mu}_l$ 可通过如下的优化目标函数求解获得：

$$\min_{\boldsymbol{\mu}_l} \parallel \boldsymbol{h}_{l-1}-\boldsymbol{U}_l\boldsymbol{\mu}_l \parallel_2^2 + \lambda \parallel \boldsymbol{\mu}_l \parallel_1 \tag{7.29}$$

在获得稀疏表示系数 $\boldsymbol{\mu}_l$ 后，第 l 个隐层对应着的输出 $\boldsymbol{h}_l$ 便可利用式(7.27)求出，从而可得第 l 个隐层的输出为 $\boldsymbol{H}_l=[\boldsymbol{H}_l^1, \boldsymbol{H}_l^2, \cdots, \boldsymbol{H}_l^C]$。特别地，判别性合成字典 $\boldsymbol{U}_l$ 除了人为设定外，也可以通过 K-SVD 自适应学习获得，即

$$\begin{cases} \min_{\boldsymbol{U}_l, \boldsymbol{\mu}_l} \left\| \boldsymbol{H}_{l-1}-\sum_{i=1}^C \boldsymbol{U}_l^i\boldsymbol{\mu}_l^i \right\|_F^2 + \lambda \parallel \boldsymbol{\mu}_l \parallel_{1,1} \\ \text{s.t.} \quad \parallel \boldsymbol{U}_l(:, m) \parallel \leqslant 1 \end{cases} \tag{7.30}$$

在优化训练中，需要设置的参数为每个子字典 $\boldsymbol{U}_l^i$ 的原子个数，$i=1, 2, \cdots, C$。

最后，当得到第 L 个隐层的特征输出 $\boldsymbol{H}_L=[\boldsymbol{H}_L^1, \boldsymbol{H}_L^2, \cdots, \boldsymbol{H}_L^C]$ 后，基于 SRC 的 D-ELM 模型，便得到了基于 SRC 的稀疏深度判别神经网络的模式分类模型。

7.3.2 基于 DPL 的稀疏深度判别神经网络

基于 DPL 的稀疏深度判别神经网络(SDDNN-DPL)也采用逐层赋值权值和偏置参数的策略，隐层之间的关系见图 7.8。

判别分析字典　　　　　　判别合成字典

$$\boldsymbol{h}_{l-1} \longrightarrow (\boldsymbol{W}_l, \boldsymbol{b}_l) \quad \sigma_l(\cdot) \longrightarrow \boldsymbol{h}_l \longrightarrow (\boldsymbol{U}_l, \boldsymbol{v}_l) \quad \tau_l(\cdot) \longrightarrow \hat{\boldsymbol{h}}_{l-1} \approx \boldsymbol{h}_{l-1}$$

图 7.8　SDDNN-DPL 中隐层之间关系

图 7.8 中，$\boldsymbol{U}_l$ 与 $\boldsymbol{v}_l$ 分别为第 $l-1$ 个隐层与第 l 个隐层间的判别性合成字典与偏置，τ_l 为相应的激活函数，$\boldsymbol{W}_l$ 与 $\boldsymbol{b}_l$ 分别为第 $l-1$ 个隐层与第 l 个隐层间的判别性分析字典与偏置，σ_l 为相应的激活函数，$l=1, 2, \cdots, L$。另外，其关系为

$$\begin{cases} \boldsymbol{\mu}_l=\boldsymbol{W}_l\boldsymbol{h}_{l-1}+\boldsymbol{b}_l \\ \hat{\boldsymbol{h}}_{l-1}=\boldsymbol{U}_l\boldsymbol{\mu}_l+\boldsymbol{v}_l \\ \boldsymbol{h}_l=\sigma_l(\boldsymbol{\mu}_l) \end{cases} \tag{7.31}$$

通常，取偏置 $b_l=0$ 和 $v_l=0$。类似地，对于输入 $\boldsymbol{X}=[\boldsymbol{X}_1, \boldsymbol{X}_2, \cdots, \boldsymbol{X}_C]$，其中 C 为类别个数，假设第 $l-1$ 个隐层的输出为 $\boldsymbol{H}_{l-1}=[\boldsymbol{H}_{l-1}^1, \boldsymbol{H}_{l-1}^2, \cdots, \boldsymbol{H}_{l-1}^C]$，判别性分析字典与合成字典分别记为

$$\begin{cases} \boldsymbol{W}_l = [\boldsymbol{W}_l^1, \boldsymbol{W}_l^2, \cdots, \boldsymbol{W}_l^C] \\ \boldsymbol{U}_l = [\boldsymbol{U}_l^1, \boldsymbol{U}_l^2, \cdots, \boldsymbol{U}_l^C] \end{cases} \tag{7.32}$$

其中，$\boldsymbol{W}_l^i$ 为第 i 类分析子字典，$\boldsymbol{U}_l^i$ 为第 i 类合成子字典，$i = 1, 2, \cdots, C$。相应地，分析字典 $\boldsymbol{W}_l$ 与合成字典 $\boldsymbol{U}_l$ 可以通过如下的优化目标函数求解获得：

$$\min_{\boldsymbol{W}, \boldsymbol{U}} \sum_{i=1}^{C} (\| \boldsymbol{H}_{l-1}^i - \boldsymbol{U}_l^i \boldsymbol{W}_l^i \boldsymbol{H}_{l-1}^i \|_F^2 + \lambda \| \boldsymbol{W}_l^i \overline{\boldsymbol{H}}_{l-1}^i \|) \tag{7.33}$$

符号 $\overline{\boldsymbol{H}}_{l-1}^i$ 为 $\boldsymbol{H}_{l-1}$ 中去除 $\boldsymbol{H}_{l-1}^i$ 后的其他类别隐层特征集。优化求解获得分析字典 $\boldsymbol{W}_l$ 与合成字典 $\boldsymbol{U}_l$ 后，通过式(7.31)便可以获得稀疏表示系数 $\boldsymbol{\mu}_l$ 与第 l 个隐层的输出 $\boldsymbol{H}_l$，即

$$\begin{cases} \boldsymbol{\mu}_l = \boldsymbol{W}_l \boldsymbol{H}_{l-1} \\ \boldsymbol{H}_l = \sigma(\boldsymbol{\mu}_l) \end{cases} \tag{7.34}$$

最后，对于第 L 个隐层的输出特征 $\boldsymbol{H}_L$，利用基于 DPL 的 D-ELM 模型作为分类器，便得到了基于 DPL 的稀疏深度判别神经网络的模式分类模型。

7.4　稀疏深度判别神经网络性能评估与分析

本节将通过实验来例证 SDDNN 的有效性，并且将进一步分析类别先验信息层级嵌入策略与经典的正则化约束机制之间的关系。

7.4.1　ELM、S-ELM 与 D-ELM 之间的性能对比

1. 参数选择

众所周知，经典 ELM 有一个核心的短板问题，即网络的泛化性能依赖于隐层节点的个数。特别地，当隐层节点个数过大时，虽然可以带来相对较好的泛化性能，但无疑也带来了较高的存储代价和训练耗时。下面，从小到大依次设置八组不同的隐层节点个数(见表 7.1)来观察这些 ELM 系列模型的性能变化趋势。

表 7.1　ELM 系列模型中隐层节点个数设置

组数	1	2	3	4	5	6	7	8
节点个数	50	100	200	500	1000	2000	5000	10 000

另外，这些 ELM 系列的模型共分为三类，第一类为经典的 ELM，即输入与隐层之间的权值和偏置参数是随机赋值的；第二类为优化机制的 ELM，即输入与隐层之间的权值和

偏置参数是通过 ELM-SAE 的方式学习获得的，这一类分为两种模型，一种是隐层与输出之间的权值参数带有稀疏约束的 ELM，即 S-ELM；另一种是隐层与输出之间的权值参数没有稀疏约束的 ELM，即 NS-ELM；第三类为判别优化机制下的 ELM，即输入与隐层之间的权值和偏置的优化学习融入了类别先验信息，这一类也分为两种模型，一种是基于 SRC 的，如图 7.4 所示，另一种是基于 DPL 的，如图 7.5 所示。

由于以上五个网络模型的结构相同，不同之处仅在于输入与隐层之间的参数赋值方式。另外，其他的参数包括拉格朗日乘子 λ 和约束隐层输出特征的尺度因子 s 以及激活函数。为了公平，取 $\lambda = 2^{-30}$，$s = 0.8$，激活函数统一选取为 tansig：

$$\text{tansig}(x) = \frac{2}{1 + \mathrm{e}^{(-2x)}} - 1 \tag{7.35}$$

注意，无论是判别性分析字典还是合成字典，其类别间的子字典的原子个数均是相同的。

2. 数据描述

我们使用了如下三组常用的数据集来进行验证。另外，我们将不在后续的对比实验中重复对数据集进行介绍，除非另有所加。

MNIST：该数据集是一个经典的手写数字数据集，来自美国国家标准与技术研究所，训练集由来自 250 个不同人手写的数字构成，其中 50% 来自高中学生，50% 来自人口普查局的工作人员，测试集也是同样比例的手写数字数据。具体地，每一张图片的大小为 28×28，且都是 0 到 9 中的单个数字，数据集有训练样本 60 000 幅，测试样本 10 000 幅。对于在现实世界中的数据上尝试学习技术和深度识别模式而言，这是一个非常好的数据库，且无需花费过多的时间和精力进行数据预处理。数据集的大小约为 50 MB，样本数量共计 70 000 幅。

NORB：纽约大学的对象识别基准数据集，比 MNIST 更复杂。它包含 50 个不同的三维玩具对象的图像，在五个通用类（汽车、卡车、飞机、动物和人类）中各有 10 个对象。图像来自不同的视角，在不同的照明条件下，其尺寸大小为 $28 \times 28 \times 2$ 像素。训练集包含 24 300 对 25 个对象的立体图像（每个类 5 个），而测试集包含剩余的 25 个对象的图像对。数据集的大小约为 281 MB，样本数量共计 50 000 幅。

SVHN：这是一个现实世界数据集，用于开发目标检测算法。这些数据是从谷歌街景中的房屋门牌号中收集而来的。该数据集类似于 MNIST，即 0 到 9 中的单个数字共计有 10 个类别。所有裁剪后数字对应的 RGB 图像尺寸都已调整为 $32 \times 32 \times 3$，并且背景不均匀。它包含用于训练数据集的 73 257 幅图像和用于测试的 26 032 幅图像。数据集的大小约为 297 MB，样本数量共计 99 289 幅。

3. 对比性能分析

ELM、NS-ELM、S-ELM、DELM-SRC 以及 DELM-DPL 模型在三个基准数据集上的

实验结果见图 7.9、7.10 和 7.11。

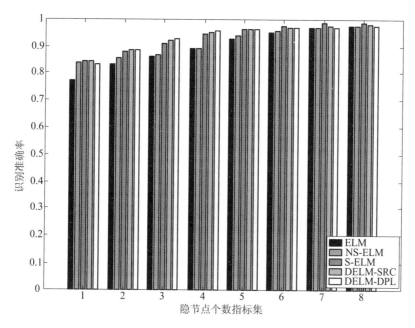

图 7.9　在 MNIST 数据集上 DELM 与经典方法的测试性能对比

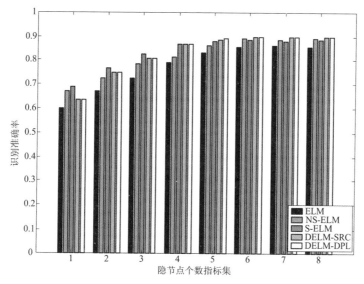

图 7.10　在 NORB 数据集上 DELM 与经典方法的测试性能对比

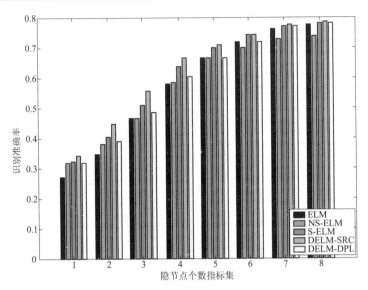

图 7.11　在 SVHN 数据集上 DELM 与经典方法的测试性能对比

说明：在图 7.11 中，由于这五种模型在 SVHN 上应用激活函数 tansig 的性能均相对较差，所以将激活函数改为 ReLU。图 7.9 与 7.10 则沿用激活函数 tansig。

从图 7.9，7.10 和 7.11 可以得到如下三个结论：

（1）随着隐层节点个数的增加，这五种方法在这三个基准数据集上的测试（准确率）性能均呈现上升的趋势。

（2）与经典 ELM 的测试性能相比，无论是嵌入正则化约束还是类别先验信息，其他四种模型整体可在一定程度上使得测试性能得到提升。

（3）当隐层节点个数相对较小时，这五种模型之间的测试性能差异性较大；相反地，当隐层节点个数相对较大时，测试性能之间的差异性较小，但模型之间的训练耗时却有明显的差异，见表 7.2。

表 7.2　经典网络与 DELM 在隐层节点个数为 10 000 时的训练耗时

方　　法		耗时/s				
		ELM	NS-ELM	S-ELM	DELM-SRC	DELM-DPL
MNSIT	Training	29.67	346.5	90.67	84.93	28.94
	Testing	1.100	1.099	1.066	22.05	1.058
NORB	Training	16.39	294.4	115.4	48.63	6.148
	Testing	4.843	5.289	5.029	38.29	2.832
SVHN	Training	49.67	56.03	221.6	213.5	61.62
	Testing	7.800	8.832	7.211	72.05	8.622

7.4.2　稀疏深度判别学习模型与经典方法之间的性能对比

本小节主要讨论两个问题，并给出相应的解释和分析，以此作为稀疏深度判别学习模型与经典方法之间的性能分析。

1. 问题一

相比于经典的 H-ELM，随着所有层级隐层节点个数的变化，稀疏深度判别学习模型能否获得愈来愈好的泛化性能？

对比的网络模型包括三个，第一个是经典的 H-ELM 模型，它的网络框架分为两部分，一部分是通过 ELM-SAE 来逐层学习隐层间的权值和偏置参数，并使用原始的 ELM 作为分类器。第二个是随机初始化(Randomly initialization)的 H-ELM，即不需要逐层学习隐层间的权值和偏置参数，而是随机赋值，将其记为 RH-ELM。第三个是隐层权值非稀疏正则约束(Non-Sparse Regularization)的 H-ELM，即利用极限学习机自编码网络 ELM-AE 替代 H-ELM 中使用的 ELM-SAE，将其记为 NSH-ELM。

网络的参数设置为 $L = 2$，取 $\lambda = 2^{-30}$ 和 $s = 0.8$。H-ELM、RH-ELM 以及 NSH-ELM 的激活函数选取为 tansig，SDDNN-SRC 与 SDDNN-DPL 选择的激活函数为 ReLU。另外，设置了 10 组不同隐层的节点数，见表 7.3。

表 7.3　H-ELM 系列以及 SDDNN 模型中隐层节点个数设置

隐层名	组　数									
	1	2	3	4	5	6	7	8	9	10
第一个隐层的节点数	100	200	300	400	500	600	700	800	900	1000
第二个隐层的节点数	100	200	300	400	500	600	700	800	900	1000
分类器中的隐节点数	1000	2000	3000	4000	5000	6000	7000	8000	9000	10 000

对比的这五种模型 H-ELM、RH-ELM、NSH-ELM、SDDNN-SRC 以及 SDDNN-DPL 在三个基准数据集上的实验结果见图 7.12、7.13 和 7.14。注意，为了考虑随机性的影响，我们在上述五个模型上分别运行了 100 次，图中的测试识别结果皆为平均后的实验结果。

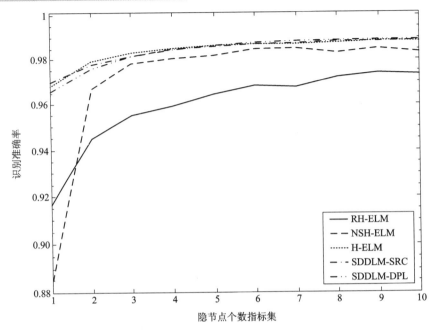

图 7.12　在 MNIST 数据集上 SDDNN 与经典方法之间的测试性能对比

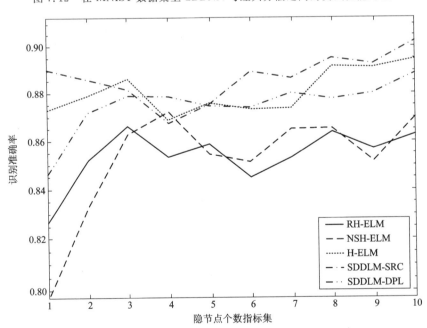

图 7.13　在 NORB 数据集上 SDDNN 与经典方法之间的测试性能对比

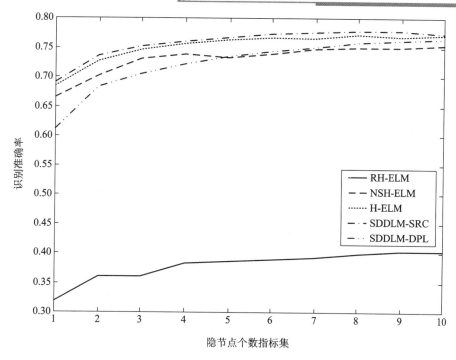

图 7.14　在 SVHN 数据集上 SDDNN 与经典方法之间的测试性能对比

从图 7.12、7.13 和 7.14 可以得到如下两个结论：

（1）随着所有层级隐层节点个数的增加，稀疏深度判别学习模型的泛化性能整体上呈上升的趋势；

（2）当网络中所有隐层的节点变化时，稀疏深度判别学习模型与经典的 H-ELM 的测试性能趋势大致相同。

2. 问题二

相比于经典的以堆栈形式构造的深度网络，稀疏深度判别神经网络是否具有与经典网络模型相竞争的识别优势？我们选择的经典的网络模型包括多层感知器 MLP、深度置信网络 DBN、深度玻尔兹曼机 DBM、深度堆栈自编码网络 DSAE、深度堆栈网络 DSN 以及宽度学习系统 BLS 等。所有网络的超参数设置为：对于 MLP、DBN、DBM、DSAE 以及 DSN，网络共包含三个隐层，隐层节点个数不再统一，依获得最高测试识别率择定，激活函数选择经典的 Sigmoid 函数。另外，优化训练的参数初始化设置为：初始学习率均设置为 0.1，每一个学习 Epoch 上权重衰减率设置为 0.95，批量尺寸设置为 10。对于 BLS，其网络中的窗口个数、每个窗口内节点的个数，以及增强节点的个数分别设置为 10、100 以及 10 000。对于 H-ELM、SDDNN-SRC 与 SDDNN-DPL 模型，网络共包含三个隐层（即特征学习阶段的两个隐层以及分类器设计阶段的一个隐层），隐层节点个数也不再统一，依获得最高测试识别率择定，并且取 $\lambda = 2^{-30}$ 和 $s = 0.8$，H-ELM 的激活函数为 Sigmoid，SDDNN-SRC 与 SDDNN-DPL 模型的激活函数为 ReLU。在基准数据集 MNIST 与 NORB 上的性能对比结果分别见表 7.4 与 7.5。

表 7.4　在 MNIST 上 SDDNN 与经典模型之间的性能对比

模　型	测试准确率	训练耗时/s
MLP	0.9745	3924.7
DBN	0.9877	5163.9
DBM	0.9895	4759.8
DSAE	0.9865	7546.2
DSN	0.9805	4151.2
BLS	0.9872	27.853
H-ELM	0.9889	51.437
SDDNN-SRC	0.9889	79.133
SDDNN-DPL	**0.9896**	43.070

表 7.5　在 NORB 上 SDDNN 与经典模型之间的性能对比

模　型	测试准确率	训练耗时/s
MLP	0.8462	2719.1
DBN	0.8857	6978.9
DBM	0.8961	9483.2
DSAE	0.8754	4197.8
DSN	0.8794	2564.3
BLS	0.8935	19.864
H-ELM	0.8964	34.356
SDDNN-SRC	**0.9083**	48.709
SDDNN-DPL	0.8911	23.094

从表 7.4 和 7.5 可以得到如下三个结论：

（1）SDDNN-SRC 与 SDDNN-DPL 均可以完成与经典模型相媲美的泛化性能；

（2）与经典的网络相比，逐隐层融入先验类别信息有助于提升深度神经网络的泛化性能；

（3）通过 SDDNN 提取的隐层特征具有判别特性，有助于基于反馈机制来进一步探索深度神经网络中隐层特征的奇异性（见图 7.15），这将有助于缓解输入样本误分的情况。

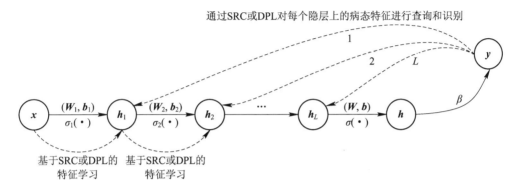

图 7.15　基于反馈机制的 SDDNN 用于探索隐层特征的奇异性

7.4.3　稀疏深度判别学习模型的应用

下面我们将稀疏深度判别学习模型应用于 Fashion MNIST 数据集的分类任务，进一步例证所提出网络模型的可用性和高效性。

Fashion MNIST 数据集是一个替代 MNIST 的手写数字集的图像数据集，它由 Zalando（一家德国的时尚科技公司）旗下的研究部门提供，涵盖了来自 10 种类别的共 7 万个不同商品的正面图片。另外，该数据集的大小、格式和训练集/测试集划分与 MNIST 完全一致，即 60 000 幅训练图像，10 000 条测试数据，并且每一幅图像的尺寸为 28×28。相比较而言，手写数字没有像衣服鞋子之类的那样更复杂。

在应用中，选取对比的 BLS 网络的窗口个数、特征节点数以及增强节点个数分别为 10、100、12 000；H-ELM 的隐节点（即特征学习阶段的两个隐层以及分类器设计阶段的一个隐层）设置为 1000→1000→10 000；另外，堆栈形式的网络模型 DSAE、MLP、DBN、DBM 以及 DSN 的隐节点分别设置为 1000→500→100，1000→500→200，500→500→2000，500→500→1000 和 2000→2000→2000。ELM 系列中，经典的 ELM、S-ELM，基于 SRC 的 D-ELM 的隐节点个数为 10 000。SDDNN-SRC 与 SDDNN-DPL 的网络结构（即特征学习阶段的两个隐层以及分类器设计阶段的一个隐层）为 1000→1000→12 000，并且取 $\lambda = 2^{-30}$，$s = 0.8$，激活函数为 ReLU。注意，为了考虑随机性的影响，我们在 H-ELM、BLS 以及 ELM 等三个模型上分别运行了 100 次。表 7.6 中对应着这三个模型的测试识别结果皆为平均后的实验结果。

表 7.6   在 Fashion MNIST 上 SDDNN 与其他模型的性能对比

模型	测试准确率	训练耗时/s
MLP	0.8744	3899.5
DBN	0.8699	10 487
DBM	0.8879	18 359
DSAE	0.8814	9113.6
DSN	0.8894	4151.2
ELM	0.8887	24.449
S-ELM	0.8891	104.63
D-ELM	0.8895	32.682
H-ELM	0.8855	46.472
BLS	0.8958	62.656
SDDNN-SRC	0.9031	68.493
SDDNN-DPL	0.8993	57.359

从表 7.6 可以得到如下结论：虽然 SDDNN 的训练时间不是最快的，但模型的测试准确率却是优异的，这也间接说明逐隐层地嵌入类别先验信息有助于改善网络的泛化性能。

本 章 小 结

为了探索研究层级特征的判别特性，形成逐层逐类更为紧致的表示，本章提出了稀疏深度判别学习模型。该模型可以分为两个阶段，第一阶段为判别性特征学习，即通过 SRC 和 DPL 分别在每个隐层的参数上融入判别结构特性；第二阶段为判别性分类器设计，即在 S-ELM 的输入到隐层之间通过 SRC 和 DPL 分别嵌入判别特性，得到 D-ELM。另外，与其他训练方法相比，SDDNN 结合了无监督学习的稀疏特征提取和监督学习的判别能力，能够实现分层编码的高层次判别表示。为了例证提出的 SDDNN 在分类任务上的可行性和有效性，使用了四个流行的基准数据集，即 MNSIT、NORB、SVHN 以及 Fashion MNIST。实验结论表明，本章提出的网络模型可以获得优异的泛化性能，从而也间接反映了层级判别特性有助于网络泛化性能的提升。

本章参考文献

[1]　ZHANG Z, CHOW W S. Tensor locally linear discriminative analysis[J]. IEEE Signal Processing Letters, 2011, 18(11): 643 - 646.

[2]　XIAO Y. A fault diagnosis approach of analog circuit using wavelet-based fractal analysis and kernel LDA[J]. Transactions of China Electrotechnical Society, 2012, 27(8): 230 - 238.

[3]　TIAN Q, ARBEL T, CLARK J J. Efficient gender classification using a deep LDA-pruned net[J]. arXiv, 2017: 1 - 9.

[4]　LU J, HU J, TAN Y P. Discriminative deep metric learning for face and kinship verification. [J]. IEEE Transactions on Image Processing, 2017, 26(9): 4269 - 4282.

[5]　MENG M, SUN C, CHEN X. Discriminative deep belief networks with ant colony optimization for health status assessment of machine[J]. IEEE Transactions on Instrumentation & Measurement, 2017, 66(12): 1 - 11.

[6]　LIANG Y, CAO Z, YANG X. Deepcloud: ground-based cloud image categorization using deep convolutional features[J]. IEEE Transactions on Geoscience & Remote Sensing, 2017, (99): 1 - 12.

[7]　LI Z, WANG Y, YU J, et al. Deep learning based radiomics (DLR) and its usage in noninvasive IDH1 prediction for low grade glioma[J]. Sci Rep, 2017, 7(1): 5467 - 5472.

[8]　BELLET A, HABRARD A, SEBBAN M. A survey on metric learning for feature vectors and structured data[J]. Computer Science, 2013, 6(3): 1 - 9.

[9]　BO L, LING W, JIAO L. Sparse gaussian processes using backward elimination[J]. Lecture Notes in Computer Science, 2006, 3971: 1083 - 1088.

[10]　ZENG X, BIAN W, LIU W, et al. Dictionary pair learning on grassmann manifolds for image denoising[J]. IEEE Transactions on Image Processing, 2015, 24(11): 4556 - 4569.

[11]　MAO M, ZHENG Z, CHEN Z, et al. Group and collaborative dictionary pair learning for face recognition[C]// International Conference on Pattern Recognition. 2017: 1 - 6.

[12]　MENG Y, LUO W, SHEN L. Dictionary pair learning with block-diagonal structure for image classification [M]// Intelligence Science and Big Data Engineering. Image and Video Data Engineering. 2015.

[13]　LIU S, LIN F, YANG L, et al. Robust discriminative extreme learning machine for relevance feedback in image retrieval[J]. Multidimensional Systems & Signal Processing, 2016: 1 - 19.

[14]　XU J, LI H, LIU P, et al. A novel hyperspectral image clustering method with context-aware unsupervised discriminative extreme learning machine[J]. IEEE Access, 2018, (99): 1 - 12.

[15] CHEN Z, LI K, YUANZHENG L, et al. Novel method based on variational mode decomposition and a random discriminative projection extreme learning machine for multiple power quality disturbance recognition[J]. IEEE Transactions on Industrial Informatics, 2014: 1-15.

[16] RAKIN A S, HE Z, FAN D. Parametric noise injection: trainable randomness to improve deep neural network robustness against adversarial attack[J]. arXiv, 2018: 1-13.

[17] ALVES D W F, FLYNN M O. Deep learning, quantum chaos, and pseudorandom evolution[J]. arXiv, 2018: 1-10.

[18] CONREY J B. Notes on l-functions and random matrix theory[J]. Frontiers in Number Theory Physics & Geometry I, 2006: 107-162.

[19] MARTIN C H, MAHONEY M W. Implicit self-regularization in deep neural networks: evidence from random matrix theory and implications for learning[J]. arXiv, 2018: 1-9.

[20] ALBERS D J, SPROTT J C. Routes to chaos in high-dimensional dynamical systems: a qualitative numerical study[J]. Physica D Nonlinear Phenomena, 2004, 223(2): 194-207.

[21] NGUYEN Q, HEIN M. The loss surface and expressivity of deep convolutional neural networks[J]. arXiv, 2018, 1-17.

[22] HUTCHINSON B, LI D, DONG Y. Tensor deep stacking networks[J]. IEEE Trans Pattern Anal Mach Intell, 2013, 35(8): 1944-1957.

[23] LI J, CHANG H, YANG J. Sparse deep stacking network for image classification[J]. AAAI press, 2015: 3804-3810.

[24] ZHANG X, HUI Z, SHUAI N, et al. A pairwise algorithm using the deep stacking network for speech separation and pitch estimation[J]. IEEE/ACM Transactions on Audio Speech & Language Processing, 2016, 24(6): 1066-1078.

[25] SARANGI N, SEKHAR C C. Tensor deep stacking networks and kernel deep convex networks for annotating natural scene images[M]// Pattern Recognition: Applications and Methods. 2015.

[26] YANG J, CHU D, ZHANG L, et al. Sparse representation classifier steered discriminative projection with applications to face recognition[J]. IEEE Transactions on Neural Networks & Learning Systems, 2013, 24(7): 1023-1035.

[27] ZENG X, BIAN W, LIU W, et al. Dictionary pair learning on grassmann manifolds for image denoising[J]. IEEE Transactions on Image Processing, 2015, 24(11): 4556-4569.

[28] MENG Y, ZHANG D, FENG X, et al. Fisher discrimination dictionary learning for sparse representation[C]// IEEE International Conference on Computer Vision. 2012: 1-8.

[29] LI L, LI S, FU Y. Discriminative dictionary learning with low-rank regularization for face recognition[C]// IEEE International Conference & Workshops on Automatic Face & Gesture Recognition. 2013: 1-9.

[30] GUO H, JIANG Z, DAVIS L S. Discriminative dictionary learning with pairwise constraints[C]. Asian Conference on Computer Vision, 2012: 328-342.

[31] XIONG L, YANG X, WANG W, et al. Towards enhancing stacked extreme learning machine with

sparse autoencoder by correntropy [J]. Journal of the Franklin Institute, 2017, 355(4): 1945 - 1966.

[32] TROPP J A. Algorithms for simultaneous sparse approximation. part II: convex relaxation[J]. Signal Processing, 2006, 86(3): 572 - 588.

[33] AHARON M, ELAD M, BRUCKSTEIN A. K-SVD: an algorithm for designing overcomplete dictionaries for sparse representation[J]. IEEE Transactions on Signal Processing, 2006, 54(11): 4311 - 4322.

[34] ZHANG Q, LI B. Discriminative K-SVD for dictionary learning in face recognition[C]// 2010 IEEE Computer Society Conference on Computer Vision and Pattern Recognition. IEEE, 2010: 2691 - 2698.

[35] XIAO H, RASUL K, VOLLGRAF R. Fashion-MNIST: a novel image dataset for benchmarking machine learning algorithms[J]. arXiv, 2017: 1 - 11.

第8章　稀疏深度差分神经网络

　　小波变换是一种信号与信息处理领域中进行信号时频分析和处理的理想工具。为了将多层小波变换的优势融入至深度学习中，研究者们可以利用快速的 Mallat 分解与重构算法，通过模块化差分学习获取差分特征，并将其应用在稀疏神经网络中。本章基于小波变换与差分机制、深度学习中的小波分析、Mallat 算法以及稀疏自编码器，试图对稀疏深度差分神经网络框架进行设计，并对其进行结果分析和性能评估。

8.1　小波变换与差分机制

　　人工智能的经典学派主要分为符号主义、连接主义以及行为主义，每个学派都循环往复地经历着低谷与辉煌。当前，把脉时代潮流的连接主义大致可以分为两代模型，第一代模型秉承精确性为主、效率为辅的设计理念，如浅层的机器学习模型，它依赖于专业的领域知识及特定物理意义下的变换，主张特征工程（特征提取与特征筛选），这一类模型具有相对较好的可解释性，以及网络在扰动下的稳健鲁棒性，但缺点是模型的预测（外插）能力受限，容易出现灾难性遗忘以及过拟合现象等问题；第二代模型秉承简单（人为干预少）为主、精确为辅的设计理念，如深度学习，它的优化训练依赖大数据与大计算，并主张特征学习。与第一代模型相比，第二代模型的泛化性能有着质的飞跃，但这是以牺牲模型的可解释性为代价的，出现了诸多"瓶颈问题"，如过参问题、梯度消失问题、带宽问题等。若以第一代模型的固有观念理解第二代模型，则会感觉处处不合理，但又无可反驳，从而使得这一体系逐渐地演变为经验主义或炼金术。所以，我们亟须以新的视角或突破口来重新认识以深度学习为核心代表的第二代模型。与深度学习在人工智能科学史上的地位相似，小波分析也曾是调和分析发展史上里程碑式的突破。从小波分析与深度学习的对比研究中，我们期望以小波分析为启发，从数学角度提供有关深度学习的进一步认识与理解。

　　小波变换（Wavelet Transform，WT）是一种经典的变换分析方法，它继承和发展了短时傅里叶变换局部化的思想，同时又克服了窗口大小不随频率变化等缺点，能够提供一个随频率改变的时间-频率窗口，是信号与信息处理领域进行信号时频分析和处理的理想工具。WT 的基本思想是通过伸缩平移运算对信号逐步进行多尺度细化，最终达到高频处时间细分、低频处频率细分，能自动适应时频信号分析的要求，从而可聚焦到信号的任意尺度细节，因而小波变换也被誉为数学显微镜。另外，WT 也解决了传统傅里叶变换的一些局限性问题（如不具备局部化分析能力、不能分析非平稳信号等），成为继傅里叶变换后科学方法上的一项重大理论突破。特别是在图像处理上，小波变换具有四个优点：一是小波分解算法可以覆盖整个领域并提供数学上一个完备的描述；二是小波变换通过选取合适的滤波器，可以极大地减小或去除所提取的不同特征之间的相关性；三是小波变换具有变焦特性，在低频段可用高频率分辨率和低时间分辨率（宽分析窗口），在高频段可用低频率分辨率和高时间分辨率（窄分析窗口）；四是小波变换在实现上有快速的 Mallat 分解与重构算法。

用于快速小波变换的 Mallat 算法与深度学习在获取有效的特征表示方法上各有所长，前者通过小波滤波器 h 与尺度滤波器 g 提取信号在多个尺度下的小波系数 $\{d_l, l=1, 2, \cdots, L\}$ 作为输入的有效特征表示，而后者则通过多层处理（线性 $\boldsymbol{W}$，$\boldsymbol{b}$ 与非线性操作 σ）逐渐地将初始低层特征 $\boldsymbol{h}_1$ 转化为更加抽象的高层特征 $\boldsymbol{h}_L$ 来作为输入的有效分布式特征表示，具体过程见图 8.1。

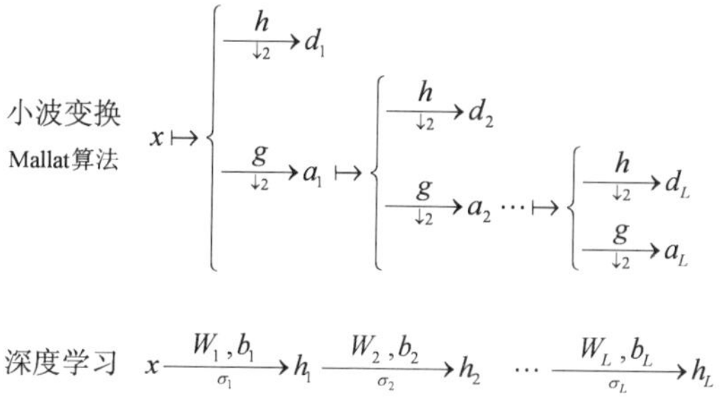

图 8.1　对比小波变换与深度学习提取特征的方法

从图 8.1 中可知，小波变换与深度学习均是通过层级信息处理的机制来获取的，只不过对于小波变换而言，一旦选定了尺度函数与小波函数，其滤波器组也随之确定并且每个层级所使用的滤波器组是相同的。另外，所有层级不断分解的过程是线性的，且小波系数所对应的小波空间是相互独立的，而尺度系数所对应的尺度空间是嵌套的。但随着分解层级的加深，信息却没有丢失，换言之，利用尺度系数 a_L 与小波系数 $\{d_l, l=1, 2, \cdots, L\}$ 可以重构出输入 x。而对于深度学习而言，每一隐层的特征处理包括线性与非线性操作，并且层级特征所对应的特征空间是无序的，整个隐层的参数需要通过误差反向传播的梯度下降法实现优化更新。随着层级的加深，隐层特征所携带输入的信息在不断流失，换言之，有效

的高层特征 h_L 难以重构出输入 x。

为了将小波变换的优势融入至深度学习中，我们利用提出的稀疏深度差分神经网络（Sparse Deep Difference Neural Network，SDDeNN）（见图 8.2），即在每个隐层利用模块化差分学习（Modularized Difference Learning，MDL）获取差分特征 $\{\tilde{d}_l\}$，注意，第 l 个隐层上的差分特征 $\tilde{d}_l$

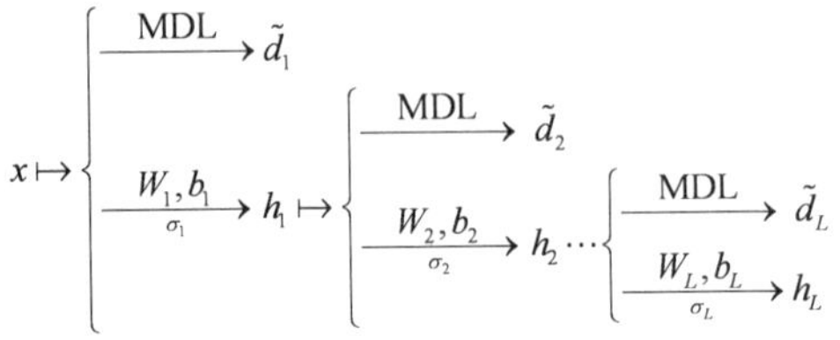

图 8.2　基于模块化差分学习的深度学习

可以与特征 h_l 重构出第 $l-1$ 个隐层上的特征 h_{l-1}，换言之，$\tilde{d}_l$ 可以视为 h_l 关于 h_{l-1} 的补特征信息。如果高层特征 h_L 因为携载输入 x 的信息不足而导致模式识别任务失败，类似小波变换，则我们可以利用层级差分特征 $\{\tilde{d}_l, l=1, 2, \cdots, L\}$ 代替高层特征 h_L，以获取有效的特征表示。

本章提出的稀疏深度差分神经网络具有三个优点，一是提出的 SDDeNN 是一种既能分解又能重构的网络框架；二是差分特征 $\{\tilde{d}_l, l=1, 2, \cdots, L\}$ 所携载输入 x 的信息随着网络层级的加深不断增加；三是 MDL 的引入使得深度网络所对应的差分特征的抽象等级随着层级的加深也在不断提升。注意，虽然基于 MDL 的深度学习与小波变换都是分解与重构的网络框架，但二者的不同之处在于，前者注重的是特征与差分特征的抽象特性（因为每个隐层上的特征是通过线性与非线性操作获得的），后者则更倾向于小波系数与尺度系数的尺度特性（因为每个尺度上的尺度系数是通过线性操作完成的）。

8.2　稀疏深度差分神经网络相关背景知识

8.2.1　小波分析与深度学习

众所周知，深度学习是人工智能领域中一个发展迅速的研究体系，已经在图像处理、自然语言处理以及语音识别等领域具有着十分广泛的应用并取得了令人瞩目的巨大成功。然而，由于深度学习这一非线性科学缺乏强有力的数学理论支撑，模型的理解与分析也迎来了一系列巨大的挑战，也许将小波分析与深度学习相结合是一种解决非线性科学问题的可行思路。下面，我们从以下三个方面浅谈将小波分析与深度学习相结合而带来的优势。

第一，从网络的架构角度，深度学习模型可以借鉴小波变换处理数据的基本思路，构造一个既可以分解也可以重构的网络框架。例如，借鉴小波变换中当前尺度上的尺度系数可分解为下一尺度上的小波系数与尺度系数，并且利用下一尺度上的小波系数与尺度系数也可以重构得到当前尺度上的尺度系数。这样设计网络框架的意图在于形成一系列"类似小波系数"的特征，即差分特征。与现有的层级的特征相比，差分特征的优势在于储存了层级特征的补信息，使得深度学习模型可塑为一套完整的分解与重构框架。

　　第二，从网络的优化角度，深度学习模型可以借鉴小波分析的分解与重构算法，设计一套从整体到局部层级参数都可以得到充分优化的反衍算法，即先使用端到端基于误差反向传播的梯度下降法更新层级参数后，再在每个隐层上采用凸优化算法实现该隐层上参数的微调。这样设计网络优化算法的目的是缓解梯度弥散的现象。与现有深度学习的优化算法相比，反衍算法的优势在于理解不同抽象水平的差分特征，为局部化描述深度学习的可解释性提供一种思路。

　　第三，从获取特征表示的角度，深度学习模型可以借鉴小波变换获取输入的有效特征表示，设计一套针对差分特征的模式识别网络。与小波变换中的尺度空间所具有的嵌套属性类似，深度学习中的隐层特征所对应的特征空间也呈现一定的逻辑关系，借鉴小波变换对输入的有效表征是通过小波空间中的小波系数来完成的，因此我们也可以在深度学习模型中利用差分特征来表征输入。只不过，小波系数是多尺度级别的或者多分辨率级别的描述，而差分特征则是不同抽象层次级别的描述。

8.2.2　Mallat 算法

　　众所周知，多分辨分析（Multiresolution Analysis，MRA）从空间的概念上形象地说明了小波的多分辨率特性，是随着尺度由大到小变化，在各尺度上可以由粗到细地观察图像的不同特征的一种算法。Mallat 在 MRA 理论与图像处理的应用研究中受到塔式算法的启发，提出了用于信号分析的分解与重构的 Mallat 算法。下面简要介绍一下一维 Mallat 算法。

　　首先，在分解阶段，有如下公式：

$$\begin{cases} d_l = [h * a_{l-1}]_{\downarrow 2} \\ a_l = [g * a_{l-1}]_{\downarrow 2} \end{cases} \tag{8.1}$$

其中，h 为小波滤波器，可获取信号中的高频或细节成分；g 为尺度滤波器，可获得信号中的低频或逼近成分；符号 a_{l-1} 为第 $l-1$ 次分解或尺度上的逼近成分，a_l 与 d_l 分别为第 l 次分解或尺度上的逼近成分与细节成分；符号 $[\cdot]_{\downarrow 2}$ 为间隔为 2 的下采样操作；"*"表示卷积操作。特别地，$l = 1, 2, \cdots, L$，其中 L 为分解的次数，并且 L 与输入信号 $a_0 \overset{\text{def}}{=} x \in \mathbf{R}^n$ 的维数有如下关系：

$$L = \mathrm{lb}(n) \tag{8.2}$$

注意，随着分解水平的增加，逼近成分 $a_l \in \mathbf{R}^s$ 与细节成分 $d_l \in \mathbf{R}^s$ 的维数相对输入 $a_0 \overset{\text{def}}{=} x \in \mathbf{R}^n$ 的维数也在逐渐下降，即

$$s \overset{\text{def}}{=} \frac{n}{2^l} \tag{8.3}$$

其中，$l = 1, 2, \cdots, L$。在每个尺度的分解过程中，所采用的分析滤波器组 (h, g) 是一样的。

其次，在重构阶段，有如下公式：

$$a_{l-1} = \tilde{h} * [d_l]_{\uparrow 2} + \tilde{g} * [a_l]_{\uparrow 2} \tag{8.4}$$

其中，$\tilde{h}$ 为合成小波滤波器，$\tilde{g}$ 为合成尺度滤波器，符号 $[\cdot]_{\uparrow 2}$ 为间隔为 2 的上采样操作，"$*$"为卷积操作，且 $l = 1, 2, \cdots, L$。注意，为了能够完全重构输入信号，合成滤波器组 $(\tilde{h}, \tilde{g})$ 与分析滤波器组 (h, g) 的类型可取正交滤波器组、双正交滤波器组、小波包滤波器组、提升小波滤波器组以及双通道完全重构滤波器组等。

如何获取分析滤波器组与合成滤波器组？给定尺度函数与小波函数，根据双尺度方程，我们便可以获取分析滤波器组，在完全重构的条件下，便可以利用分析滤波器组推导出合成滤波器组。特别地，小波函数的特性（如对称性、高阶消失矩、紧支撑、正交性、双正交性、内插性以及正则性等）将影响构造的滤波器组的频域性质。经典的标量小波不能同时具备上述特性，为了构造具有良好频域特性的滤波器组，具有向量值形式的多小波被提出，与之相应建立的多小波形式的 Mallat 算法也被成功构造，也进一步丰富了小波分析的理论框架。

8.2.3 基于 RVFL 与 ELM 的稀疏自编码器

随机向量函数连接（Random Vector Functional Link，RVFL）网络与极限学习机 ELM 均是单隐层神经网络，并且均对网络中输入层与隐层之间的权值和偏置参数 $(\boldsymbol{W}, \boldsymbol{b})$ 采用了随机化赋值的方式，并且需要学习的是隐层到输出层之间的输出权值矩阵参数。本质上，RVFL 与 ELM 的不同之处在于隐层输出特征的设置，前者考虑将随机性特征 h 与输入 x 以级联的方式形成隐层的输出 $\tilde{h}$，而后者直接考虑将随机性特征作为隐层的输出 h，即

$$\begin{cases} \text{RVFL：} x \xrightarrow[\sigma]{\boldsymbol{W}, \boldsymbol{b}} h \xrightarrow{\text{Concat}} \tilde{h} \overset{\text{def}}{=} [x, h] \xrightarrow{\tilde{\beta}} y \\ \text{ELM：} x \xrightarrow[\sigma]{\boldsymbol{W}, \boldsymbol{b}} h \xrightarrow{\beta} y \end{cases} \tag{8.5}$$

其中，σ 为激活函数，符号"Concat"为级联的缩写，$\tilde{\beta}$ 与 β 分别为 RVFL 和 ELM 的输出权值矩阵参数。

　　目前，RVFL 与 ELM 在函数逼近论和统计学习理论意义下的收敛结果已经有严格的数学证明。但是，若基于 RVFL 与 ELM 以堆栈的形式构造深度形式的网络，则需要去除相关隐层输出中的随机特性。下面，我们简要地介绍一种基于稀疏自编码器（Sparse Autoencoder，SAE）来去除 RVFL 与 ELM 中隐层输出携载随机性的方法。首先，自编码器是一种基于重构约束的分析合成模型。值得指出的是，对于深度栈式网络而言，在逐层学习阶段，随着网络层数的加深，基于重构约束的自编码器并不是一种"好"的层级特征的获取方式。其次，稀疏性正则有助于提升特征学习的表达能力。

　　对于 RVFL 稀疏自编码模型，根据公式（8.5），我们有如下的优化目标函数：

$$\min_{\widetilde{\boldsymbol{\beta}}} \| \bar{\boldsymbol{X}} - \widetilde{\boldsymbol{H}}\widetilde{\boldsymbol{\beta}} \|_F^2 + \lambda \| \widetilde{\boldsymbol{\beta}} \|_1 \tag{8.6}$$

其中，$\bar{\boldsymbol{X}} \overset{\text{def}}{=} [\boldsymbol{X}, \boldsymbol{l}] \in \mathbf{R}^{N \times (n+1)}$，且 $\boldsymbol{l} \in \mathbf{R}^{N \times 1}$ 为一列全为 1 的向量，$\| \cdot \|_1$ 为稀疏性正则约束，λ 为正则化因子，并且

$$\begin{cases} \widetilde{\boldsymbol{H}} \overset{\text{def}}{=} [\boldsymbol{X}, \boldsymbol{H}] \\ \boldsymbol{H} \overset{\text{def}}{=} \sigma(\bar{\boldsymbol{X}}\boldsymbol{\theta}) = \sigma(\boldsymbol{X}\boldsymbol{W} + \boldsymbol{b}) \end{cases} \tag{8.7}$$

其中，$\boldsymbol{\theta} \overset{\text{def}}{=} [\boldsymbol{W}; \boldsymbol{b}] \in \mathbf{R}^{(n+1) \times m}$ 是通过随机化赋值的方式确定的。进一步，通过凸松弛或者快速迭代收缩阈值（Fast Iterative Shrinkage Thresholding Algorithm，FISTA）等算法来优化目标函数，即通过公式（8.6），我们可以得到 $\widetilde{\boldsymbol{\beta}} \in \mathbf{R}^{(n+m) \times (n+1)}$，也可表示为

$$\widetilde{\boldsymbol{\beta}} = [\widetilde{\boldsymbol{\beta}}_1; \widetilde{\boldsymbol{\beta}}_2], \quad \widetilde{\boldsymbol{\beta}}_1 \in \mathbf{R}^{n \times (n+1)}, \quad \widetilde{\boldsymbol{\beta}}_2 \in \mathbf{R}^{m \times (n+1)} \tag{8.8}$$

从而可以将 $\boldsymbol{\theta}$ 利用 $\widetilde{\boldsymbol{\beta}}_2$ 的转置来替换以消除隐层输出 $\widetilde{\boldsymbol{H}}$ 的级联部分 $\boldsymbol{H}$ 中的随机性描述，即

$$\boldsymbol{H} \overset{\text{def}}{=} \sigma(\bar{\boldsymbol{X}}(\widetilde{\boldsymbol{\beta}}_2)^{\top}) \tag{8.9}$$

　　对于 ELM 稀疏自编码模型，根据公式（8.5），我们有如下的优化目标函数：

$$\min_{\boldsymbol{\beta}} \| \bar{\boldsymbol{X}} - \boldsymbol{H}\boldsymbol{\beta} \|_F^2 + \lambda \| \boldsymbol{\beta} \|_1 \tag{8.10}$$

其中，$\bar{\boldsymbol{X}} \overset{\text{def}}{=} [\boldsymbol{X}, \boldsymbol{l}] \in \mathbf{R}^{N \times (n+1)}$，$\boldsymbol{l} \in \mathbf{R}^{N \times 1}$ 为一列全为 1 的向量，并且

$$\boldsymbol{H} \overset{\text{def}}{=} \sigma(\bar{\boldsymbol{X}}\boldsymbol{\theta}) = \sigma(\boldsymbol{X}\boldsymbol{W} + \boldsymbol{b}) \tag{8.11}$$

其中，$\boldsymbol{\theta} \overset{\text{def}}{=} [\boldsymbol{W}; \boldsymbol{b}] \in \mathbf{R}^{(n+1) \times m}$ 仍是通过随机化赋值的方式确定的。类似地，利用凸松弛或者 FISTA 等算法来优化目标函数，即通过公式（8.10），可得到 $\boldsymbol{\beta} \in \mathbf{R}^{m \times (n+1)}$。我们可以直接将 $\boldsymbol{\theta}$ 利用 $\boldsymbol{\beta}$ 的转置来替换以消除隐层输出 $\boldsymbol{H}$ 中的随机性描述，即

$$\boldsymbol{H} \overset{\text{def}}{=} \sigma(\bar{\boldsymbol{X}}\boldsymbol{\beta}^{\top}) \tag{8.12}$$

　　注意，除了通过稀疏自编码的方式来去除隐层输出的随机性，我们还可以通过人工赋值的方式来确定 $[\boldsymbol{W}, \boldsymbol{b}]$ 的值，从而消除隐层输出的随机性。另外，除了使用上述重构约束下的自编码网络，为了获取更为有效的特征表示，我们也可以使用基于互信息机制约束下

的自编码网络。通常，好特征的基本原则是"能够从整个数据集中辨别出该样本"，即提取出该样本最具独特的信息。如何衡量提取出来的信息是独特的呢？互信息是一个重要的指标。对于无监督特征学习，互信息最大化有助于优先考虑全局或局部一致的信息，这些信息可以用于调整学习特征表示的适用性。所以，采用互信息机制下的自编码网络，如变分自编码器，可以调整逐层学习的特征表示的适用性，这也是我们后续的研究工作之一。

8.3　稀疏深度差分神经网络框架与分析

8.3.1　差分特征学习

与经典的 Mallat 算法一样，我们期望在深度学习中通过模块化差分学习 MDL 获取每一隐层上的差分特征，作为相应隐层特征的一种补特征，将差分特征学习融入深度学习中的网络架构见图 8.2。具体地，差分特征学习的方式可以分为两种，第一种是在深度学习模型训练完成后，在每一隐层独立地使用 MDL 获取相应的差分特征；第二种是逐隐层学习特征和差分特征，并通过堆栈的方式构建深度差分网络模型。本小节将重点关注第二种方式，并分别介绍基于 RVFL 与 ELM 的稀疏自编码器的 MDL 实现。

首先，基于 RVFL 的稀疏自编码器（RVFL-SAE）的 MDL（见图 8.3）可以描述为如下的数学过程：

对于输入 x，利用 8.2.3 小节中的 RVFL-SAE 去除隐层输出的随机性后，其隐层的输出特征 $\tilde{h}$ 可以表示为

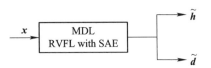

图 8.3　基于 RVFL-SAE 的 MDL

$$\begin{cases} \tilde{h} = [x, h] \\ h \stackrel{\text{def}}{=} \sigma(\tilde{x}(\tilde{\beta}_2)^{\mathrm{T}}) \end{cases} \tag{8.13}$$

其中，$\tilde{x} = [x, 1]$，1 为标量。进一步，利用隐层输出特征 $\tilde{h}$，通过如下的公式可以重构出级联输入 $\tilde{x}$：

$$\hat{\tilde{x}} = \tilde{h}\tilde{\beta} \tag{8.14}$$

我们可以得到重构误差 $\tilde{e}$ 以及差分信号 $\tilde{d}$

$$\begin{cases} \tilde{e} \stackrel{\text{def}}{=} \tilde{x} - \hat{\tilde{x}} \\ \tilde{d} \stackrel{\text{def}}{=} \tilde{e}(\tilde{\beta})^{\dagger} \end{cases} \tag{8.15}$$

其中，$(\tilde{\boldsymbol{\beta}})^{\dagger}$ 为 $\tilde{\boldsymbol{\beta}}$ 的广义伪逆。这里求出的差分信号 $\tilde{\boldsymbol{d}}$ 是隐层输出 $\tilde{\boldsymbol{h}}$ 对输入 $\boldsymbol{x}$ 的一种补充，且 $\tilde{\boldsymbol{d}}$ 与 $\tilde{\boldsymbol{h}}$ 的维度相同。当我们将获取到的差分特征 $\tilde{\boldsymbol{d}}$ 与隐层输出特征 $\tilde{\boldsymbol{h}}$ 结合起来，可以修正重构出级联输入 $\tilde{\boldsymbol{x}}$，即

$$\hat{\tilde{\boldsymbol{x}}}_{\mathrm{R}} \overset{\mathrm{def}}{=} (\tilde{\boldsymbol{h}} + \tilde{\boldsymbol{d}})\tilde{\boldsymbol{\beta}} \tag{8.16}$$

$\hat{\tilde{\boldsymbol{x}}}_{\mathrm{R}}$ 的下角标 R 表示融入差分特征修正重构输入。获取到的重构误差可重写为

$$\tilde{\boldsymbol{e}}_{\mathrm{R}} \overset{\mathrm{def}}{=} \tilde{\boldsymbol{x}} - \hat{\tilde{\boldsymbol{x}}}_{\mathrm{R}} \tag{8.17}$$

　　本质上，从误差的角度，我们期望带有差分特征融入后的修正误差 $\tilde{\boldsymbol{e}}_{\mathrm{R}}$ 与原重构误差 $\tilde{\boldsymbol{e}}$ 满足如下的关系：

$$\|\tilde{\boldsymbol{e}}_{\mathrm{R}}\|_2 \leqslant \|\tilde{\boldsymbol{e}}\|_2 \tag{8.18}$$

　　换言之，差分特征有助于弥补隐层输出特征对输入的信息描述。

图 8.4　基于 ELM-SAE 的 MDL

　　其次，基于 ELM 的稀疏自编码器（ELM-SAE）的 MDL（见图 8.4）也可以类似地描述为如下的数学过程：

　　对于输入 $\boldsymbol{x}$，利用 8.2.3 小节中的 ELM-SAE 去除隐层输出的随机性后，其隐层的输出特征 $\boldsymbol{h}$ 可以表示为

$$\boldsymbol{h} = \sigma(\boldsymbol{x}\boldsymbol{\beta}^{\mathrm{T}}) \tag{8.19}$$

　　进一步，利用隐层输出特征 $\boldsymbol{h}$，通过如下的公式可以重构出级联输入 $\boldsymbol{x}$：

$$\hat{\boldsymbol{x}} \overset{\mathrm{def}}{=} \boldsymbol{h}\boldsymbol{\beta} \tag{8.20}$$

　　我们可以得到重构误差 $\boldsymbol{e}$ 以及差分信号 $\boldsymbol{d}$：

$$\begin{cases} \boldsymbol{e} \overset{\mathrm{def}}{=} \boldsymbol{x} - \hat{\boldsymbol{x}} \\ \boldsymbol{d} = \boldsymbol{e}(\boldsymbol{\beta})^{\dagger} \end{cases} \tag{8.21}$$

其中，$(\boldsymbol{\beta})^{\dagger}$ 为 $\boldsymbol{\beta}$ 的广义伪逆。这里求出的差分信号 $\boldsymbol{d}$ 是隐层输出 $\boldsymbol{h}$ 对输入 $\boldsymbol{x}$ 的一种补充，且 $\boldsymbol{d}$ 与 $\boldsymbol{h}$ 的维度相同。同理。当我们将获取到的差分特征 $\boldsymbol{d}$ 与隐层输出特征 $\boldsymbol{h}$ 结合起来，可以修正重构出级联输入 $\boldsymbol{x}$，即

$$\hat{\boldsymbol{x}}_{\mathrm{R}} = (\boldsymbol{h} + \boldsymbol{d})\boldsymbol{\beta} \tag{8.22}$$

$\hat{\boldsymbol{x}}_{\mathrm{R}}$ 的下角标 R 表示融入差分特征修正重构输入。获取到的重构误差可重写为

$$\boldsymbol{e}_{\mathrm{R}} \overset{\mathrm{def}}{=} \boldsymbol{x} - \hat{\boldsymbol{x}}_{\mathrm{R}} \tag{8.23}$$

　　从误差的角度，我们也期望带有差分特征融入后的修正误差 $\boldsymbol{e}_{\mathrm{R}}$ 与原重构误差 $\boldsymbol{e}$ 满足如下的关系：

$$\|\boldsymbol{e}_{\mathrm{R}}\|_2 \leqslant \|\boldsymbol{e}\|_2 \tag{8.24}$$

即差分特征有助于弥补隐层输出特征对输入的信息描述。

注意，类比 Mallat 算法，差分特征扮演着高频或细节成分的角色，而隐层输出特征则扮演着低频或者逼近成分的角色。

8.3.2 基于 RVFL-SAE 的 MDL 的稀疏深度差分神经网络

基于 RVFL-SAE 的 MDL 所构造的稀疏深度差分神经网络模型见图 8.5。网络的整个结构可分为两部分，第一部分是分解阶段，可用于获取层级抽象特征及对应的差分特征；第二部分是重构阶段，利用获取的层级抽象特征及对应的差分特征可以重构出输入。下面，类似于 Mallat 算法的分解重构公式，我们也详述这两个部分的公式。

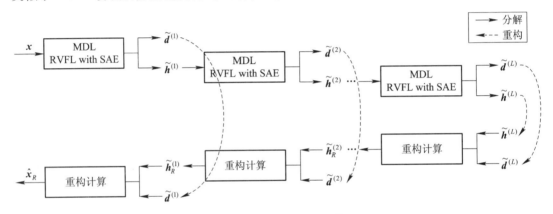

图 8.5　基于 RVFL-SAE 的 MDL 的 SDDeNN

在分解阶段，对于每一层级上的分解，我们有如下的分解公式：

$$\begin{cases} \tilde{\boldsymbol{h}}^{(l)} \stackrel{\text{def}}{=} \left[\tilde{\boldsymbol{h}}^{(l-1)}, \boldsymbol{h}^{(l)} \right] \\ \tilde{\boldsymbol{d}}^{(l)} \stackrel{\text{def}}{=} \tilde{\boldsymbol{e}}^{(l-1)} (\tilde{\boldsymbol{\beta}}^{(l)})^{\dagger} \end{cases} \tag{8.25}$$

其中，$l = 1, 2, \cdots, L$，L 为分解的层深或者网络的隐层个数，$\tilde{\boldsymbol{h}}^{(0)} \stackrel{\text{def}}{=} \boldsymbol{x}$，并且

$$\begin{cases} \boldsymbol{h}^{(l)} = \sigma (\tilde{\boldsymbol{h}}_z^{(l-1)} (\tilde{\boldsymbol{\beta}}^{(l)})^{\text{T}}) \\ \tilde{\boldsymbol{e}}^{(l-1)} = \tilde{\boldsymbol{h}}_z^{(l-1)} - \hat{\tilde{\boldsymbol{h}}}_z^{(l-1)} \end{cases} \tag{8.26}$$

其中，$\tilde{\boldsymbol{h}}_z^{(l-1)} \stackrel{\text{def}}{=} [\tilde{\boldsymbol{h}}^{(l-1)}, 1]$，1 为标量，并且

$$\hat{\tilde{\boldsymbol{h}}}_z^{(l-1)} = \tilde{\boldsymbol{h}}^{(l)} \tilde{\boldsymbol{\beta}}^{(l)} \tag{8.27}$$

分解阶段结束后，我们可以得到层级特征集 $\{\tilde{\boldsymbol{h}}^{(l)}, l = 1, 2, \cdots, L\}$ 以及相对应的差分特征集 $\{\tilde{\boldsymbol{d}}^{(l)}, l = 1, 2, \cdots, L\}$。对于模式分类任务而言，通常我们仅利用最后一个隐层的特征输出 $\tilde{\boldsymbol{h}}^{(L)}$。然而，由差分特征集构成输入 $\boldsymbol{x}$ 的差分特征 $\tilde{\boldsymbol{d}}_x$，即

$$\tilde{\boldsymbol{d}}_x \stackrel{\text{def}}{=} \left[\tilde{\boldsymbol{d}}^{(1)}, \tilde{\boldsymbol{d}}^{(2)}, \cdots, \tilde{\boldsymbol{d}}^{(L)}\right] \tag{8.28}$$

也可以作为一种对输入 $\boldsymbol{x}$ 的特征表示。

在重构阶段，我们仅利用最后一个隐层的特征输出 $\tilde{\boldsymbol{h}}^{(L)}$ 以及相对应的差分特征集 $\{\tilde{\boldsymbol{d}}^{(l)}, l=1, 2, \cdots, L\}$，通过如下的公式进行重构：

$$\tilde{\boldsymbol{h}}_{\text{R}}^{(l-1)} \stackrel{\text{def}}{=} \left[\tilde{\boldsymbol{h}}_{\text{R}}^{(l)} + \tilde{\boldsymbol{d}}^{(l)}\right]\tilde{\boldsymbol{\beta}}^{(l)} \tag{8.29}$$

其中，$\tilde{\boldsymbol{h}}_{\text{R}}^{(L)} \stackrel{\text{def}}{=} \tilde{\boldsymbol{h}}^{(L)}$，$\hat{\boldsymbol{x}}_{\text{R}} \stackrel{\text{def}}{=} \tilde{\boldsymbol{h}}_{\text{R}}^{(0)}$。注意，$\hat{\boldsymbol{x}}_{\text{R}} = [\hat{\boldsymbol{x}}, 1]$，1 为标量，$\hat{\boldsymbol{x}}$ 为输入 $\boldsymbol{x}$ 的有效逼近。另外，整个网络需要优化的参数为 $\tilde{\boldsymbol{\beta}}^{(l)}$，$l=1, 2, \cdots, L$。具体地，基于 RVFL-SAE 的 MDL 的稀疏深度差分神经网络的优化算法见算法 8.1。

算法 8.1　基于 RVFL-SAE 的 MDL 的稀疏深度差分神经网络的优化算法

输入：$\boldsymbol{X} \in \mathbf{R}^{N \times n}$

输出：$\hat{\boldsymbol{X}} \in \mathbf{R}^{N \times n}$，抽象特征 $\tilde{\boldsymbol{H}}^{(L)}$，及相应的差分特征 $\tilde{\boldsymbol{D}}_X$

网络超参数：网络的层深或者分解层数 L，对于每一隐层上的 MDL 的隐节点个数 m_l，激活函数取修正线性单元 ReLU，稀疏正则化因子 λ

分解阶段

1　将输入样本记为 $\tilde{\boldsymbol{H}}^{(0)} \stackrel{\text{def}}{=} \boldsymbol{X}$，并且输入维数记为 $m_0 \stackrel{\text{def}}{=} n$

2　For $l=1, 2, \cdots, L$

3　　随机化赋值确定参数权值矩阵 $\boldsymbol{W}^{(l)} \in \mathbf{R}^{m_{l-1} \times m_l}$，以及偏置 $\boldsymbol{b}^{(l)} \in \mathbf{R}^{1 \times m_l}$

4　　通过公式(8.7)获取随机层级输出矩阵 $\tilde{\boldsymbol{H}}^{(l)}$

5　　进一步，通过公式(8.6)优化计算参数 $\tilde{\boldsymbol{\beta}}^{(l)}$

6　　通过公式(8.9)以及(8.7)更新层级输出矩阵 $\tilde{\boldsymbol{H}}^{(l)}$，即去除随机性

7　　通过公式(8.26)计算层级差分特征 $\tilde{\boldsymbol{D}}^{(l)}$

8　End

9　输出抽象特征 $\tilde{\boldsymbol{H}}^{(L)}$，以及通过公式(8.28)输出差分特征 $\tilde{\boldsymbol{D}}_X$

重构阶段

10　For $l=L, L-1, \cdots, 1$

11　通过公式(8.29)计算层级抽象特征的逼近 $\tilde{\boldsymbol{H}}_{\text{R}}^{(l)}$

12　End

13　输出重构的输入 $\hat{\boldsymbol{X}}$

8.3.3   基于 ELM-SAE 的 MDL 的稀疏深度差分神经网络

基于 ELM-SAE 的 MDL 构造的稀疏深度差分神经网络模型见图 8.6。网络的整个结构仍可分为两部分，第一部分是分解阶段，可用于获取层级抽象特征及对应的差分特征；第二部分是重构阶段，利用获取的层级抽象特征及对应的差分特征可以重构出输入。下面，我们也详述这两个部分的公式。

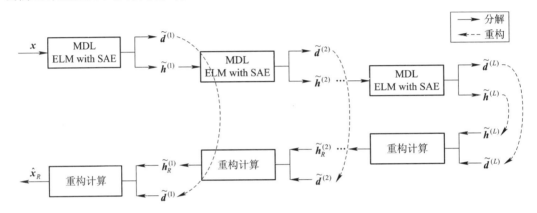

图 8.6   基于 ELM-SAE 的 MDL 的 SDDeNN

在分解阶段，对于每一层级上的分解，我们有如下的分解公式：

$$
\begin{cases}
\boldsymbol{h}^{(l)} = \sigma(\boldsymbol{h}_z^{(l-1)}(\boldsymbol{\beta}^{(l)})^{\mathrm{T}}) \\
\boldsymbol{d}^{(l)} = \boldsymbol{e}^{(l-1)}(\boldsymbol{\beta}^{(l)})^{\dagger}
\end{cases}
\tag{8.30}
$$

其中，$\boldsymbol{h}_z^{(l-1)} \stackrel{\mathrm{def}}{=} [\boldsymbol{h}^{(l-1)}, 1]$，1 为标量，$l = 1, 2, \cdots, L$，$L$ 为分解的层深或者网络的隐层个数，$\boldsymbol{h}^{(0)} \stackrel{\mathrm{def}}{=} \boldsymbol{x}$，并且

$$
\begin{cases}
\boldsymbol{e}^{(l-1)} = \boldsymbol{h}_z^{(l-1)} - \hat{\boldsymbol{h}}_z^{(l-1)} \\
\hat{\boldsymbol{h}}_z^{(l-1)} = \boldsymbol{h}^{(l)}\boldsymbol{\beta}^{(l)}
\end{cases}
\tag{8.31}
$$

分解阶段结束后，我们可以得到层级特征集 $\{\boldsymbol{h}^{(l)}, l = 1, 2, \cdots, L\}$ 以及相对应的差分特征集 $\{\boldsymbol{d}^{(l)}, l = 1, 2, \cdots, L\}$。对于模式分类任务而言，通常我们仅利用最后一个隐层的特征输出 $\boldsymbol{h}^{(L)}$。然而，由差分特征集构成输入 x 的差分特征 $\boldsymbol{d}_x$，即

$$
\boldsymbol{d}_x \stackrel{\mathrm{def}}{=} [\boldsymbol{d}^{(1)}, \boldsymbol{d}^{(2)}, \cdots, \boldsymbol{d}^{(L)}]
\tag{8.32}
$$

也可以作为一种对输入 x 的特征表示。

在重构阶段，我们仅利用最后一个隐层的特征输出 $\boldsymbol{h}^{(L)}$ 以及相对应的差分特征集 $\{\boldsymbol{d}^{(l)}, l = 1, 2, \cdots, L\}$，通过如下的公式进行重构：

$$
\boldsymbol{h}_R^{(l-1)} \stackrel{\mathrm{def}}{=} [\boldsymbol{h}_R^{(l)} + \boldsymbol{d}^{(l)}]\boldsymbol{\beta}^{(l)}
\tag{8.33}
$$

其中，$h_R^{(L)} \overset{\text{def}}{=} h^{(L)}$，且 $\hat{x}_R \overset{\text{def}}{=} h_R^{(0)}$。注意，$\hat{x}_R = [\hat{x}, 1]$，1 为标量，$\hat{x}$ 为输入 x 的有效逼近。另外，整个网络需要优化的参数为 $\beta^{(l)}$，$l = 1, 2, \cdots, L$。具体地，基于 ELM-SAE 的 MDL 的稀疏深度差分神经网络的优化算法见算法 8.2。

算法 8.2　基于 ELM-SAE 的 MDL 的稀疏深度差分神经网络的优化算法

输入：$X \in \mathbf{R}^{N \times n}$

输出：$\hat{X} \in \mathbf{R}^{N \times n}$，抽象特征 $H^{(L)}$，及相应的差分特征 D_X

网络超参数：网络的层深或者分解层数 L，对于每一隐层上的 MDL 的隐节点个数 m_l，激活函数取修正线性单元 ReLU，稀疏正则化因子 λ

分解阶段

1　将输入样本记为 $H^{(0)} \overset{\text{def}}{=} X$，并且输入维数记为 $m_0 \overset{\text{def}}{=} n$

2　For $l = 1, 2, \cdots, L$

3　　随机化赋值确定参数权值矩阵 $W^{(l)} \in \mathbf{R}^{m_{l-1} \times m_l}$，以及偏置 $b^{(l)} \in \mathbf{R}^{1 \times m_l}$

4　　通过公式(8.11)获取随机层级输出矩阵 $H^{(l)}$

5　　进一步，通过公式(8.10)优化计算参数 $\beta^{(l)}$

6　　通过公式(8.12)更新层级输出矩阵 $H^{(l)}$，即去除随机性

7　　通过公式(8.30)计算层级差分特征 $D^{(l)}$

8　End

9　输出抽象特征 $H^{(L)}$，以及通过公式(8.32)输出差分特征 D_X

重构阶段

10　For $l = L, L-1, \cdots, 1$

11　　通过公式(8.33)计算层级抽象特征的逼近 $H_R^{(l)}$

12　End

13　输出重构的输入 $\hat{X}$

8.3.4　用于模式分类的稀疏深度差分神经网络

众所周知，模式分类核心任务之一是特征学习。经典的深度学习系统总是利用层级抽象特征作为输入的有效表征，从而以端到端的方式将特征学习和分类器设计融合为一体来完成参数优化以及泛化。本章提出的稀疏深度差分神经网络 SDDeNN 在处理模式分类任务时，分为两个阶段。在第一个阶段，利用 MDL 来提取输入样本的抽象特征和差分特征；在第二个阶段，利用经典的 RVFL 或 ELM 作为分类器，对提取的特征进行类别预测。注意，

对于整个用于模式分类的网络，其参数优化可以采用局部优化的方式，不需要用整体端到端的方式精调网络。具体地，对于两种类型的 SDDeNN，我们的分析如下。

首先，基于 RVFL-SAE 的 MDL 的稀疏深度差分神经网络，将其用于模式分类的网络框架见图 8.7。

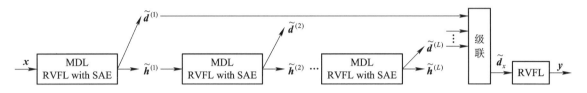

图 8.7　基于 RVFL-SAE 的 MDL 的 SDDeNN 用于模式分类的网络框架

对于输入 $\boldsymbol{x}$，我们可以得到差分特征 $\tilde{\boldsymbol{d}}_x$，然后在分类阶段，利用经典的 RVFL 作为分类器，预测输出的公式为

$$\hat{\boldsymbol{y}} \overset{\text{def}}{=} \tilde{\boldsymbol{u}}\tilde{\boldsymbol{\beta}} = \left[\tilde{\boldsymbol{d}}_x,\ \sigma(\tilde{\boldsymbol{d}}_x\boldsymbol{W} + \boldsymbol{b})\right]\tilde{\boldsymbol{\beta}} \tag{8.34}$$

其中，参数 $\boldsymbol{W}$、$\boldsymbol{b}$ 由随机赋值的方式来取定，σ 为激活函数，参数 $\tilde{\boldsymbol{\beta}}$ 可以利用 FISTA 算法通过求解如下的优化目标函数获得：

$$\min_{\tilde{\boldsymbol{\beta}}} \|\boldsymbol{Y} - \hat{\boldsymbol{Y}}\| = \|\boldsymbol{Y} - \left[\tilde{\boldsymbol{D}}_X,\ \sigma(\tilde{\boldsymbol{D}}_X\boldsymbol{W} + \boldsymbol{b})\right]\tilde{\boldsymbol{\beta}}\|_F^2 + \lambda\|\tilde{\boldsymbol{\beta}}\|_1 \tag{8.35}$$

其中，$\boldsymbol{Y}$ 为输入矩阵 $\boldsymbol{X}$ 对应的类标矩阵，λ 为正则化因子。

其次，基于 ELM-SAE 的 MDL 的稀疏深度差分神经网络，将其用于模式分类的网络框架见图 8.8。

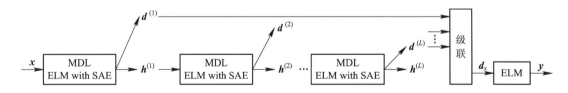

图 8.8　基于 ELM-SAE 的 MDL 的 SDDeNN 用于模式分类的框架

对于输入 $\boldsymbol{x}$，我们可以得到差分特征 $\boldsymbol{d}_x$，然后在分类阶段，利用经典的 ELM 作为分类器，预测输出的公式为

$$\hat{\boldsymbol{y}} \overset{\text{def}}{=} u\boldsymbol{\beta} = \sigma(\boldsymbol{d}_x\boldsymbol{W} + \boldsymbol{b})\boldsymbol{\beta} \tag{8.36}$$

其中，参数 $\boldsymbol{W}$、$\boldsymbol{b}$ 仍由随机赋值的方式来取定，σ 为激活函数，参数 $\boldsymbol{\beta}$ 可以利用 FISTA 算法通过求解如下的优化目标函数获得：

$$\min_{\boldsymbol{\beta}} \|\boldsymbol{Y} - \hat{\boldsymbol{Y}}\| = \|\boldsymbol{Y} - \sigma(\boldsymbol{D}_X\boldsymbol{W} + \boldsymbol{b})\boldsymbol{\beta}\|_F^2 + \lambda\|\boldsymbol{\beta}\|_1 \tag{8.37}$$

其中，$\boldsymbol{Y}$ 为输入矩阵 $\boldsymbol{X}$ 对应的类标矩阵，λ 为正则化因子。注意，上述两种 SDDeNN 模式分类方法的主要区别为：无论是在（差分）特征学习阶段还是分类阶段，对于各个层级上抽象特征的构造，基于 RVFL-SAE 的 MDL 的 SDDeNN 会将层级抽象特征与 MDL 的输入以级联的方式组合成隐层的输出，而基于 ELM-SAE 的 MDL 的 SDDeNN 则直接将层级抽象特征作为隐层的输出。

8.3.5　稀疏深度差分神经网络的算法复杂度

下面我们简要讨论稀疏深度差分神经网络的算法复杂度。针对算法 8.1 和算法 8.2，计算的主要代价在于矩阵的伪逆及相乘运算。假设样本的个数为 N、维度为 n，第 l 个 MDL 模块上的隐节点个数为 m_l，$l = 0, 1, 2, \cdots, L$，且 $m_0 \overset{\text{def}}{=} n$。注意，这里并没有针对 8.3.4 小节中的模式识别网络进行分析。

对于基于 RVFL-SAE 的 MDL 的 SDDeNN 而言，待优化参数 $\tilde{\boldsymbol{\beta}}^{(l)}$ 的伪逆计算代价为

$$O\left(\sum_{l=1}^{L} (m_{l-1} + m_l)^3 \right) \tag{8.38}$$

另外，分解阶段矩阵相乘的计算代价为

$$O\left(\sum_{l=1}^{L} (8m_{l-1} + 2m_l + 2) m_l N \right) \tag{8.39}$$

因此，计算的主要代价为公式（8.38）与公式（8.39）的和。

对于基于 ELM-SAE 的 MDL 的 SDDeNN 而言，待优化参数 $\boldsymbol{\beta}^{(l)}$ 的伪逆计算代价为

$$O\left(\sum_{l=1}^{L} \min(m_{l-1}, m_l)^3 \right) \tag{8.40}$$

另外，分解阶段矩阵相乘的计算代价为

$$O\left(\sum_{l=1}^{L} (10m_{l-1} + 2) m_l N \right) \tag{8.41}$$

因此，其计算的主要代价为公式（8.40）与公式（8.41）的和。

8.4　稀疏深度差分神经网络性能评估与分析

为了评估 SDDeNN，我们主要聚焦于两个视觉处理任务，即模式分类任务以及重构任务。所有的实验均在 MATLAB 2016b 平台上进行。另外，在实验过程中，所有的输入都被

归一化到 $[0，1]$ 之间。

8.4.1 模式分类任务

为了验证 8.3.4 小节中所提出的网络框架的有效性，我们选择了一些经典算法来与其进行性能对比。参与对比的网络包括 DSAE、主成分分析网络 PCANet、深度置信网络 DBN、经典极限学习机 ELM、带有局部感受野的 ELM（即 ELM-LRF）、层次极限学习机 H-ELM、宽度学习系统 BLS、卷积神经网络 CNN 等。另外，使用的基准数据集包括 MNIST、NORB 和 Fashion MNIST 等。具体地，我们提出的网络框架有两种，为了方便，我们分别将其简记为基于 RVFL-SAE 的 MDL 的 SDDeNN（SDDeNN-MDL-RVFL）和基于 ELM-SAE 的 MDL 的 SDDeNN（SDDeNN-MDL-ELM）。

1. MNIST 数据集上的性能对比

对于 MNIST 数据集，我们提出的 SDDeNN 的参数包括两部分，一是特征学习阶段，包括网络的层深或模块 MDL 的个数 L、每个 MDL 中隐节点的个数 m_l 以及激活函数 σ；二是分类器设计阶段，包括隐节点个数 p、激活函数 υ、正则化因子 λ 以及尺度因子 s。具体地，参数设置如表 8.1 所示。

表 8.1　在 MNIST 数据集上 SDDeNN 的参数设置

方法	L	m_l	σ	p	υ	λ	s
SDDeNN-MDL-RVFL	2	$\{80，80\}$	Mapminmax	10 000	Tansig	2^{-20}	0.8
SDDeNN-MDL-ELM	2	$\{300，300\}$	Mapminmax	12 000	Tansig	2^{-20}	0.8

相应地，对比网络的参数设置如下：DSAE、DBN、ELM、RVFL、H-ELM 的网络节点个数分别设置为 $1000 \to 500 \to 100$，$500 \to 500 \to 2000$，12 000，10 000 以及 $300 \to 300 \to 12\ 000$。对于分类器为 SVM 的 PCANet，网络的隐层个数设置为 $L=2$，且这两个隐层上的滤波器个数为 $L_1 = L_2 = 8$，每个滤波器的尺寸分别为 $k_1 = k_2 = 7$。对于 ELM-LRF，感受野的尺寸为 5×5，特征映射的个数为 10，池化半径为 3，正则化参数 $C = 0.01$。对于 BLS，窗口个数为 10，每个窗口内的隐节点个数为 100，增强节点个数为 11 000。对于深度堆栈网络 DSN，其每个模块的隐节点个数均为 1000，堆栈的模块个数为 2。对于 CNN 网络，我们使用经典的 LeNet5 的架构。实验结果如表 8.2 所示。注意，对于随机性的 ELM、RVFL、ELM-LRF、H-ELM、BLS、SDDeNN，我们均采用 100 次随机实验的平均结果来作为对比参考。

表 8.2　MNIST 数据集上 SDDeNN 与其他经典网络的性能对比

网络模型	测试准确率	训练时间/s
DSAE	97.56	797.09
PCANet	98.34	4066.5
DBN	98.37	2376.8
ELM	97.85	119.95
RVFL	97.66	132.61
H-ELM	98.93	46.585
ELM-LRF	96.75	37.470
BLS	98.33	53.546
CNN	98.71	3341.1
DSN	98.23	1029.1
SDDeNN-MDL-RVFL	98.64	97.943
SDDeNN-MDL-ELM	**99.04**	**44.533**

从表 8.2 中可以看到：经典的 RVFL 以及 ELM 并不能取得相对较好的测试准确率以及较少的训练时间。另外，H-ELM 使用了抽象特征作为输入的有效表征，完成了相对较好的测试性能，与 H-ELM 相比，两种类型的 SDDeNN 均使用了差分特征作为输入的有效描述，并取得了较好的测试准确率以及相对较低的训练时间代价。在 MNIST 数据集上，对于用于模式分类任务的 SDDeNN，我们可以得到如下两个结论：一是与经典的抽象特征一样，差分特征也可作为输入的一种有效描述；二是相比于其他经典的网络，SDDeNN 可以以相对较低的训练时耗获取较高的测试准确率。

2. NORB 数据集上的性能对比

与处理 MNIST 数据集的流程类似，对于 NORB 数据集，SDDeNN 的网络参数设置如表 8.3 所示。

表 8.3　在 NORB 数据集上 SDDeNN 的参数设置

方法	L	m_l	σ	p	υ	λ	s
SDDeNN-MDL-RVFL	2	{1000，1000}	Mapminmax	15 000	Tansig	2^{-3}	1.2
SDDeNN-MDL-ELM	2	{200，200}	Mapminmax	15 000	Tansig	2^{-9}	1.2

相应地，对比网络的参数设置如下：DSAE、DBN、ELM、RVFL、H-ELM 的网络节点个数分别设置为 $1000 \rightarrow 500 \rightarrow 100$，$4000 \rightarrow 4000 \rightarrow 4000$，15 000，10 000 以及 $3000 \rightarrow 3000 \rightarrow$

12 000。对于分类器为 SVM 的 PCANet，网络的隐层个数设置为 $L=2$，且这两个隐层上的滤波器个数为 $L_1=L_2=8$，每个滤波器的尺寸分别为 $k_1=k_2=6$。对于 ELM-LRF，感受野的尺寸为 4×4，特征映射的个数为 3，池化半径为 3，正则化参数 $C=0.01$。对于 BLS，窗口个数为 10，每个窗口内的隐节点个数为 100，增强节点个数为 9000。对于深度堆栈网络 DSN，其每个模块的隐节点个数均为 2000，堆栈的模块个数为 2。对于 CNN 网络，我们使用经典的 LeNet5 的架构。实验结果如表 8.4 所示，注意，对于随机性的 ELM、RVFL、ELM-LRF、H-ELM、BLS、SDDeNN，我们均采用 100 次随机实验的平均结果来作为对比参考。

表 8.4　NORB 数据集上 SDDeNN 与其他经典网络的性能对比

网络模型	测试准确率	训练时间/s
DSAE	86.27	626.45
PCANet	90.04	4337.8
DBN	88.27	5581.9
ELM	90.37	24.892
RVFL	88.47	41.257
H-ELM	91.28	71.227
ELM-LRF	83.91	19.980
BLS	89.57	21.884
CNN	86.74	5597.8
DSN	88.27	1687.3
SDDeNN-MDL-RVFL	**91.66**	87.307
SDDeNN-MDL-ELM	91.53	26.431

从表 8.4 中可以看出，RVFL 以及 ELM 仍不能取得相对较好的测试准确率以及较少的训练时间。另外，H-ELM 使用了抽象特征作为输入的有效表征，取得了相对较好的测试性能。与 H-ELM 相比，两种类型的 SDDeNN 均使用了差分特征作为输入的有效描述，也取得了较好的测试准确率以及相对较低的训练时间代价。总之，在 NORB 数据集上，对于用于模式分类任务的 SDDeNN，我们可以得到如下两个结论：一是与经典的抽象特征一样，差分特征可以作为输入的一种有效描述；二是相比于其他经典的网络，SDDeNN 依然可以完成以相对较低的训练时耗获取较高的测试准确率。

3. Fashion MNIST 数据集上的性能对比

除了经典的 MNIST 和 NORB 数据集，对于 Fashion MNIST 数据集，提出的 SDDeNN 的网络参数设置如表 8.5 所示。

表 8.5 在 Fashion MNIST 数据集上 SDDeNN 的参数设置

方法	L	m_l	σ	p	υ	λ	s
SDDeNN-MDL-RVFL	2	$\{60, 60\}$	Mapminmax	10 000	Tansig	2^{-20}	3
SDDeNN-MDL-ELM	2	$\{400, 400\}$	Mapminmax	15 000	Tansig	2^{-20}	1.2

相应地,对比网络的参数设置如下:DSAE、DBN、ELM、RVFL、H-ELM 的网络节点个数分别设置为 $1000 \to 500 \to 100$,$500 \to 500 \to 2000$,10 000,10 000 以及 $1000 \to 1000 \to 10\,000$。对于分类器为 SVM 的 PCANet,网络的隐层个数设置为 $L=2$,且这两个隐层上的滤波器个数为 $L_1 = L_2 = 8$,每个滤波器的尺寸分别为 $k_1 = k_2 = 4$。对于 ELM-LRF,感受野的尺寸为 5×5,特征映射的个数为 10,池化半径为 2,正则化参数 $C = 0.05$。对于 BLS,窗口个数为 10,每个窗口内的隐节点个数为 10,增强节点个数为 12 000。对于深度堆栈网络 DSN,其每个模块的隐节点个数均为 2000,堆栈的模块个数为 2。对于 CNN 网络,我们仍使用的是经典的 LeNet5 的架构。实验结果如表 8.6 所示,注意,对于随机性的 ELM、RVFL、ELM-LRF、H-ELM、BLS、SDDeNN,我们均采用 100 次随机实验的平均结果来作为对比参考。

表 8.6 Fashion MNIST 数据集上 SDDeNN 与其他经典网络的性能对比

网络模型	测试准确率	训练时间/s
DSAE	88.94	4151.2
PCANet	90.01	3572.6
DBN	86.99	10 487
ELM	88.87	24.449
RVFL	88.02	35.642
H-ELM	88.55	46.472
ELM-LRF	88.14	9113.6
BLS	89.58	62.656
CNN	88.94	4724.7
DSN	89.24	6831.9
SDDeNN-MDL-RVFL	89.75	51.667
SDDeNN-MDL-ELM	**90.21**	35.318

从表 8.6 中可知，在 Fashion MNIST 数据集上，对于用于模式分类任务的 SDDeNN，我们可以得到如下两个结论：一是与经典的抽象特征一样，差分特征可以作为输入的一种有效描述；二是相比于其他经典的网络，SDDeNN 依然可以完成以相对较低的训练时耗获取较高的测试准确率。

4. SDDeNN 的性能分析

下面基于 MNIST 数据集，我们将详细从以下三个方面来分析 SDDeNN 的性能，一是网络的层深 L 对测试性能的影响；二是网络的每个 MDL 中隐节点的个数 m_l 对测试性能的影响；三是一些实用的技巧。

首先，关于网络的层深 L 对测试性能的影响，我们采用的网络是 SDDeNN-MDL-ELM，其网络参数见前文。随着 L 从小到大地变化，其他参数均不变。注意，每个 MDL 中隐节点的个数均相同。我们分别使用抽象特征与差分特征得到的网络的测试准确率变化趋势见图 8.9。

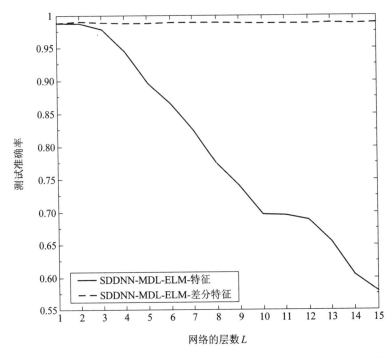

图 8.9　在 MNSIT 上 SDDeNN-MDL-ELM 随着层深的变化其测试准确率变化趋势

从图 8.9 中可以看到，随着层数的加深，使用抽象特征的网络测试性能逐渐下降，但利用差分特征的网络，其测试性能基本上保持稳定。

其次，关于网络的每个 MDL 中隐节点的个数 m_l 对测试性能的影响，我们假设网络的层深 $L=2$，每个 MDL 中的隐节点的个数均相同，并且 m_l 从大到小取了七组不同的值。为了对比相应的网络性能，我们选择了经典的 RVFL 和 ELM 网络，并且我们还采用了本章所提的两种类型的 SDDeNN。对于 RVFL 与 ELM，采用的是随机隐层输出特征，对于 SDDeNN，我们采用的是差分特征，网络的测试准确率趋势见图 8.10。从图 8.10 中可以看到，随着 MDL 中隐节点个数的增加，RVFL 与 ELM 的测试准确率趋势相比于 SDDeNN 网络的测试准确率较低。而且，即便是在隐节点个数十分小的时候，SDDeNN 仍可以获取相对较好的测试性能。

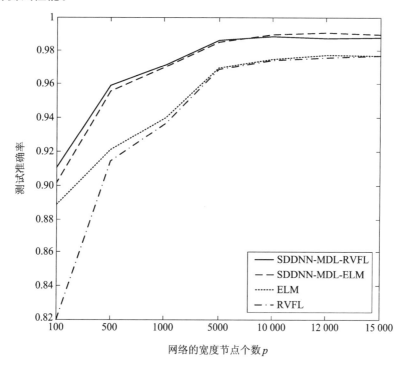

图 8.10 在 MNSIT 上 SDDeNN-MDL-ELM 随隐节点变化的性能趋势

最后，在利用 FISTA 算法优化求解 SDDeNN 的网络参数时，总是会出现网络参数的条件数过大的警告，换言之，求解得到的参数矩阵是病态的。为了解决此问题，我们采用幅值提升的策略，即

$$
\begin{cases}
\widetilde{\boldsymbol{\beta}}^{(l)} \overset{\text{def}}{=} 10^{4l} \cdot \widetilde{\boldsymbol{\beta}}^{(l)} \\
\boldsymbol{\beta}^{(l)} \overset{\text{def}}{=} 10^{4l} \cdot \boldsymbol{\beta}^{(l)}
\end{cases}
\tag{8.42}
$$

其中，$l=1, 2, \cdots, L$。从以上的模式分类实验中，我们可以看到赋值提升的策略是可行的。

8.4.2 重构任务

众所周知，大部分经典的深度学习系统是不具有可逆特性的，其本质的原因是随着层级的加深，可重构出输入的信息在不断地流失或被遗弃。本章提出的 SDDeNN 是一种包含分解和重构的网络框架模型。下面，我们利用 CIFAR10 数据集来验证提出的 SDDeNN 的可行性。对于 8.3.2 小节与 8.3.3 小节提出的网络以及相应的优化算法，在分解阶段保持不变的前提下，我们仅在重构阶段做如下的改动，即引入硬阈值 T 衡量层级重构的抽象特征，进而来辅助研究重构输入图像的性能。具体地，对于 8.3.2 小节中的算法 8.1，在重构阶段，我们有

$$\widetilde{H}_{\mathrm{R}}^{(l)} = S(\widetilde{H}_{\mathrm{R}}^{(l)}, T) \tag{8.43}$$

其中，T 为事先给定的硬阈值，且

$$S(u, T) = \begin{cases} u, & u \geqslant T \\ 0, & \text{其他} \end{cases} \tag{8.44}$$

类似地，对于 8.3.3 小节中的算法 8.2，在重构阶段，我们也有

$$H_{\mathrm{R}}^{(l)} = S(H_{\mathrm{R}}^{(l)}, T) \tag{8.45}$$

另外，在训练 SDDeNN 时，为了使得网络更具鲁棒性，我们在输入中添加一定强度的加性噪声，即

$$\overline{X}_{\mathrm{train}} = X_{\mathrm{train}} + N \tag{8.46}$$

其中，N 表示服从正态分布或均匀分布。

为了分析层级抽象特征与层级差分特征在重构输入过程中的影响，对于算法 8.1，我们考虑以下三种重构模式：

$$\begin{cases} \widetilde{H}_{\mathrm{R}, 1}^{(l-1)} = [\widetilde{H}_{\mathrm{R}, 1}^{(l)} + \widetilde{D}_1^{(l)}] \widetilde{\beta}^{(l)} \\ \widetilde{H}_{\mathrm{R}, 2}^{(l-1)} = [\widetilde{H}_{\mathrm{R}, 2}^{(l)} + \widetilde{D}_2^{(l)}] \widetilde{\beta}^{(l)} \\ \widetilde{H}_{\mathrm{R}, 3}^{(l-1)} = [\widetilde{H}_{\mathrm{R}, 3}^{(l)} + \widetilde{D}_3^{(l)}] \widetilde{\beta}^{(l)} \end{cases} \tag{8.47}$$

具体地，关于以上记号，我们有

$$\begin{cases} \widetilde{H}_{\mathrm{R}, 1}^{(L)} = \widetilde{H}^{(L)} \\ \widetilde{D}_1^{(l)} = \widetilde{D}^{(l)} \\ \widetilde{H}_{\mathrm{R}, 2}^{(l-1)} = \widetilde{H}^{(L)} \\ \widetilde{D}_2^{(l)} = 0 \\ \widetilde{H}_{\mathrm{R}, 3}^{(l-1)} = 0 \\ \widetilde{D}_3^{(l)} = \widetilde{D}^{(l)} \end{cases} \tag{8.48}$$

　　显然，第一种重构模式的重构输出使用了抽象特征和层级差分特征，我们可以简记为 X_{HD}；第二种重构模式的重构输出仅使用了抽象特征，简记为 X_{H}；第三种重构输出仅使用了层级差分特征，简记为 X_{D}。

　　基于 CIFAR10 数据集，并且假设 SDDeNN-MDL-RVFL 的层深 $L=5$，每个 MDL 中的隐节点个数为 $m_l=1000$，均匀分布 N 强度为 0.1，其他参数见算法 8.1。我们可以将算法 8.1 中在分解阶段的参数训练好，并获取到抽象特征以及层级差分特征。通过设置硬阈值 $T=0.004$，并利用公式(8.47)的三种重构模式，得到的结果见图 8.11。注意，这里仅使用了 8 幅图像来进行重构测试。

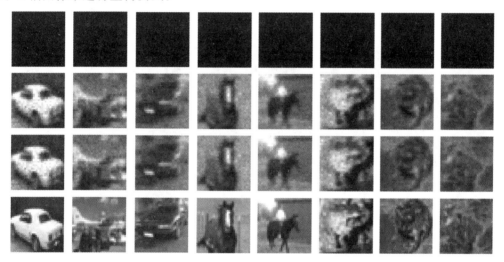

第一行为 X_{H}，第二行为 X_{D}，第三行为 X_{HD}，第四行为原始输入

图 8.11　利用 SDDeNN-MDL-RVFL 重构的图像

　　为了衡量重构图像相对原始图像的性能，我们引入了 SSIM 指标，即结构相似性指标，它是一种衡量两幅图像中光照、对比度以及结构相似度的指标。对于每一幅测试图像 x，其重构图像包括三种，即 x_{H}、x_{D} 以及 x_{HD}，那么我们有

$$\begin{cases} V_{\mathrm{H}} \stackrel{\mathrm{def}}{=} \mathrm{SSIM}(x_{\mathrm{H}},\,x) \\ V_{\mathrm{D}} \stackrel{\mathrm{def}}{=} \mathrm{SSIM}(x_{\mathrm{D}},\,x) \\ V_{\mathrm{HD}} \stackrel{\mathrm{def}}{=} \mathrm{SSIM}(x_{\mathrm{HD}},\,x) \end{cases} \tag{8.49}$$

　　进一步，对于 8 组不同的图像，其三种重构模式的 SSIM 指标见图 8.12。

　　注意，SSIM 指标的取值范围为 0 到 1，其值越大，表明重构的质量越好。从图 8.11 和图 8.12 可以看出，仅使用抽象特征重构的输入图像，其重构的质量是比较差的，换言之，从光照、对比度以及结构上来看，重构的图像基本上都丢失了原始输入的信息。而仅使用

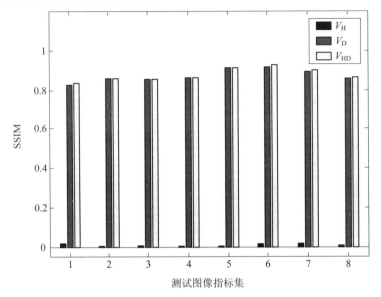

图 8.12　8 组重构图像的 SSIM 指标

差分特征却可以较好地从光照、对比度以及结构上还原原始图像，并且可媲美利用抽象特征与层级差分特征重构出的结果。

接下来，我们进一步分析公式 (8.43) 中硬阈值 T 对重构图像的影响。假设网络仍沿用 SDDeNN-MDL-RVFL，并且除硬阈值 T 以外，该网络的参数均保持不变。我们将硬阈值 T 的范围固定在 0 到 0.01，其间隔为 0.001，共计十一组硬阈值。对于一幅测试图像，结果如图 8.13 所示。

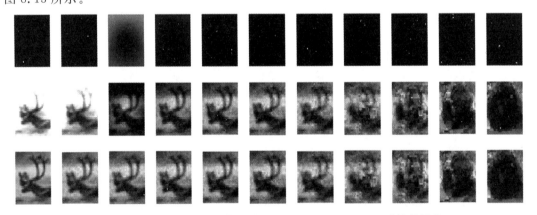

图 8.13　基于不同的硬阈值，利用 SDDeNN-MDL-RVFL 重构的图像

每一列使用相同的硬阈值，第一行为 X_H，第二行为 X_D，第三行为 X_{HD} 相应的 SSIM 指标见图 8.14。

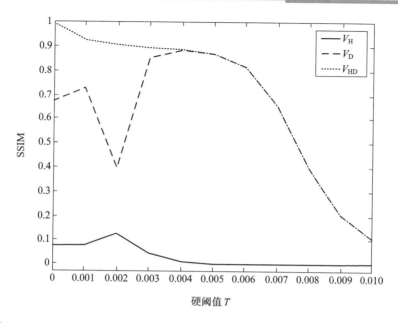

图 8.14　基于不同的硬阈值，SDDeNN-MDL-RVFL 获取的重构图像的 SSIM 指标

从图 8.13 和图 8.14，我们可以得到随着硬阈值的增加，重构图像的质量的整体趋势在下降，而仅使用抽象特征获取的重构图像的质量一直难以得到提升，而 X_H 与 X_{HD} 在选取合适的硬阈值下，均可以获得较好的重构质量。

本 章 小 结

本章提出的稀疏深度差分神经网络具有如下三个优点：一是提出的 SDDeNN 是一种既能分解又能重构的网络框架；二是差分特征 $\{\tilde{d}_l, l=1, 2, \cdots, L\}$ 所携载的输入 x 的信息随着网络层级的加深不断地增加；三是 MDL 的引入使得深度网络所对应的差分特征的抽象等级随着层级的加深也在不断地提升。注意，虽然基于 MDL 的深度学习与小波变换都为分解与重构的网络框架，但二者的不同之处在于，前者注重的是特征与差分特征的抽象特性（因为每一隐层上的特征是通过线性与非线性操作获得的），后者则更倾向于小波系数与尺度系数的尺度特性（因为每一尺度上的尺度系数是通过线性操作完成的）。另外，针对模式分类任务和重构任务的实验均证实了本章提出的 SDDeNN 的可行性和有效性。

值得指出的是，相比于经典的深度学习系统，层级抽象特性是具有某种相关性的，这使得我们难以从整体上认识并解释深度学习网络框架。而本章提出的框架首次引入了差分特征的概念，通过采用逐 MDL 模块的优化学习模式，替代了通常将抽象特征作为输入有效表达的经典特征学习模式，使得网络整体或端到端上的可解释性分析演变为更为容易的局部化分析，并且这一设计方式可方便地延拓至经典的深度学习系统中。与传统线性分解重构的 Mallat 算法不同，层级差分特征这一概念的引入为深度学习系统提供了一种非线性分解重构的思路，并为输入提供了另一种有效的表达方式。总之，从层级抽象特征的相关性到层级差分特征的无关性，这种转变为经典深度学习系统摆脱整体性端到端的分析提供了一种可行的局部化分析思路。

本章参考文献

[1] SAMAR V J, BOPARDIKAR A, RAO R, et al. Wavelet analysis of neuroelectric waveforms: A conceptual tutorial. [J]. Brain & Language, 1999, 66(1): 7 - 60.

[2] DAUBECHIES I. The wavelet transform: time-frequency localisation and signal analysis[J]. Journal of Renewable & Sustainable Energy, 1990, 36(5): 961 - 1005.

[3] MALLAT S G, ZHANG Z. Matching pursuits with time-frequency dictionaries[J]. IEEE Trans on Signal Processing, 1993, 41(12): 3397 - 3415.

[4] KOLBUSZ J, ROZYCKI P, WILAMOWSKI B M. The study of architecture MLP with linear neurons in order to eliminate the "vanishing gradient" problem[J]. arXiv, 2017: 1 - 12.

[5] WANG K, YI W. How AI affects the future predictive maintenance: a primer of deep learning[J]. arXiv, 2017: 1 - 9.

[6] YIN X X, HADJILOUCAS S, ZHANG Y. Outlook for clifford algebra based feature and deep learning AI architectures[M]// Pattern Classification of Medical Images: Computer Aided Diagnosis. 2017.

[7] GHEISARI M, WANG G, BHUIYAN M Z A. A Survey on deep learning in big data[C]// IEEE International Conference on Computational Science & Engineering. 2017: 1 - 7.

[8] WANG Y, CHEUNG S W, CHUNG E T, et al. Deep multiscale model learning[J]. arXiv, 2018: 1 - 14.

[9] YUE Y, CROITORU M M, BIDANI A, et al. Nonlinear multiscale wavelet diffusion for speckle suppression and edge enhancement in ultrasound images. [J]. IEEE Trans Med Imaging, 2006, 25 (3): 297 - 311.

[10] ALLARD W K, CHEN G, MAGGIONI M. Multiscale geometric methods for data sets II: geometric multi-resolution analysis[J]. Applied & Computational Harmonic Analysis, 2012, 32(3): 435 - 462.

[11]　OJALA T, PIETIKÄINEN M, MÄENPÄÄ T. Multiresolution gray-scale and rotation invariant texture classification with local binary patterns[J]. IEEE Transactions on Pattern Analysis & Machine Intelligence, 2002, 24(7): 971 - 987.

[12]　GUO M F, ZENG X D, CHEN D Y, et al. Deep-learning-based earth fault detection using continuous wavelet transform and convolutional neural network in resonant grounding distribution systems[J]. IEEE Sensors Journal, 2017, (99): 1 - 16.

[13]　SAVAREH B A, EMAMI H, HAJIABADI M, et al. Wavelet-enhanced convolutional neural network: a new idea in a deep learning paradigm [J]. Biomedizinische Technik Biomedical Engineering, 2018, 8(12): 1 - 15.

[14]　COTTER F, KINGSBURY N. Deep learning in the wavelet domain[J]. arXiv, 2018: 1 - 7.

[15]　SAID S, JEMAI O, HASSAIRI S, et al. Deep wavelet network for image classification[C]// IEEE International Conference on Systems. 2017: 1 - 6.

[16]　BONNEAU G P, ELBER G, HAHMANN S, et al. Multiresolution analysis[M]// FLORIANI L D, SPAGNUOLO M. Shape Analysis and Structuring. Berlin: Springer, 2008.

[17]　VILLASENOR J D, BELZER B, LIAO J. Wavelet filter evaluation for image compression. [J]. IEEE Transactions on Image Processing A Publication of the IEEE Signal Processing Society, 1995, 4(8): 1053 - 60.

[18]　KOKARE M, BISWAS P K, CHATTERJI B N. Texture image retrieval using new rotated complex wavelet filters[J]. IEEE Trans Syst Man Cybern B Cybern, 2005, 35(6): 1168 - 1178.

[19]　PAO Y H, PARK G H, SOBAJIC D J. Learning and generalization characteristics of the random vector Functional-link net[J]. Neurocomputing, 1994, 6(2): 163 - 180.

[20]　ZHANG P B, YANG Z X. A new learning paradigm for random vector functional-link network: RVFL+[J]. arXiv, 2017: 1 - 12.

[21]　XU K K, LI H X, YANG H D. Kernel-based random vector functional-link network for fast learning of spatiotemporal dynamic processes [J]. IEEE Transactions on Systems Man & Cybernetics Systems, 2017, (99): 1 - 11.

[22]　BECK A, TEBOULLE M. A fast iterative shrinkage-thresholding algorithm for linear inverse problems[J]. Siam J Imaging Sciences, 2009, 2(1): 183 - 202.

[23]　CHAMBOLLE A, DOSSAL C. On the convergence of the iterates of the "fast iterative shrinkage/thresholding algorithm"[J]. Journal of Optimization Theory and Applications, 2015, 166 (3): 968 - 982.

[24]　MAES F, COLLIGNON A, VANDERMEULEN D, et al. Multi-modality image registration by maximization of mutual information[C]// Workshop on Mathematical Methods in Biomedical Image Analysis. 1996: 1 - 13.

[25]　PENG H, LONG F, DING C. Feature selection based on mutual information: criteria of max-dependency, max-relevance, and min-redundancy[J]. IEEE Transactions on Pattern Analysis & Machine Intelligence, 2005, 27(8): 1226 - 1238.

[26] HAQUE K N, LATIF S, RANA R. Disentangled representation learning with information maximizing autoencoder[J]. arXiv, 2019: 1 - 17.

[27] CRESCIMANNA V, GRAHAM B. An information theoretic approach to the autoencoder[C]// INNS Big Data and Deep Learning conference. 2019.

[28] YAN R, JIAO L, YANG S, et al. Mutual learning between saliency and similarity: image cosegmentation via tree structured sparsity and tree graph matching[J]. IEEE Transactions on Image Processing, 2018, 27(9): 4690 - 4704.

[29] HAN Y, YOO J, KIM H H, et al. Deep learning with domain adaptation for accelerated projection-reconstruction MR[J]. Magnetic Resonance in Medicine, 2017, 7(14): 24 - 35.

[30] KELLY B, MATTHEWS T P, ANASTASIO M A. Deep learning-guided image reconstruction from incomplete data[J]. arXiv, 2017: 1 - 8.

[31] HAMMERNIK K, WüRFL T, POCK T, et al. A deep learning architecture for limited-angle computed tomography reconstruction[M]. Berlin: Springer, 2017.

[32] ZHAO F, QU X, XING Z, et al. A hard-threshold based sparse inverse imaging algorithm for optical scanning holography reconstruction[J]. Proceedings of SPIE-The International Society for Optical Engineering, 2012, 8281(8): 227 - 258.

[33] WANG S, REHMAN A, ZHOU W, et al. SSIM-motivated rate-distortion optimization for video coding[J]. IEEE Transactions on Circuits & Systems for Video Technology, 2012, 22(4): 516 - 529.

第 9 章　深度 Wishart 稀疏编码器

神经网络，尤其是自编码器（AE）和卷积自编码器（CAE），已成功应用于图像特征提取任务中。本章将深入探讨基于 Wishart-AE 或 Wishart-CAE 模型的 POLSAR 图像分类任务。

针对极化合成孔径雷达（POLSAR）数据的统计分布，我们将 Wishart 距离测量整合到 AE 和 CAE 的训练流程中。本章定义了一种新的 AE 和 CAE，我们将其命名为 Wishart-AE（WAE）和 Wishart-CAE（WCAE）。此外，我们将 WAE 或 WCAE 与 Softmax 分类器结合，构建了一个新的分类模型，用于 POLSAR 图像的分类。与 AE 和 CAE 模型相比，WAE 和 WCAE 模型可以获得更适合 POLSAR 数据的分类特征，因此可以获得更高的分类精度。与 WAE 模型相比，WCAE 模型利用了 POLSAR 图像的局部空间信息。卷积自然网络（Convolutional Natural Network，CNN）同样利用空间信息，在图像分类中得到了广泛应用，但我们的 WCAE 模型比 CNN 模型更节省时间。综上所述，我们的方法不仅提高了分类性能，而且节省了实验时间，多个极化 SAR 数据集上的实验结果也证明了我们提出的方法的有效性。

9.1　数据特性分析及分类器模型

Wishart 分布是 POLSAR 数据最重要的统计特征之一，Wishart 分类器基于 Wishart 分布，广泛应用于 POLSAR 图像分类。在此基础上，研究者们提出了一种改进的 AE 和 CAE 算法——Wishart-AE（WAE）和 Wishart-CAE（WCAE），用于 POLSAR 特征提取。AE 和 CAE 均采用反向传播（BP）算法和梯度下降法进行训练，采用 F 范数度量输入和输出之间的相似性。该方法适用于服从高斯分布的自然图像。鉴于 POLSAR 数据的相干矩阵不服从高斯分布，我们将其作为 AE 和 CAE 的输入。本章的创新之处在于，我们在利用 AE 和 CAE 网络提取 POLSAR 数据特征时，考虑了原始数据的分布，并利用 Wishart 距离来度量所提出网络的输入和输出之间的相似性。总之，我们通过 WAE 和 WCAE 的训练过程，将 BP 算法和 Wishart 距离结合起来，得到了一个更适用于 POLSAR 数据的特征提取模型。

这一模型可视为特征学习，图像分类的性能在很大程度上依赖其特征。在特征提取之后，我们需要设计一个分类器来执行分类任务。AE 一般采用 Softmax 分类器与 AE 连接，这是因为 AE 是基于 Softmax 回归模型设计的。因此，我们将 WAE 或 WCAE 与 Softmax 分类器连接，以实现 POLSAR 图像的分类。然而，特征提取过程是无监督的，不需要标记像素，因此只需要少量的标记 POLSAR 像素来调整分类器。一般来说，WAE 或 WCAE 更适合提取 POLSAR 特征，并确保获得的特征对分类任务更有效。此外，与 POLSAR 图像分类的传统 CNN 模型相比，WCAE 模型节省了很多时间。

9.1.1 Polsar 数据分析和 Wishart 分类器模型

偏振雷达可以测量四极化介质的复杂散射矩阵，该散射矩阵可以写成以下形式：

$$S = \begin{bmatrix} S_{hh} & S_{hv} \\ S_{vh} & S_{vv} \end{bmatrix} \tag{9.1}$$

其中，S_{hv} 是水平发射和垂直接收偏振的散射元件，同时其他三个元素可以被定义为相似的形式。在反向散射 $S_{hv} = S_{vh}$ 的情况下，线性偏振基的复数散射矢量可以表示为

$$h = \begin{bmatrix} S_{hh}, \sqrt{2}\,S_{hv}, S_{vv} \end{bmatrix}^T \tag{9.2}$$

POLSAR 数据通常需要进行多视处理以减少散斑。一个 n-look 协方差矩阵可以由 $C = \dfrac{1}{n}\sum\limits_{i=1}^{n} h_i h_i^H$ 来表示，其中 n 是多视化次数，h_i 是第 i 个视角样本，H 表示复共轭转置。因为 POLSAR 数据的相干矩阵和协方差矩阵是线性相关的，因此协方差矩阵可以通过以下式子转化为相干矩阵：

$$T = NCN^T, \quad N = \frac{1}{\sqrt{2}}\begin{bmatrix} 1 & 0 & 1 \\ 1 & 0 & -1 \\ 0 & \sqrt{2} & 0 \end{bmatrix} \tag{9.3}$$

多视相干矩阵 T 遵循 Wishart 分布，这是由 Lee 等人提出的。根据 POLSAR 数据的统计特性，Lee 等人提出了一种样本相干矩阵 T 和类的聚类均值 V_m 的 Wishart 距离测量方法，公式如下：

$$d(T, V_m) = \mathrm{Tr}(V_m^{-1}T) + \ln|V_m|, \quad V_m = E[T \mid T \in w_m] \tag{9.4}$$

其中，w_m 是属于第 m 类的像素集合。在监督分类时，训练数据往往通过手动预选来计算 V_m。然后，POLSAR 图像的像素可以被分配给距离最小的类。将上述过程公式化，如果满足下式，则像素可以被分配到类 w_m：

$$d(T, V_m) \leqslant d(T, V_j), \quad w_j \neq w_m \tag{9.5}$$

Wishart 距离是 POLSAR 数据的相似度测量过程中应用最广泛的方法之一。这个距离度量过程也被称为 Wishart 分类器，它可以与无监督目标分解分类器相结合，用于 POLSAR 分类。

9.1.2　AE 和 CAE 分类器模型

近年来，人工智能已被广泛应用于学习数据生成模型，我们常用它来提取图像的分类特征。此外，Masci 等人引入了 CAE，它是一种结合空间信息的无监督特征提取器。本节将简要介绍自动编码器（AE）和卷积自动编码器（CAE），其结构对比如图 9.1 所示。

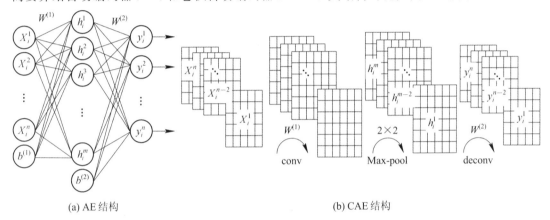

(a) AE 结构　　　　　　　　　　　　　　　　　(b) CAE 结构

图 9.1　自动编码器（AE）与卷积自动编码器（CAE）的结构对比

AE 由编码器和解码器组成，是一种非对称神经网络。这种非对称神经网络可以被训练并用于最小化编码层输入和解码层输出之间的重建误差。AE 的详细介绍如下。

编码器是一个映射输入数据 $\boldsymbol{x}_i \in \mathbf{R}^m$ 到潜在表示 $\boldsymbol{h}_i \in \mathbf{R}^m$ 的函数（n 是输入数据的维数，i 是第 i 个数据的索引，m 是隐藏层节点的维数）。上述过程可以表示为

$$\boldsymbol{h}_i = f(\boldsymbol{W}^{(1)}\boldsymbol{x}_i + \boldsymbol{b}^{(1)}) \tag{9.6}$$

其中，f 为非线性激活函数，这里我们使用 logistic sigmoid 函数：$f(z) = \dfrac{1}{1+\mathrm{e}^{(-z)}}$。$\boldsymbol{W}^{(1)} \in \mathbf{R}^{m \times n}$ 是编码矩阵，$\boldsymbol{b}^{(1)} \in \mathbf{R}^m$ 是编码偏置。

映射潜在的表示 $\boldsymbol{h}(i) \in \mathbf{R}^m$ 到重构 $\boldsymbol{y}_i \in \mathbf{R}^m$ 的解码器，具有与编码器相同的结构，它的形式如下：

$$\boldsymbol{y}_i = g(\boldsymbol{W}^{(2)}\boldsymbol{h}_i + \boldsymbol{b}^{(2)}) \tag{9.7}$$

其中，g 是激活函数。在这里，我们使用线性函数 $g(z) = z$ 来代替 sigmoid 函数。$\boldsymbol{W}^{(2)} \in \mathbf{R}^{n \times m}$ 是编码矩阵，$\boldsymbol{b}^{(2)} \in \mathbf{R}^n$ 是编码偏置。

与经典 AE 的架构相比，CAE 可能更适用于图像处理任务，因为它充分利用了卷积神

经网络的特性。CAE 体系结构直观上与 AE 中描述的体系结构相似，区别只是权重是共享的。对于单通道输入 $\boldsymbol{x}_i$，第 k 个特征映射的潜在表示为

$$\boldsymbol{h}_i^k = f(\boldsymbol{x}_i * \boldsymbol{W}^{(1)k} + \boldsymbol{b}^k)$$

其中，偏置 $\boldsymbol{b}^k$ 对于整个映射过程是宽阔的，$\boldsymbol{W}^{(1)k}$ 是编码矩阵，f 是 sigmoid 激活函数，$*$ 表示二维卷积。

重构过程可以由下式得到：

$$\boldsymbol{y}_i = g\left(\sum_{k \in H} \boldsymbol{h}_i^k * \boldsymbol{W}^{(2)k} + c\right) \tag{9.8}$$

其中，每个输入通道有一个偏差 c，$\boldsymbol{W}^{(2)k}$ 是解码矩阵，H 被用于标识潜在特征映射组，而 g 是一个线性函数。CAE 的损失函数如下：

$$J(X, Y) = \frac{1}{2N} \sum_{i=1}^{N} || \boldsymbol{y}_i - \boldsymbol{x}_i ||_F^2 \tag{9.9}$$

其中，N 为输入数据的个数。

9.2　基于 AE 及 CAE 的特征学习模型框架(WAE/WCAE)

了解了 AE 和 CAE 的特征学习规律之后，我们可以利用它们来学习自然图像或 SAR 图像的特征。考虑到 POLSAR 数据的特殊性，我们对 AE 和 CAE 进行了改进，也就是说，在训练 AE 和 CAE 时，我们考虑了 Wishart 距离的测量，因为 Wishart 距离比 F 范数更适合于测量 POLSAR 数据的相似性。

9.2.1　Wishart 自动编码器模型

偏振合成孔径雷达(POLSAR)图像分类是遥感领域一项强大而重要的应用，它可以对图像中的每个像素输出分类结果。该分类过程主要指的是针对地形的分类，图像分类的核心是特征提取过程。

具体来说，使用 3×3 复相干矩阵 T_i 来表示 POLSAR 图像像素，它遵循 Wishart 分布，形式如下：

$$\boldsymbol{T}_i = \begin{bmatrix} T_i^{11} & T_i^{12} & T_i^{13} \\ \overline{T_i^{12}} & T_i^{22} & T_i^{23} \\ \overline{T_i^{13}} & \overline{T_i^{23}} & T_i^{33} \end{bmatrix} \tag{9.10}$$

其中，T_i^{11}、T_i^{22} 和 T_i^{33} 为实值，其余元素为复值，$\overline{\cdot}$ 为元素的共轭。

我们分别提取相干矩阵 $\langle T_i \rangle$ 的实部和虚部，形成一个向量 x_i。由于复相干矩阵是共轭对称的，因此 x_i 是一个 9 维向量，即 $x_i = [T_i^{11}、T_i^{22}、T_i^{33}$，实数 (T_i^{12})，实数 (T_i^{13})，实数 (T_i^{23})，图像 (T_i^{12})，图像 (T_i^{13})，图像 $(T_i^{23})]$。这 9 个独立的元素被用作 AE 的输入。通过编解码的过程，得到了输出向量 y_i，它也是 9 维的。

下面将对 Wishart 自动编码器模型（WAE）及其具体的优化过程展开具体描述。

1. WAE

对于 AE，可以将向量 y_i 和 x_i 的 F 范数作为误差来训练 AE 的权值。在我们提出的 WAE 模型中，用 Wishart 距离来测量输出和输入的误差。我们选择 Wishart 距离作为 AE 模型的测量方法，因为它特别适合 Wishart 分布的 POLSAR 数据。此外，通过 WAE 模型提取的特征可以有效提高分类精度。

WAE 的输出是一个 9 维向量 y。首先应该把它转换成一个 3×3 的复矩阵，就像 POLSAR 的相干矩阵 $\langle T_i \rangle$。设 $\langle Y_i \rangle = H(y_i)$ 是将向量 y_i 中的所有元素排列到矩阵 Y_i 中的一个函数。矩阵 Y_i 应具有与矩阵 $\langle T_i \rangle$ 相同的形式，包括每个部分的位置。例如，如果 $y_i = [y_i^1, y_i^2, y_i^3, y_i^4, y_i^5, y_i^6, y_i^7, y_i^8, y_i^9]$，则

$$H(y_i) = \begin{bmatrix} y_i^{11} & y_i^4 + y_i^7 i & y_i^5 + y_i^8 i \\ \overline{y_i^4 + y_i^7 i} & T_i^{22} & y_i^6 + y_i^9 i \\ \overline{y_i^5 + y_i^8 i} & \overline{y_i^6 + y_i^9 i} & T_i^{33} \end{bmatrix} \tag{9.11}$$

综上所述，我们模型的损失函数形式如下：

$$J(X, Y) = \frac{1}{2N} \sum_{i=1}^{N} d_{\text{Wishart}}(H(y_i), H(x_i)) +$$

$$\frac{\lambda}{2} \sum_{j=1}^{2} \sum_{p=1}^{n} \sum_{q=1}^{m} \| W_{pq}^{(j)} \|_F^2 + \beta \sum_{k=1}^{m} \text{KL}(\rho \| \hat{\rho}_j) \tag{9.12}$$

$$d_{\text{Wishart}}(H(y_i), H(x_i)) = \text{Tr}(H(x_i)^{(-1)} H(y_i)) + \ln|H(x_i)|$$

其中，$H(y_i)$ 和 $H(x_i)$ 为向量 y_i 和 x_i 的矩阵表示，$H(x_i)^{(-1)}$ 是矩阵 $H(x_i)$ 的逆，$d_{\text{Wishart}}(H(y_i), H(x_i))$ 是输入 x_i 和输出 y_i 之间的 Wishart 距离。KL 散射计算公式为

$$\text{KL}(\rho \| \hat{\rho}_j) = \rho \text{lb} \frac{\rho}{\hat{\rho}_j} + (1 - \rho) \text{lb} \frac{1 - \rho}{1 - \hat{\rho}_j}$$

式中，ρ 表示稀疏参数，$\hat{\rho}_j$ 表示第 j 个隐层单元的平均激活。

2. 如何优化 WAE

此外，我们需要计算上述损失函数。与标准网络一样，采用 BP 算法计算误差函数对参数的梯度。

为了使损失函数 $J(X, Y)$ 最小，我们需要随机初始化每个参数 $W_{pq}^{(j)}$，然后应用优化算法来实现我们的目标。从上面的损失函数可以看出，唯一的困难是解第一项。换句话说，按照权重 W 和偏差 b 的函数来优化 $d_{\text{Wishart}}(H(y_i), H(x_i))$ 是很重要的。

利用 Wishart 距离的函数，可以计算出相应的偏导数，形式如下：

$$\begin{cases} \dfrac{\partial}{\partial H(y_i)} d_{\text{Wishart}} = \dfrac{\partial}{\partial H(y_i)} (\text{Tr} H(x_i)^{(-1)} H(y_i) + \ln |H(x_i)| \\[2ex] \qquad\qquad\qquad = \dfrac{\partial}{\partial H(y_i)} \text{Tr} H(x_i)^{(-1)} H(y_i) \\[2ex] \dfrac{\partial}{\partial W^{(2)}} H(y_i) = \dfrac{\partial}{\partial W^{(2)}} H(g(W^{(2)} h_i + b^{(2)})) = \dfrac{\partial}{\partial W^{(2)}} H(W^{(2)} h_i + b^{(2)}) \end{cases} \tag{9.13}$$

最后，可以利用训练数据获取 WAE 模型的权值和偏差，并利用它们提取测试数据的分类特征。

9.2.2 Wishart 卷积自动编码器

WAE 模型与 WCAE 模型的区别在于，WCAE 在特征提取过程中融入了空间信息。通过分析 WAE 模型和 CAE 模型的损失函数，我们可以得到 WCAE 模型的损失函数：

$$\begin{cases} J(X, Y) = \dfrac{1}{2N} \sum_{i=1}^{N} d_{\text{Wishart}}(H(y_i), H(x_i)) \\[2ex] d_{\text{Wishart}}(H(y_i), H(x_i)) = \text{Tr}(H(x_i)^{(-1)} H(y_i)) + \ln |H(x_i)| \end{cases} \tag{9.14}$$

由上面的函数可以看出，WCAE 充分考虑了 POLSAR 9-D 向量之间的关系来计算输入和输出之间的重构误差。这里不讨论 WCAE 的计算过程，但图 9.2 说明了 WCAE 提取 POLSAR 图像特征的过程。

9.2.3 WAE 或 WCAE 与 Softmax 分类器的组合

得到 WAE 和 WCAE 的权重后，我们可以有效地提取 POLSAR 图像的特征。我们使用隐藏节点的值作为图像的特征，因为隐藏单元的激活状态提供了我们感兴趣的信息。完成特征提取后，我们使用少量的标签对分类器进行训练。在我们的实验设置中，在 WAE 或 WCAE 之后，我们连接了一个使用 L-BFGS 算法训练的 Softmax 分类器。

Softmax 分类器是多项逻辑函数的泛化，它生成一个 k 维的$(0, 1)$范围内的实值向量，表示类别概率分布。下面的函数显示了 Softmax 函数预测给定样本向量 X 的第 j 类的概率：

$$h_w(X) = P(y = j \mid X; W) = \frac{\exp X^{\top} W_j}{\sum_{K=1}^{K} \exp X^{\top} W_k} \tag{9.15}$$

其中，j 是当前被评估的类，X 是输入向量，W 表示 Softmax 分类器的权重。

　　简单地说，通过 WAE 或 WCAE 提取测试数据的分类特征，输入到 softmax 分类器中，将得到 POLSAR 图像的分类结果。WCAE 模型结构图详见图 9.2。图中实线框中给出的是 WCAE 的结构，虚线框中给出的是 WCAE 和 softmax 分类器的组合结构。因为 POLSAR 图像的每个像素都是 9-D 向量，所以 x_i 有 9 个输入映射。

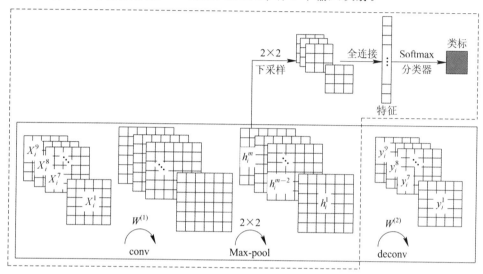

图 9.2　WCAE 模型结构图

9.3　深度 Wishart 稀疏编码器性能评估与分析

　　我们采用了真实的 POLSAR 数据集来验证所提出方法的有效性，这些数据集包括 Flevoland、德国航空航天中心的 ESAR L 波段数据，以及美国宇航局/喷气推进实验室的 AIRSAR 旧金山湾 L 波段数据。在实验中，我们将我们的方法与五种不同的方法进行了比较，它们包括监督-Wishart 方法、AE 模型、Wishart DBN（WDBN）模型、CNN 模型和 CAE 模型。Wishart DBN（WDBN）模型作为 DBN 的一种概率生成结构，考虑了 POL-SAR 数据的分布，因此本节也使用了 WDBN 进行对比。下文将对两种数据集（Flevoland 和 Xi'an-Area）的图像和实验结果进行详细介绍。

　　实验过程中，AE 模型和 WAE 模型在相同的实验参数下进行。CNN 的参数如窗口大小、卷积滤波器大小和池化大小均与 CAE 和 WCAE 模型相同。另外，WDBN 模型的隐含层数为 2。我们提出的方法只有一个隐含层，因此我们在下面的实验中使用只有一个隐含层的 WDBN 方法。WDBN 具有与我们提出的 WAE 模型相同的网络深度和层数。所有的实验都是在 3.20-GHz(4.00-GB RAM)的机器上用 MATLAB 实现的,并且结果是采用 30 次计算的均值。

9.3.1 Flevoland 数据集分类结果

该图像来自 1989 年 8 月 16 日 AIRSAR 平台获取的 L 波段多视 POLSAR 数据的子集,大小为 750 × 1024,Pauli RGB 图像和 GT 图如图 9.3 所示。在 GT 中包含有 15 个类别,其中每个类别表示一种土地覆盖类型,并由一种颜色识别。

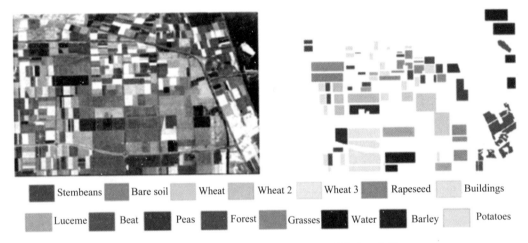

Stembeans Bare soil Wheat Wheat 2 Wheat 3 Rapeseed Buildings

Luceme Beat Peas Forest Grasses Water Barley Potatoes

图 9.3 Flevoland 数据集的 Pauli RGB 图像和 GT 图

参数选择:实验中有五种比较方法和两种我们提出的算法。首先,选择 Wishart 分类器的迭代作为一个分类器。我们通过实验选择 AE 和 WAE 模型的参数,如隐藏节点数(包括 50、80、100、150、300)和稀疏性(包括 0.01、0.05、0.1、0.5、1)。在讨论这两个参数对分类性能的影响时,我们设置了一个参数为定值,另一个参数为不同的值,结果如表 9.1 所示。

表 9.1 AE 和 WAE 模型在不同隐藏大小和稀疏度下的分类精度

隐藏节点数	稀 疏 性									
	AE	WAE	AE	WAE	AE	WAE	AE	WAE	AE	WAE
30	82.27	91.47	88.45	91.39	88.70	91.33	90.28	91.91	90.02	91.83
80	82.74	91.35	87.87	91.20	88.21	91.54	90.04	91.43	90.25	91.49
100	85.59	91.18	88.51	91.41	88.68	91.32	89.89	91.39	90.24	91.33
150	85.74	90.89	87.80	91.01	88.31	91.28	89.54	90.94	89.90	91.05
300	80.35	90.25	87.59	90.09	88.07	90.22	89.01	90.05	88.99	90.07

从表 9.1 可以看出，AE 模型对这两个参数的敏感性高于 WAE 模型，我们的方法在多种参数下均获得了更高的分类精度。为了平衡实验的运行时间和分类精度，我们的实验设置隐藏节点数为 100，稀疏性为 0.05。WDBN 模型的网络深度和层大小也分别设置为 1 和 100。

对比实验的分类结果如图 9.4 所示。矩形和椭圆突出显示了不同结果。水是在矩形内，WAE 和 WCAE 模型的分类效果优于其他方法。椭圆内是建筑物，这被 CNN 错误分类，而我们提出的方法对其进行了正确的分类。考虑到空间信息，CNN、CAE 和 WCAE 模型的分类结果图更加平滑，但这也会显著增加训练时间。但是，我们提出的 WCAE 模型明显比 CNN 要节省时间，原因是 WCAE 模型的训练数据数量要少得多。

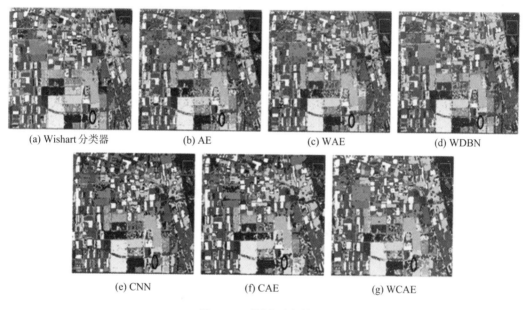

(a) Wishart 分类器　　(b) AE　　(c) WAE　　(d) WDBN

(e) CNN　　(f) CAE　　(g) WCAE

图 9.4　不同方法的结果

9.3.2　Xi'an-Area 数据集分类结果

另一个数据集采用的是中国西部西安区域的图像。由于 POLSAR 图像像素太多，所以我们只选择了一个 512 × 512 像素的子图像块进行实验。如图 9.5 所示，可以将其大概分为三类，包括长凳地、城市地和河流地。对于本数据集，在进行 AE、WAE 和 WDBN 模型实验时的参数选择与 Flevoland 数据集的实验中相同。对于 CAE 和 WCAE 模型，分别设置窗口大小、卷积滤波器大小和最大池化大小分别为 5×5、2×2 和 2×2。

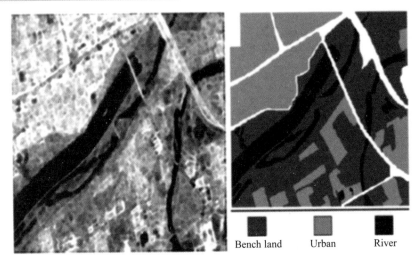

Bench land   Urban   River

图 9.5   Xi'an-Area 数据集的 Pauli RGB 图像和 GT 图

对比实验的分类结果如图 9.6 和表 9.2 所示。WCAE 模型的分类精度最高。WDBN 的 OA 略高于 WAE，训练时间也较少，说明 WDBN 处理小图像的速度比我们的方法快。图 9.6 中黑色矩形和椭圆突出显示了显著的不同结果。与 CNN 相比，WCAE 模型也节省了

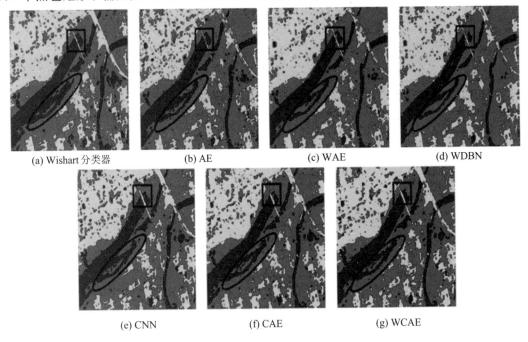

(a) Wishart 分类器   (b) AE   (c) WAE   (d) WDBN

(e) CNN   (f) CAE   (g) WCAE

图 9.6   不同方法的分类结果

大量的训练时间。从黑色矩形中我们可以看到，WCAE 模型对城市的分类比 CAE 模型更好。与 AE 模型相比，WAE 模型对椭圆中的河流区域分类也比较平滑。综上所述，本文提出的 WAE 和 WCAE 神经网络是非常有效的。

表 9.2　Xi'an-Area 数据集在不同方法下的分类精度

区域	Wishart	AE	WAE	WDBN	CNN	CAE	WCAE
Bench land	82.98	90.98	90.93	93.09	92.36	91.22	**94.24**
Urban	81.96	77.45	82.20	82.59	91.38	83.94	**92.01**
River	**94.80**	90.19	89.93	82.23	93.79	91.61	94.29
OA	84.40	86.07	87.69	87.74	92.23	88.70	**93.46**
Kappa	0.75	0.77	0.80	0.79	0.87	0.81	**0.89**

注：Wishart～WCAE 的训练时间（单位：s）分别为 0、9.77、16.38、12.43、852.19、59.04、120.86。

本 章 小 结

　　Wishart 分布是 POLSAR 数据最重要的统计特征之一，本章使用 Wishart-AE（WAE）和 Wishart-CAE（WCAE）来进行 POLSAR 特征提取，并结合图像分类任务进行了具体的探究。特征提取的具体过程中考虑了原始数据的分布，并利用 Wishart 距离来度量所提出网络的输入和输出之间的相似性。研究者们通过 WAE 和 WCAE 的训练过程，将 BP 算法和 Wishart 距离结合起来。

　　本章对 Wishart 自动编码器模型和 Wishart 卷积自动编码器进行了公式化的描述，并将它们与 Softmax 分类器进行了有效的结合。经过多个极化 SAR 数据集的验证，证实了本章提出的方法是有效的。本章给出的方法不仅提高了分类性能，而且能有效地节省实验时间。

本章参考文献

[1]　XIE W，JIAO L，HOU B，et al. POLSAR image classification via Wishart-AE model or Wishart-CAE model[J]. IEEE Journal of Selected Topics in Applied Earth Observations and Remote Sensing，2017，10(8)：3604-3615.

[2]　MA X, SHEN H, YANG J, et al. Polarimetric-spatial classification of SAR images based on the fusion of multiple classifiers[J]. IEEE Journal of Selected Topics in Applied Earth Observations and Remote Sensing, 2013, 7(3): 961 – 971.

[3]　UHLMANN S, KIRANYAZ S. Integrating color features in polarimetric SAR image classification [J]. IEEE Transactions on Geoscience and Remote Sensing, 2013, 52(4): 2197 – 2216.

[4]　HE C, LI S, LIAO Z, et al. Texture classification of PolSAR data based on sparse coding of wavelet polarization textons[J]. IEEE Transactions on Geoscience and Remote Sensing, 2013, 51(8): 4576 – 4590.

[5]　LEE J S, GRUNES M R, KWOK R. Classification of multi-look polarimetric SAR imagery based on complex Wishart distribution[J]. International Journal of Remote Sensing, 1994, 15(11): 2299 – 2311.

[6]　LEE J S, GRUNES M R, AINSWORTH T L, et al. Unsupervised classification using polarimetric decomposition and the complex Wishart classifier[J]. IEEE Transactions on Geoscience and Remote Sensing, 1999, 37(5): 2249 – 2258.

[7]　GENG J, FAN J, WANG H, et al. High-resolution SAR image classification via deep convolutional autoencoders[J]. IEEE Geoscience and Remote Sensing Letters, 2015, 12(11): 2351 – 2355.

[8]　LIU F, JIAO L, HOU B, et al. POL-SAR image classification based on Wishart DBN and local spatial information [J]. IEEE Transactions on Geoscience and Remote Sensing, 2016, 54 (6): 3292 – 3308.

[9]　DING J, CHEN B, LIU H, et al. Convolutional neural network with data augmentation for SAR target recognition[J]. IEEE Geoscience and remote sensing letters, 2016, 13(3): 364 – 368.

[10]　XIE H, WANG S, LIU K, et al. Multilayer feature learning for polarimetric synthetic radar data classification[C]//2014 IEEE Geoscience and Remote Sensing Symposium. IEEE, 2014: 2818 – 2821.

[11]　WANG Y, XIE Z, XU K, et al. An efficient and effective convolutional auto-encoder extreme learning machine network for 3d feature learning[J]. Neurocomputing, 2016, 174: 988 – 998.

[12]　RANZATO M A, HUANG F J, BOUREAU Y L, et al. Unsupervised learning of invariant feature hierarchies with applications to object recognition[C]//2007 IEEE conference on computer vision and pattern recognition. IEEE, 2007: 1 – 8.

[13]　HECKERMAN D, MEEK C. Models and Selection Criteria for Regression and Classification[C]// Uncertainty in Artificial Intelligence. 1997: 223 – 228.

[14]　ZHU C, BYRD R H, LU P, et al. Algorithm 778: L-BFGS-B: Fortran subroutines for large-scale bound-constrained optimization[J]. ACM Transactions on mathematical software (TOMS), 1997, 23(4): 550 – 560.

第 10 章　深度小波散射网络

多尺度几何工具具有良好的表征能力和特征提取能力，被广泛应用于计算机领域的相关任务。随着深度学习与神经网络的逐步发展，多尺度几何与深度神经网络的结合正成为新的趋势。

10.1　小波与多小波神经网络

小波分析作为应用数学和工程科学中的新兴研究领域，因其在时域、频域、尺度变化和方向等方面的优良特性，在许多领域得到了广泛的应用。随着研究的进展，多小波也逐渐受到人们的广泛关注。在这短短几年时间，涌现出一系列新的研究热点：小波理论及结构、小波变换的实现、预过滤器设计和信号处理的问题边界。为了推动小波在图像处理领域的应用，人们积极探索，并在静态图像编码和图像去噪等方面取得了一些成果。1994 年，Geronimo、Hardin 和 Massopus 构造了著名的 GHM 多小波，并在信号处理领域将传统滤波器组扩展到矢量滤波器组和块滤波器组，初步形成了矢量滤波器组的理论体系，建立了矢量滤波器组与多小波变换的关系。

10.1.1　小波神经网络结构框架

小波神经网络（Wavelet Neural Network，WNN）是人们在小波分析研究中获得突破的基础上提出的一种人工神经网络。它是基于小波分析理论以及小波变换所构造的一种分层的、多分辨率的新型人工神经网络模型。《神经网络的应用与实现》一书中对小波神经网络的理论推导进行了详细论述。最近几年来，研究者们又不断针对小波神经网络进行了很多新的研究工作及理论推导工作。

在小波神经网络中，当整体信号向前传播时，误差却反向传播，但是与神经网络不同的是小波神经网络隐含层节点的传递函数为小波基函数。小波神经网络拓扑结构如图 10.1 所示。

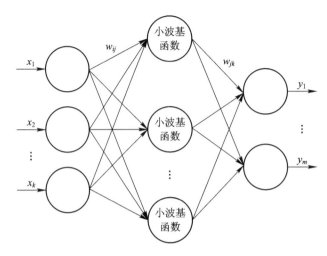

图 10.1　小波神经网络拓扑结构图

将输入数据定义为 $x_i\,(i=1,\,2,\,\cdots,\,k)$，那么隐含层的输出可以表示为

$$h(j)=h_j\left(\dfrac{\sum\limits_{i=1}^{k}w_{ij}x_i-b_j}{a_j}\right),\ j=1,\,2,\,\cdots,\,l \qquad (10.1)$$

式中，$h(j)$ 代表隐含层中第 j 个节点的输出值；h_j 为选定的小波基函数；a_j 为小波基函数的伸缩因子；b_j 为平移因子。小波基函数选取 Morlet 母小波基函数，具体公式为

$$y=\cos(1.75x)\,\mathrm{e}^{-\frac{x^2}{2}} \qquad (10.2)$$

小波神经网络输出层计算公式为

$$y(k)=\sum_{i=1}^{l}w_{ik}h(i),\ k=1,\,2,\,\cdots,\,m \qquad (10.3)$$

小波神经网络的核心是不断地通过梯度来修正网络各层之间的权重以及 a_j 和 b_j 等参数值，使得网络预测值更加接近期望值。

1. 小波神经网络的优势

小波神经网络具有很多明显优势。

（1）小波基元和整个网络结构的确定具有可靠的理论基础，可以避免 BP 神经网络等在结构设计中的盲目性。

（2）网络权系数线性分布和学习目标函数的凸性，使得网络训练过程在根本上避免了局部最优等非线性优化问题。

（3）小波神经网络具有较强的学习能力和泛化能力。

（4）小波分析具有多分辨分析的良好优点，可以被当做一种窗口大小固定但是形状可变的分析方法，也可以被理解为信号的"显微镜"。小波分析包括：Haar 小波规范正交基、Morlet 小波、Mallat 算法、多分辨分析、多尺度分析、紧支撑小波基、时频分析等。

（5）集人工神经网络与小波分析的优点于一身，小波神经网络（WNN）的收敛速度快，可以避免落入局部最优，同时可以进行时频局部分析，具有广阔的应用前景。小波神经网络（WNN）用非线性小波基取代通常的 Sigmoid 函数，它的信号表述过程是通过将所选取的小波基进行线性叠加。相应的输入层到隐含层的权值以及隐含层的阈值可以分别用小波函数的尺度伸缩因子以及时间平移因子来替代。

2. 小波神经网络的应用

（1）在图像处理方面，可用于图像压缩、分类、识别诊断、去污等；在医学成像方面，可减少 B 超、CT、核磁共振成像的时间，提高分辨率。

（2）在信号分析方面，可用于边界处理与滤波、时频分析、微弱信号的信噪分离与提取、分形指数、信号识别与诊断、多尺度边缘检测等。

（3）在工程技术等方面，可应用于计算机视觉、计算机图形学、生物医学等领域。

10.1.2　多小波神经网络结构框架

焦李成教授在 2001 年发表的论文中提出了一种基于多小波的神经网络模型，并证明了它的通用性、近似性和相合性，估计了与这些性质相关的收敛速度。该网络的结构与小波网络相似，只是将标准正交尺度函数替换为标准正交多尺度函数。理论分析表明，多小波网络比小波网络收敛速度更快，特别是对于光滑函数。其网络示意图如图 10.2 所示。

在图像处理的实际应用中，正交性能保持了能量，对称（线性相位）既适合人眼的视觉系统，又使得信号在边界处变得易于处理。然而，在实数域中却不存在同时具有紧支、对称、正交特性的非平凡小波，这使得人们必须有所取

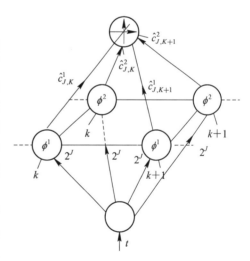

图 10.2　多小波神经网络结构图

舍。如果存在多个尺度函数和多个小波函数，则称为多小波。多小波可以被认为是单位小波的扩展，它保持了单个小波所具备的良好的时频局部化特性，并克服了单个小波的缺点。多小波变换相对于单位小波变换的优点如下：

（1）多小波变换具有对称、正交和紧支等图像处理中非常重要的特性。对称意味着存在线性相位，对人类视觉和心理学的研究表明，视觉对对称错误的敏感度远低于对不对称错误的敏感度；正交性能足以维持能量；紧支性意味着多小波滤波器组具有有限长度等。

（2）多小波滤波器组并不具备严格的低通和高通划分。可以通过多小波预滤波，将高频能量转移到低频，有利于提高压缩比。

将正交单小波中的分解与重构的 Mallat 算法推广至正交多小波，可得到多小波分解

$$
\begin{cases}
\boldsymbol{C}_{j-1,k} = \sqrt{2} \sum_{n \in Z} \boldsymbol{h}_{n-2k} \boldsymbol{C}_{j,n}, & j,k \in Z \\
\boldsymbol{D}_{j-1,k} = \sqrt{2} \sum_{n \in Z} \boldsymbol{g}_{n-2k} \boldsymbol{D}_{j,n}, & j,k \in Z
\end{cases}
\tag{10.4}
$$

和多小波重构

$$
\boldsymbol{C}_{j,k} = \sqrt{2} \sum_{n \in Z} \overset{*}{\boldsymbol{h}}_{k-2n} \boldsymbol{C}_{j-1,n} + \overset{*}{\boldsymbol{g}}_{k-2n} \boldsymbol{D}_{j-1,n}
\tag{10.5}
$$

其中，$\boldsymbol{C}_{j,k} = [c_{0,j,k} c_{1,j,k}, \Lambda, c_{r-1,j,k}]^{\mathrm{T}}$，$\boldsymbol{D}_{j,k} = [d_{0,j,k} d_{1,j,k}, \Lambda, d_{r-1,j,k}]^{\mathrm{T}}$，$\overset{*}{\boldsymbol{h}}_n$、$\overset{*}{\boldsymbol{g}}_n$ 分别是 $\boldsymbol{h}_n$、$\boldsymbol{g}_n$ 的共轭转置。

10.2　Mallat 小波散射网络

一个小波散射网络可以利用其平移不变性对图像进行表征，这种性质可以为图像保留高频信息，用于分类。该网络能够将具有非线性模和平均池化的小波卷积进行级联。第一网络层输出 SIFT 类型的描述符，而下一层提供互补的不变信息，以此来改进分类效果。必要的数学分析可以证明小波散射网络相对于深度卷积网络具有有利于分类的重要特性。平稳过程的散射表征过程中包含高阶矩，据此可以对具有相同傅里叶功率谱的纹理进行区分。

深度卷积网络已被广泛应用于图像分类任务中且取得了一定的效果，但深度卷积网络的性质和最优的参数配置目前尚未被很好地解释。为什么要使用多层？有多少层？如何优化滤波器和非线性层？有多少内部和输出神经元？这些问题大多都需要依赖大量专业的数值实验来回答。散射网的作者试图从数学和算法的角度解决这些问题，通过在特定的一类深度卷积网络中引入散射变换，即可通过级联小波变换、模运算以及平均池化函数来计算平移不变表示。散射网络公式将在下文给出。散射网固有的特性可以指导网络架构的优化，在保留重要信息的同时避免无用的计算。

在解决纹理判别问题时，作者引入了平稳过程的期望散射表征。与傅里叶功率谱相反，它提供了高阶矩的信息，据此，具有相同功率谱的非高斯纹理可以被区分开。散射系数可

以被用于对预期的散射表示进行一致性估计。除纹理识别问题外，散射网同样可以被广泛应用在多种分类问题中。

10.2.1　小波散射表征过程

小波变换可以对卷积与膨胀和旋转的小波进行卷积运算。与傅里叶正弦波相反，小波是一种局部波形，因此其对变形是稳定的。然而，卷积是平移协变的，不是不变的。一个散射变换可以利用小波系数、模运算以及平均池化函数来构建出非线性不变量。

设 G 为满足角度 $2k\pi/K$，$0<k<K$ 的一系列旋转 r 所构成的一个组，通过旋转单个带通滤波器 ψ，$r\in G$ 可以得到二维定向小波，然后，在 $j\in Z$ 上将其扩大 2^j 倍，得到

$$\psi_\lambda(u)=2^{-2j}\psi(2^{-j}r^{-1}u),\ \lambda=2^{-j}r \tag{10.6}$$

如果傅里叶变换 $\hat{\psi}(w)$ 以一个频率 η 为中心，那么 $\hat{\psi}_{2^{-j}r}(w)=\hat{\psi}(2^{-j}r^{-1}w)$ 有一个 $2^{-j}r\eta$ 的支撑中心和正比于 2^{-j} 的带宽。指数 $\lambda=2^{-j}r$ 给出了 ψ_λ 的频率位置，其振幅为 $|\lambda|=2^{-j}$。

x 的小波变换是 $\{x*\psi_\lambda(u)\}_\lambda$。这是一个没有正交性的冗余变换。当小波滤波器 $\hat{\psi}_\lambda(w)$ 覆盖整个频率平面时，它是稳定可逆的。对于离散图像，为了避免混叠，我们只捕捉铭刻在图像频率正方形中的圆内（$|w|<\pi$）频率。大多数相机图像都忽略了这个频率圆外的能量。

小波变换与平移交换不是平移不变。为了构建一个平移不变量表征，有必要介绍一个非线性过程。如果 Q 是一个随平移削减的线性或非线性算子，那么 $\int Qx(u)\mathrm{d}u$ 就是平移不变的。将其应用到 $Qx=x*\psi_\lambda$ 上，可以得到一个简单的不变的对于所有 x，$\int x*\psi(u)\mathrm{d}u=0$，这是因为 $\int\psi_\lambda(u)\mathrm{d}u=0$。如果 $Qx=M(x*\psi_\lambda)$，M 是线性的且其随平移削减，那么其积分仍然会消失。这表明计算不变量需要一个非线性池算子 M。下面将分析该算子的计算过程。

为了保证 $\int M(x*\psi_\lambda)(u)\mathrm{d}u$ 对变形稳定，我们希望 M 随着任意的微分同胚映射而削减。另外，为了保持稳定，我们也希望 M 是非可膨胀的，即 $\|M_y-M_z\|<\|y-z\|$。如果 M 是一个非扩展算子，且其随着任意的微分同胚映射而削减，那么我们可以证明 M 一定是一个点操作符。这意味着 $My(u)$ 仅仅是 $y(u)$ 的函数。此外，如果想要不变量保留信号能量，还需要选择一个模量复信号 $y=y_r+iy_i$ 上的算子：

$$My(u)=|y(u)|=(|y_r(u)|^2+|y_i(u)|^2)^{1/2} \tag{10.7}$$

因此，得到的平移不变系数符合 $L^1(IR^2)$ 范数：

$$\|x*\psi_\lambda\|_1=\int|x*\psi_\lambda(u)|\,\mathrm{d}u \tag{10.8}$$

$L^1(IR^2)$ 范数 $\{\|x*\psi_\lambda\|_1\}_\lambda$ 可以形成一个粗信号表征，来衡量小波系数的稀疏性。其信

息的丢失，不是来自于去掉 $x * \psi_\lambda(u)$ 的复相。我们可以证明 x 可以依据一个乘法常数，由它的小波系数的模 $\{|x * \psi_\lambda(u)|\}_\lambda$ 重构出来。信息的丢失来自于 $|x * \psi_\lambda(u)|$ 的积分，它删除了所有的非零频率，这些非零频率可以通过计算 $|x * \psi_{\lambda 1}|$ 的小波系数 $\{|x * \psi_{\lambda 1}| * \psi_{\lambda 2}(u)|\}_{\lambda 2}$ 来恢复。$L^1(IR^2)$ 范数定义了一个对于所有 λ_1 和 λ_2 的更大的不变量族群：

$$\| \, |x * \psi_{\lambda 1}| \, * \psi_{\lambda 2} \|_1 = \int |x * \psi_{\lambda 1}| \, * \psi_{\lambda 2} \, \mathrm{d}u \tag{10.9}$$

10.2.2　小波散射神经网络结构框架

Mallat 小波散射网结构如图 10.3 所示。

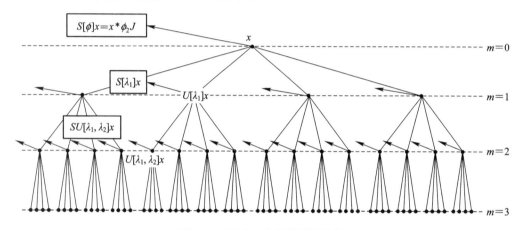

图 10.3　Mallat 小波散射网结构

对于散射小波中用到的逼近小波，第一层散射系数 $S[\lambda_1]x$ 等价于 SIFT 系数。对于纹理分析，许多研究者都采用了平均小波系数振幅 $|x * \psi_\lambda| * \phi_{2^J}(u)$，这是采用复杂小波来实现更好的频率和方向性逼近。

散射变换通过进一步迭代小波变换和模算子来计算高阶系数。小波系数计算到最大尺度 2^J，并且更低的频率被进行如下滤波：$\phi_{2^J}(u) = 2^{-2J}\phi(2^{-J}u)$。对于 Morlet 小波，平均滤波器 ϕ 被选择为高斯滤波器。因为图像是实数信号，所以考虑"正"旋转 $r \in G^+$ 就是有效的了，角度被设定为 $[0, \pi)$：

$$Wx(u) = \{x * \phi_{2^J}(u), \ x * \psi_\lambda(u)\}_{\lambda \in P} \tag{10.10}$$

上述公式中索引被设置为 $P = \{\lambda = 2^{-j}r: r \in G^+, j \leqslant J\}$。其中，$2^J$ 和 2^j 是空间尺度变量；$\lambda = 2^{-j}r$ 是频率支撑 $\hat\psi_\lambda(\omega)$ 对于位置的一种频率索引。

小波模传播器保持低频平均，并计算复小波系数的模：

$$\widetilde{W}x(u) = \{x * \phi_{2^J}(u), \ |x * \psi_\lambda(u)|\}_{\lambda \in P} \tag{10.11}$$

10.3　基于深度旋转平移散射网的目标分类

散射网络是在卷积网络的基础上改进得到的，它的结构和滤波器是预先设定的小波，而不是通过学习得到的。这些小波对于需要计算的几何不变量和线性特征是自适应的。图像分类通常需要获取到对平移具有局部不变性和对变形具有稳定性的图像特征。因此，它应该对小的变形进行线性化处理，以便这些变形可以在后续被使用或删除，这些使用或删除操作是由后续的监督分类器实现的。

利用线性滤波和子采样算子的级联，我们可以对小波变换进行计算。深度神经网络在每一层中都应用了非线性算子，同时也使用了一些线性级联。事实上，非线性操作（例如 ReLU 或者取模）对网络中平均滤波器产生的正系数没有影响。因此，所有非线性都可以从平均滤波器的输出中被去除。深度网络计算过程可以被分解为 $j-1$ 个平均算子和子采样算子的级联，后续跟着带通滤波器和非线性操作。如果网络在每层中均包含步长为 2 的下采样，那么这等价于一个卷积操作和下采样操作，该卷积操作包含一个尺度为 2^j 的多小波。对于不同的层 (k)，其后又包含着下一层 $(k-1)$ 的级联，在此过程中运用到了平均算子、带通滤波器和非线性函数。以此类推。上述过程就等价于一个具有 2^{j+k} 尺度小波的卷积，后续跟着一个非线性操作。尺度取决于每条网络路径上的平均算子和子采样的数量，因此满足 $1 \leqslant j+k \leqslant J$。

下面描述了一个二阶散射变换算子 S_J，它最多执行两个小波卷积。网络输出 x_J 由第一个二维空间小波变换 W_1 计算，该空间小波图像卷积由非线性模量去除相位。应用第二个小波变换 W_2，它具有不变性，包含平移不变性和旋转不变性。这是通过计算沿空间的可分离的二维卷积和沿角度变量的小波的一维卷积来实现的。输出由运算符 A_J 平均，该运算符在 $2J$ 尺度上执行空间平均：

$$x_J = S_J x = A_J \mid W_2 \mid\mid W_1 \mid x \tag{10.12}$$

多小波变换级联得到高阶散射变换，可适用于其他变换组。本节主要研究沿空间和旋转变量的二阶散射。这个二阶不应该与网络深度 J 混淆，网络深度 J 对应的是最大空间不变尺度 2^J，通常取决于图像的大小。接下来将描述两个小波变换 W_1 和 W_2 以及平均算子 A_J 的实现。

10.3.1　小波模块及级联运算过程

第一个小波变换 W_1，通过用一系列小波 $\psi_{j,\theta}$ 对图像进行滤波，从而沿着不同的尺度和方向分离了图像组件。这些小波是通过将母小波 $\psi_{j,\theta}$ 放大 2^j 倍，并利用 r_θ 沿 L 和角度 θ

旋转它的支撑得到的，小波系数的计算公式为

$$\psi_{j,\theta}(p) = 2^{-2j}\psi(2^{-j}r\theta p), \theta = \frac{l\pi}{L} \qquad (10.13)$$

我们选择一个复 Morlet 小波 ψ，它是一个由复指数调制的高斯函数，该函数减去一个高斯函数后其所有值的平均数为零。利用模运算可以计算得到以步长为 2^{j-1} 进行下采样的复小波系数的包络线。尺度为 2^j 的系数可以体现在 x_j 中：

$$x_j^1(p,\theta) = |x * \psi_{j,\theta}(2^{j-1}p)| \qquad (10.14)$$

当 x 的平移小于 2^j 时，这些系数几乎不变。对于 $2^j < 2^J$，这种不变性将通过进一步将这些系数传播到第 J 层中而得到改善，接着，将对第二个小波变换进行详细描述。

小波系数 $x * \psi_{j,\theta}$ 可以通过应用复带通滤波器 g_θ，再接一个下采样过程来进行计算。在这种情况下，模运算有很强的影响。在第 j 层中，该模运算的结果以图像的形式保存下来，该图像的索引为 $q = \theta$，上述模运算的公式如下：

$$x_j^1(p,\theta) = |x * \psi_{j,\theta}(p)| = |g_\theta * (x * \phi_{j-1})(p)| \qquad (10.15)$$

这样，小波变换 W_1 就可以在一个深度网络中实现。这个深度网络是用低通和带通滤波级联的，然后通过子采样来计算，如图 10.4 所示。

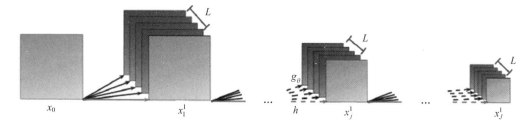

图 10.4　小波模块及级联过程

$j > j_1$ 的小波变换模量的空间尺度是 2^j，因此可以通过编码 θ、β、j_1 和角度尺度 2^k 的索引 q 存储在层 j。据此，该小波变换模运算的公式为

$$x_j^2(p,\theta) = |x_{j_1}^1 * \psi_{j,\beta,k}(2^{-j-1}p, 2^{-k-1}\theta)| \qquad (10.16)$$

在该网络中，对于 $j > j_1$ 的情况，$x_{j_1}^1$ 沿着网络层逐层传播，直到 $j = j_1$。这个三维可分离小波变换要么通过跨深层网络层的级联滤波来计算，要么直接用快速傅里叶变换来计算。

对于 $j > J$ 的情况，我们仍然需要将二阶系数 x_j^2 传播到最大的空间尺度 2^J，这可以通过应用第三个小波变换 W_3 来实现，也可以通过重组跨角度和尺度的信息来实现更复杂的几何不变量。在这个实现中，可以直接在 2^J 尺度上应用线性平均 $x_j^2 * \phi_J$，对 2^J 的每一帧图像进行空间卷积，使其平均为 $\phi_J(p) = 2^{-2J}\phi(2^{-J}p)$。

该散射网络的最后一层 x_J 是图像 x、一阶小波模量图像 x_J^1 和二阶系数 x_J^2 在所有尺度

$2^j \leqslant 2^J$ 的集合，它们都在 2^J 尺度上进行了取均值的操作：

$$x_J = S_J x = \{x * \phi_J, \ x_j^2 * \phi_J\}_{1 \leqslant j \leqslant J} \tag{10.17}$$

一阶系数 $x * \phi_J$ 和 j 与 SIFT 特征向量非常相似，它们提供了在 2^J 大小的邻域上跨尺度和方向的平均能量分布的信息。因此，散射表示可以被理解为一个增强的 SIFT 表征，其通过二阶系数 $x_j^2 * \phi_J$ 来提供多尺度邻域中尺度和角度之间相互作用的信息。

这种深度散射是通过级联第一个二维空间小波变换的模数 $|W_1|$ 来计算的，接着计算的是第二个三维可分离小波变换沿空间和角度的模数 $|W_2|$，然后计算的是 $A_J z = z * \phi_J$ 均值，其整体公式如下：

$$S_{jx} = A_J |W_2| |W_1| x \tag{10.18}$$

由于 W_1、W_2 和 A_J 是收缩算子，这保证了 S_J 也是收缩算子，因此其对附加扰动是稳定的。此外，由于小波变换 W_1 和 W_2 与 A_J 相对于变形是 Lipschitz 稳定的，S_J 也是 Lipschitz 算子，因此可以使小变形线性化，保证了避免在诸如 Alex-net 这样的深度网络中观察到的不稳定性。在这种网络中，一个小的图像扰动就可以极大地改变网络输出，进而影响分类结果。

10.3.2　CIFAR 和 Caltech 数据集分类结果

我们在 CIFAR 和 Caltech 数据集上比较了散射网络与最先进算法的性能，其中包括不同或固定分辨率的复杂对象类。

Caltech-101 和 Caltech-256 是两个彩色图像数据库，分别有 101 类和 256 类。其中每一类包含 30 张图片用于训练，其余的用于测试。加州理工学院的图像被缩放为 $P = 2^{2d} = 256^2$ 像素的正方形图像。平均每类分类结果均是在超过 5 次随机取样测试实验后取平均值得到的。我们从训练集和测试集中删除了杂波类。

CIFAR 是比较具有挑战性的彩色图像数据库，因为它具有较高的类变量，有 60 000 张 $P = 2^{2d} = 32^2$ 像素的彩色小图像。CIFAR-10 有 10 个类，每个类有 5000 张训练图片，而 CIFAR-100 有 100 个类，每个类有 500 张训练图片。

表 10.1 中给出了 CIFAR-10 和 Caltech-101 数据集在不同散射结构下的分类精度，包括一阶的平移散射，二阶的平移散射，在此基础上加入最小二乘（OLS）特征约简、二阶的旋转平移散射，在此基础上再加入最小二乘（OLS）特征约简。

一阶散射系数与 SIFT 相似，但在更大的邻域上计算。用平移小波计算的二阶散射系数（没有沿旋转滤波）将误差降低了 10%，这表明了这种互补信息的重要性。如前文所述，将小波滤波与旋转结合，进一步提高了 Caltech-101 数据集分类精度的 4.5% 和 CIFAR-10 数据集分类精度的 1.2%。旋转在分辨率较高的图像上往往会带来较大的像素位移，这也许可以解释为什么提高对旋转的敏感度在加州理工学院的图像上起着更重要的作用，其原因是加州理工学院的图像更大。利用正交最小二乘法进行特征约简，可以为 Caltech-101 和 CIFAR-10 数据集再分别减少 5.4％ 和 0.7％ 的分类误差。正交最小二乘法对 Caltech-101 的影响更大，因为该数据集中每个类的训练数据的个数更少，所以减少估计的方差会带来更大的影响。

表 10.1　CIFAR-10 和 Caltech-101 数据集在不同散射结构下的分类精度

散射结构	Caltech-101	CIFAR-10
Trans，一阶	59.8	72.6
Trans，二阶	70.0	80.3
Trans，二阶＋OLS	75.4	81.6
Roto-Trans，二阶	74.5	81.5
Roto-Trans，二阶＋OLS	79.9	82.3

本 章 小 结

　　小波变换作为一种重要的多尺度几何工具，被广泛应用于计算机领域的相关任务。随着深度学习与神经网络的逐步发展，小波因其良好的表征能力和特征提取能力，往往能与深度神经网络有效结合。本章对多种深度小波散射网络进行了详细分析。

　　本章首先对小波神经网络的研究与应用进行了简介。小波神经网络的研究始于 1992 年，它是基于小波分析理论以及小波变换所构造的一种分层的、多分辨率的新型人工神经网络模型，可广泛应用在图像处理、信号分析和工程技术等方面。然后，对焦李成教授在 2001 年发表的论文中提出的一种基于多小波的神经网络模型的表征优势进行了介绍。接着，对 Mallat 小波散射网的图像表征机理、逼近过程和系数计算过程进行详细介绍。最后，对用于目标分类的深度旋转平移散射网的计算过程进行了公式化的描述，并给出了其在具体的图像分类任务中的实验结果。

本章参考文献

[1]　刘大鹏，卢虹冰，漆家学，等. 基于多小波变换的医学图像融合算法研究[J]. 中国医学物理学杂志，

2011，28(3)：2637-2643.

[2] 刘瑞娟，吕洁. 多小波变换及其在图像处理中的应用[J]. 现代电力，2004，21(1)：66－70.

[3] MCCLELLAND J L，RUMELHART D E，PDP Research Group. Parallel distributed processing [M]. Cambridge：MIT press，1986.

[4] POGGIO T，GIROSI F. Networks for approximation and learning[J]. Proceedings of the IEEE，1990，78(9)：1481－1497.

[5] PAN J，JIAO L，CHEN L. Construction of orthogonal multiwavelets with short sequence via genetic algorithm[J]. Progress in Natural Science，2000，4(10)：294－301.

[6] JIAO L，PAN J，FANG Y. Multiwavelet neural network and its approximation properties[J]. IEEE Transactions on neural networks，2001，12(5)：1060－1066.

[7] ZHIGANG L. Multiwavelet neural networks construction study[C]//International Symposium on Signals，Circuits and Systems，2005. ISSCS 2005. IEEE，2005，2：789－792.

[8] BRUNA J，MALLAT S. Invariant scattering convolution networks[J]. IEEE transactions on pattern analysis and machine intelligence，2013，35(8)：1872－1886.

[9] FUJIEDA S，TAKAYAMA K，HACHISUKA T. Wavelet convolutional neural networks[J]. arXiv preprint arXiv：1805.08620，2018.

[10] OYALLON E，MALLAT S. Deep roto-translation scattering for object classification [C]// Proceedings of the IEEE conference on computer vision and pattern recognition. 2015：2865－2873.

[11] BRUNA J，MALLAT S. Invariant scattering convolution networks[J]. IEEE transactions on pattern analysis and machine intelligence，2013，35(8)：1872－1886.

[12] LOWE D G. Distinctive image features from scale-invariant keypoints[J]. International journal of computer vision，2004，60：91－110.

[13] LECUN Y，KAVUKCUOGLU K，FARABET C. Convolutional networks and applications in vision [C]//Proceedings of 2010 IEEE international symposium on circuits and systems. IEEE，2010：253－256.

[14] MALLAT S. A wavelet tour of signal processing[M]. San Diego：Academic Press，1999.

[15] MALLAT S. Group invariant scattering[J]. Communications on Pure and Applied Mathematics，2012，65(10)：1331－1398.

[16] SIFRE L，MALLAT S. Rotation，scaling and deformation invariant scattering for texture discrimination[C]//Proceedings of the IEEE conference on computer vision and pattern recognition. 2013：1233－1240.

[17] SZEGEDY C，ZAREMBA W，SUTSKEVER I，et al. Intriguing properties of neural networks[J]. arxiv preprint arxiv：1312.6199，2013.

第 11 章　深度脊波网络

除了小波分析和散射分析，脊波分析作为一种成熟的理论，可以有效地近似描述多尺度图像的特征。之前的研究表明，传统小波变换中有限的三个方向的集合不足以表示特征。为了解决这个问题，研究者们提出了一种名为 Ridgelet 的表征系统。本章介绍了一个采用散斑抑制正则化的脊波网络，该网络主要解决的是 SAR 图像场景分类问题。

11.1　基于脊波核的 SAR 图像场景分类框架

凭借强大的特征表示，卷积神经网络(CNN)在图像分类任务中取得了巨大的成就，但其通常需要数百万个标记样本来训练大量参数。然而，合成孔径雷达(SAR)图像的样本标记是非常困难的，特别是像素标记，有时需要实地考察才能完成。此外，固有的散斑噪声可能会削弱网络从 SAR 图像中提取有效特征的能力。本节将深度学习与 SAR 图像的多尺度几何分析和统计建模相结合，提出了带散斑减正则化的 Ridgelet-Nets 算法，用于 SAR 图像场景分类。首先，我们设计了脊波滤波器构造的卷积核脊波网络，以减少训练参数并学习更多的鉴别特征；然后引入 SAR 图像统计建模的先验信息，在 Ridgelet-Nets 中嵌入散斑降噪正则化，抑制散斑噪声的影响，平滑分类图；最后，考虑到 SAR 图像中不同区域结构和空间关系的差异，特别是大尺度复杂场景，提出了一种基于扩展层次视觉语义模型的自适应 SAR 图像场景分类框架。在实际 SAR 图像上的实验结果表明，该框架可以在有限的标记样本上获得较好的分类性能。

11.1.1　SAR 图像场景分类相关背景知识

合成孔径雷达(SAR)成像系统可以在所有时间和天气条件下工作，已广泛应用于许多领域，这样就产生了大量大尺度复杂场景的 SAR 图像，而人工处理和分析这些图像变得越来越困难，因此有必要开发有效的自动或半自动 SAR 图像理解和判读算法。其中，本文对 SAR 图像的场景分类主要是将 SAR 图像的不同区域按照功能划分为具有相同语义的区域，如居民区、工业区、商业区等。虽然这些区域可能都包括建筑物、道路、树木等，但其大小、高度和空间拓扑关系是不同的。因此，类内变异和类间相似更为严重。此外，SAR 图像的成像机理、固有的散斑噪声以及场景的分类已经成为 SAR 图像判读中最具挑战性的任务之一。

虽然 CNN 在 SAR 图像分类中具有很大的优势，但仍存在一些值得进一步研究的挑战。例如，大多数 SAR 图像缺乏地面真实信息，而要获取足够的标签信息，特别是像素标签，通常需要进行劳动密集型且耗时的任务，有时甚至需要专家进行实地研究。而在实际应用中，标记几个补丁样例相对容易，因此，我们的 SAR 图像场景分类是一个典型的小样本学习任务。当 CNN 直接用于小样本学习问题时，由于对参数训练不足，通常表现不佳，可能产生过拟合。Huang 等人提出了一种转移学习方法，将从大量标注源域数据中学习到的知识转移到有限标注的目标域数据中，可以缓解目标域中缺乏足够标注样本所带来的负面影响。其次，由于后向散射体之间的干扰，SAR 图像受到固有的散斑噪声的影响，大大降低了 SAR 图像的质量和后续的分类性能。研究者们在分类后采用基于图分割的空间正则化，以衰减散斑噪声的影响，从而获得较好的分类性能。

研究者们发现，许多策略都可以有效地改善上述挑战。然而，现有的大多数方法都没有同时考虑训练样本不足和质量差(存在散斑噪声)的问题。我们在本节构建了一个端到端体系结构来共同解决这两个问题，针对 SAR 图像场景分类中的小样本学习问题，提出了脊波网算法，每个脊波核只优化三个参数，使得网络参数的数量大大减少，对标记样本的需求也相应减少。脊波核还能捕捉地形丰富的多尺度几何特征，增强特征表征能力。此外，我们设计了两种有效的 Ridgelet-Nets 初始化方案。然后，为了保持关键信息和抑制噪声，我们构造了一个散斑抑制正则化器，包括一个稀疏重建项和一个统计分布约束，并嵌入到 Ridgelet-Nets 中，以减弱散斑噪声，进一步防止网络陷入过拟合。与一般稀疏正则化只关注网络参数而不考虑数据的一些先验信息不同，我们的正则化器尝试引入 SAR 图像的统计信息，以提高网络的鲁棒性和分类性能。

一般来说，SAR 图像由均匀、异质和极异质区域组成，这是典型的高维、异质特征。因此，对于图像的不同结构区域，使用相同的分类策略很难达到最优的结果。为了缓解这些困难，研究者们提出了分层的视觉语义模型，通过将该模型用于 SAR 图像分割，主要用于聚合面积单一的图像。在处理大尺度复杂的场景图像时，总会有不同的场景聚集在一起。为了应对新的挑战，我们将分层视觉语义模型扩展到高级语义空间，构建融合的区域地图，捕捉和传递聚合差异，使初级、中级和高级的语义信息可以相互作用。

在像素空间和语义空间的相互作用下，我们将 SAR 图像划分为不同结构的混合像素子空间、结构像素子空间和均匀像素子空间，然后针对这三个子空间提出了自适应 SAR 图像场景分类框架。在混合像素子空间中，明暗像素变化剧烈，城市区域、森林等丰富的结构信息聚集在一起。为了尽可能多地捕获结构，我们构造了一个 Ridgelet-ResNet12 和一个用于该子空间分类的数据增强策略。结构像素子空间包括不同地形、线和孤立目标之间的边缘，只需要定位，不需要分类。对于均匀像素子空间，一个区域内的亮度变化较小，如农田、水域和闲置土地。我们设计了一个具有散斑减少正则化的 Ridgelet-CNN5 来对不同的场景进行精确的分类。最后，将所有结果进行综合，得到最终的场景分类图。所提出的 SAR 图像场景分类框架的总体流程图如图 11.1 所示。

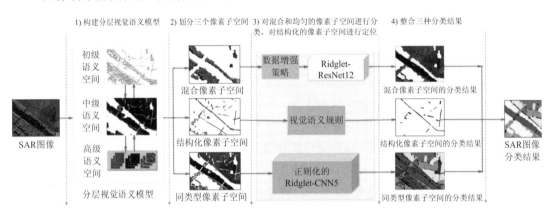

图 11.1　SAR 图像场景分类框架流程图

为了减少标记样本的数量，提高分类性能，我们设计了一种通用的轻量级卷积核，称为脊波核。脊波核只优化三个参数，可以很容易地嵌入到任何 CNN 中组成一个脊波网。此外，我们设计了两种初始化方案来加快 Ridgelet-Net 的收敛速度。

为了进一步提高网络的鲁棒性和分类性能，我们设计并嵌入了一个散斑抑制正则化模块，并将 SAR 图像的统计分布应用到 Ridgelet-Nets 中。

针对大型复杂场景 SAR 图像的特点，我们建立了更原始的视觉语义模型，构建了自适应的 SAR 图像场景分类框架。分类结果既实现了语义一致性，又实现了结构的保存，达到了最先进的性能。

11.1.2　脊波表征理论及脊波核设计

一般情况下，人类视觉对奇异点比对图像的光滑区域更敏感。同样，脊波作为一种多尺度小波，可以很好地捕获和保持图像的边缘和线性奇异性，进而很好地进行奇异性表征。

将脊波引入到图像的表示中，有助于学习更丰富的方向信息，特别是对于具有丰富纹理和结构信息的 SAR 图像。鉴于这一特点，脊波分析在许多图像处理领域得到了广泛的应用，例如脊波支持向量机可以用于图像降噪，在局部邻域使用脊波核函数来保留 SAR 图像分割的细节。这些方法充分挖掘了脊波理论的优点，在各个领域取得了突出的成果。

我们将脊波引入 CNN，设计脊波核来取代标准的卷积核，它可以学习高分辨率的特征，更重要的是能够显著降低网络的参数量。

设 (x, y) 表示图像的空间域。对于每个尺度 $\alpha > 0$，角度 $\theta \in [0, 2\pi)$，位置 $\beta \in R$，则定义连续二元脊波函数如下：

$$\varphi_y(x, y) = \alpha^{-1/2} \psi\left(\frac{(x\cos\theta + y\sin\theta - \beta)}{\alpha}\right) \tag{11.1}$$

其中，$\gamma = \{\alpha, \theta, \beta\}$。参数 α 主要影响带宽，θ 控制方向，β 决定脊波的位置。

设 $Z = (x\cos\theta + y\sin\theta - \beta)/\alpha$，我们利用高斯差分(DoG)作为脊波滤波器的生成函数，它可以写成

$$\psi_r(Z) = \alpha^{-1/2}\left(e^{-\frac{z^2}{2}} - \frac{1}{8}e^{-\frac{z^2}{8}}\right) \tag{11.2}$$

在实际应用中，参数的取值范围可以限定在一定的区间内，$\alpha \in (0, 3)$，$\theta \in [0, \pi)$，β 的取值范围与 θ 有关，即

$$\beta = \begin{cases} [0, N(\sin\theta + \cos\theta)], & \theta \in \left[0, \dfrac{\pi}{2}\right) \\ [N\cos\theta, N\sin\theta], & \theta \in \left[\dfrac{\pi}{2}, \pi\right) \end{cases} \tag{11.3}$$

其中，N 表示缩放参数的上界，可以使用不同参数值构造几组二维脊波滤波器。我们可以清楚地看到这三个参数对脊波滤波器的形状、方向和位置的影响。

我们根据公式(11.2)设计脊波核。大小为 $K \times K$ 的脊波卷积核可以表示为 $\{(0, 0),$ $(0, 1), \cdots, (k_i, k_j), \cdots, (K-1, K-1)\}$，其中 (k_i, k_j) 表示脊波核的位置。$\psi_r(k_i, k_j)$ 用于计算脊波核的值。脊波核的计算方法以及脊波核与普通卷积核的参数可描述如下：整个脊波核是由三个参数 $\{\alpha, \theta, \beta\}$ 调制的。也就是说，每个脊波核只优化 3 个参数，而普通 CNN 必须优化每个卷积核(3×3 核大小)或 25(5×5 核大小)个参数。

11.2　深度脊波网络参数设计及模型框架

需要注意的是，脊波核可以插入到任何深度卷积网络中来构造脊波网。同时，

Ridgelet-Nets 可以直接利用 CNN 中常见的元素或技巧，如池化、早退、跳层连接、注意、对抗和激活。因此，我们主要介绍了脊波网中的一个卷积层。第 l 个卷积层的输入特征映射定义为 $X^l = \{X_1^l, X_2^l, \cdots, X_{N_i}^l\}$，其中，$N_i$ 为输入特征映射的个数。定义第 l 个卷积层中的脊波核为 $F^l = \{F_1^l, F_2^l, \cdots, F_{N_j}^l\}$，其中，$N_j = N_\alpha \times N_\theta \times N_\beta$ 表示 j 信道或滤波器的个数；N_α、N_θ、N_β 分别表示 l 尺度、方向、位置参数的个数。

第 l 个卷积层的输出特征映射定义为

$$Y^l = \{Y_1^l, Y_2^l, \cdots, Y_{N_j}^l\} \tag{11.4}$$

其中，$Y^l = X^l * F^l$。对于第 1 层，X^l 为原始 SAR 图像块；否则，$X^l = Y^{l-1}$。

Ridgelet-Nets 的其他结构继承了常见的 CNN，如 LeNet、AlexNet 和 ResNet。在构建了网络体系结构之后，下面介绍 Ridgelet-Nets 的初始化和更新。

11.2.1　深度脊波网络参数初始化方案

Ridgelet-Nets 参数的初始化与网络中的通道数量有关，这也决定了网络的计算复杂度和对标记样本的需求。适当的通道数量也可以缓解过拟合问题。为此，我们设计了以下两种 Ridgelet-Nets 初始化方案。

为了尽可能地保持学习到的特征的多样性，我们遵循手工脊波特征提取的经验设置，并提供了一个简单有效的统一初始化策略。我们用 α_0^l、θ_0^l、β_0^l 表示第 l 个卷积层脊波核的初始化参数，其中 $\alpha_0^l = \{\alpha_{0,1}^l, \cdots, \alpha_{0,i}^l, \cdots, \alpha_{0,N_\alpha}^l\}$，$\alpha_{0,i}^l$ 由（0，3）均匀采样得到，$\theta_0^l = \{\theta_{0,1}^l, \cdots, \theta_{0,i}^l, \cdots, \theta_{0,N_\alpha}^l\}$，$\theta_{0,i}^l$ 由 $[0, \pi)$，$\beta_0^l = \{\beta_{0,1}^l, \cdots, \beta_{0,i}^l, \cdots, \beta_{0,N_\alpha}^l\}$ 均匀采样得到，$\beta_{0,i}^l$ 也是根据均匀采样得到的。

草图线段包含不同地形的尺度和方向信息，是获取图像特征的关键。为此，我们提出了一种基于草图统计的初始化方法。我们对草图中草图线段的长度和方向进行直方图统计。对于尺度参数的初始化，我们计算混合像素子空间中草图线段的长度，将其归一化为（0，3），并计算不同长度线段的个数占比。顶部 N_α 的长度用于初始化参数 α_0^l。为了初始化方向参数，我们首先将 $[0, \pi)$ 划分为 18 个区间来表示 18 个方向。然后，计算混合像素子空间中所有草图线段的方向个数，计算草图线段落在这 18 个方向中的比例。我们取顶部 N_θ 的取向来初始化参数 θ_0^l。β_0^l 的初始化方法与第一种方法相同。

11.2.2　深度脊波网络参数更新过程

Ridgelet-Nets 的主要目的是减少反向传播中需要更新的参数数量。我们不是更新卷积核中每个位置的权值，而是通过调整三个脊波参数来更新脊波核。据此，可以推导出脊波参数的梯度，损失函数 L 对尺度参数 α 的梯度如下（为简单起见，我们省略了下面公式中的下标和变量）：

$$\frac{\partial L}{\partial \alpha} = \frac{\partial L}{\partial F} \cdot \frac{\partial F}{\partial \psi} \cdot \frac{\partial \psi}{\partial \alpha} = \sum_{x,y} \delta_F \alpha^{-\frac{5}{2}} Z \left(e^{-\frac{z^2}{2}} - \frac{1}{8} e^{-\frac{z^2}{8}} \right) (x\cos\theta + y\sin\theta - \beta) \qquad (11.5)$$

损失函数 L 对取向参数 θ 的梯度为

$$\frac{\partial L}{\partial \theta} = \sum_{x,y} \delta_F \alpha^{-\frac{3}{2}} Z \left(e^{-\frac{z^2}{2}} - \frac{1}{8} e^{-\frac{z^2}{8}} \right) (x\sin\theta - y\cos\theta) \qquad (11.6)$$

损失函数 L 对取向参数 β 的梯度为

$$\frac{\partial L}{\partial \beta} = \sum_{x,y} \delta_F \alpha^{-\frac{3}{2}} Z \left(e^{-\frac{z^2}{2}} - \frac{1}{8} e^{-\frac{z^2}{8}} \right) \qquad (11.7)$$

其中，δ_F 表示损失函数 L 相对于 F 的梯度。

11.2.3　基于散斑抑制正则化的深度脊波网络模型

我们试图通过引入正则化来削弱散斑噪声对分类性能的影响，并进一步缓解过拟合。为此，我们构造了一种名为散斑抑制正则化的正则化算法。

带散斑抑制正则化的 Ridgelet-Net 的详细网络结构如图 11.2 所示，它主要由一个编码器、一个解码器和几个完全连接的层组成，其中 R_c(5, 32, 2)表示脊波卷积层参数（核大小、滤波器数量和步长）；Fc_Sigma(64)表示 64 节点的全连接层的输出刚好是 σ 的估计值；相乘所用到的参数 ε 满足 $\varepsilon \sim n(0,1)$；R_c_T 表示转置脊波卷积运算；另外，$\otimes$ 和 $\oplus$ 分别表示元素乘法运算求和运算。继变分自编码器（VAE）之后，全连通层主要用于估计 G^0 和 Γ^{-1} 分布的参数，这些参数被用来计算正则化。然后，在分类损失的基础上加上正则化项，得到总损失函数：

$$L_{all}(x, l; w) = \lambda L_C(x, l, w_C)(1-\lambda) L_r(x; w_r, w) \qquad (11.8)$$

其中，x 为输入 SAR 图像贴片，l 为样本标签，$L_C(\cdot)$ 为分类损失，$L_r(\cdot)$ 为散斑减正则化，$w = \{w_C, w_C\}$ 为对应的模型参数，λ 为超参数，决定了 $L_C(\cdot)$ 和 $L_r(\cdot)$ 在总损失中的比例。

散斑抑制正则化包括三项：重构误差项，主要用于从特征维上减少无关分量；对称的 Kullback-Leibler（KL）距离约束，可以抑制数据分布中的噪声成分；同时 L_2 归一化可以降低整个模型的复杂性。我们通过实证证明，这三项结合起来可以获得最优的分类性能，可以写成

$$L_r(x; w_r, w) = \sum_N \| x - \hat{x} \|^2 + D_{KL}(x - \hat{x}) + \| w \|_2 \qquad (11.9)$$

其中，$\hat{x}$ 表示重构图像，N 为样本数，$D_{KL}(x - \hat{x})$ 表示两种不同分布估计之间的 KL 距离，一种是原始 SAR 图像 $PG^0(x)$ 的分布，另一种是有用地形后向散射体 $q_{\Gamma^{-1}}(\hat{x})$ 的分布，其中 $q_{\Gamma^{-1}}$ 表示对倒数伽马定律的估计。KL 距离定义为

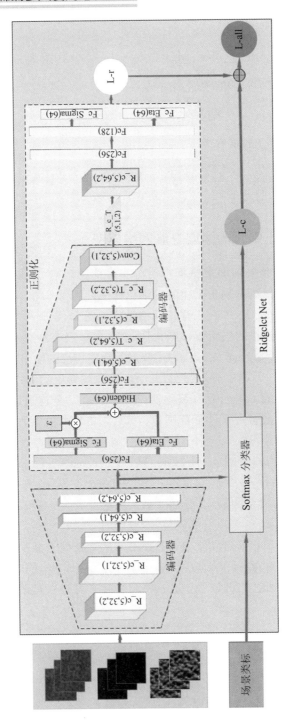

图 11.2　基于散斑抑制正则化模块的 Ridgelet-Net 结构

$$D_{\mathrm{KL}}(x - \hat{x}) = \frac{1}{2} \sum_{N} (PG^0(x) - q_{r^{-1}}(\hat{x}) \mathrm{lb} \frac{PG^0(x)}{q_{r^{-1}}(\hat{x})}) \tag{11.10}$$

正则化主要用于均匀像素子空间。对于混合像素子空间，特别是在高分辨率 SAR 图像中，一个图像块通常包含多个目标。因此，其分布可能表现为过于分散或多于一种模态。我们认为，对混合分布的混合像素子空间进行建模比用 G^0 模型解释更为准确，这将是我们未来的研究方向。

11.3　SAR 图像区域地图融合与自适应场景分类算法

11.3.1　SAR 图像区域地图融合

在进行 SAR 图像场景分类时，最好采用分开处理的方法，根据不同区域的性质对 SAR 图像进行分类。为此，基于扩展的分层视觉语义模型，我们设计了一种自适应 SAR 图像场景分类算法，这与现有的监督分类方法有明显的区别。首先，对 SAR 图像的草图进行计算，并对区域地图进行融合，在区域地图的引导下，将区域地图映射回原始 SAR 图像，可以得到不同结构的三像素子空间。在此基础上，采用 patch-wise 方法对混合像素子空间和均匀像素子空间进行分类。为了获得用于训练分类器的标记样本，我们在融合区域地图的指导下手动标记一些图像块。针对混合像素子空间中地形类型最复杂的特点，为了获得更多的结构信息并保持地物的散射特性，我们设计了 Ridgelet-ResNet12 和数据增强策略对混合像素子空间进行分类。数据增强策略包括对标记的样本块进行放大、缩小和旋转。SAR 图像的均匀像素子空间通常是最大的，但结构信息相对较少，因此我们实例化了一个 Ridgelet-CNN5（Ridgelet-CNN5-SR），以准确区分不同的场景。结构像素子空间主要包括边缘、线目标和孤立目标。我们使用一些视觉语义规则来定位它们，例如道路和桥梁。最后，将所有结果整合在一起，得到最终的分类图。具体算法如下。

算法 11.1　自适应 SAR 图像场景分类方法

输入：SAR 图像补丁及相关参数

输出：SAR 图像分类结果

1 子空间划分。基于扩展的层次视觉语义模型，将 SAR 图像划分为混合、均匀和结构像素子空间

2 提取训练样本。为每个场景手动标记几个图像块

2.1 对于混合像素子空间，对每个块进行缩放和旋转，然后在每个块上随机采样 100 个小斑块

2.2 对于均匀像素子空间，直接在每个块上随机抽取 200 个小斑块

3 对混合像素子空间进行分类

3.1 初始化 Ridgelet-ResNet12

3.2 用增强的训练样本对网络进行训练

3.3 获得混合像素子空间的分类结果

4 对齐次像素子空间进行分类

4.1 初始化 Ridgelet-CNN5-SR

4.2 用全损函数训练网络

4.3 获得齐次像素子空间的分类图

5 定位结构像素子空间。基于一定的视觉语义规则定位直线对象，如道路、桥梁等

6 将三个结果整合在一起，得到最终的分类图

11.3.2　自适应场景分类算法性能评估与分析

实验过程：我们在真实的 SAR 图像上评估所提出的方法。我们实例化了两个 Ridgelet-Nets。Ridgelet-CNN5 由 5 个具有 5×5 脊波核的卷积层组成，其中前三层的滤波器数为 32（$N_\alpha=4$，$N_\theta=4$，$N_\beta=2$），后两层的滤波器数加倍（$N_\alpha=4$，$N_\theta=8$，$N_\beta=2$），back bone 采用的是 AlexNet。Ridgelet-ResNet12 包含四个残差块，每个块有三个卷积层，具有 3×3 的脊波核。滤波器的数量从 32 开始，并逐渐翻倍。这两个网络都使用两个完全连接的层作为分类器。我们选择基于草图统计的初始化方法对两个网络进行初始化。超参数 λ 设为 0.8。

为了比较所提出方法的性能，我们设计了几个相关的对比实验，包括具有手工制作特征的传统监督分类器和最先进的 CNN 网络，如下所示：

（1）GLCM-mlr：采用 GLCM 进行提取每个补丁的 16-D 纹理特征和多项逻辑回归（MLR）分类。

（2）Gabor-SVM：应用 24-D Gabor 特征和支持向量机执行 patch-wise 分类任务。

（3）CNN5-SR：将散斑减少正则化项嵌入到 AlexNet 中进行分类。

（4）ResNet12：直接使用 ResNet12 对 SAR 图像进行场景分类。

结果分析如下：

Bridge 图像的聚合区域相对简单，因此我们只给出单个聚合度的区域图。分类图如图 11.3 所示，不同的颜色分别代表了水域、森林、闲置土地和住宅场景。GLCM-MLR 存在很多错误分类，如图 11.3(e) 所示，特别是在水和森林场景中。Gabor-SVM 方法的结果如图 11.3(f) 所示，与 GLCM-MLR 方法相比，闲置土地和水面场景的分类精度有所提高。图 11.3(g) 中闲置土地和水场景的区域一致性优于 Gabor-SVM 和 GLCM-MLR。更好的性能

表明学习到的特征比手工制作的特征更有效。但是，CNN5-SR 仍然存在一些错误的分类，一些森林的阴影被错误地划分为水。图 11.3(h) 为 ResNet12 得到的分类图。除水景外，ResNet12 的分类精度进一步提高(见图 11.3(h))。很明显，我们的方法(见图 11.3(i))得到的结果是最准确的，而且对水的分类比比较方法更准确。这是因为 Ridgelet-Nets 的设计可以成功地避免与非常有限的标记样本相关的过拟合问题。此外，我们尝试根据视觉语义规则和像素与语义空间之间的信息交互来定位一些直线目标，并用更深的颜色(如黑色)标记，如图 11.3(i)所示。

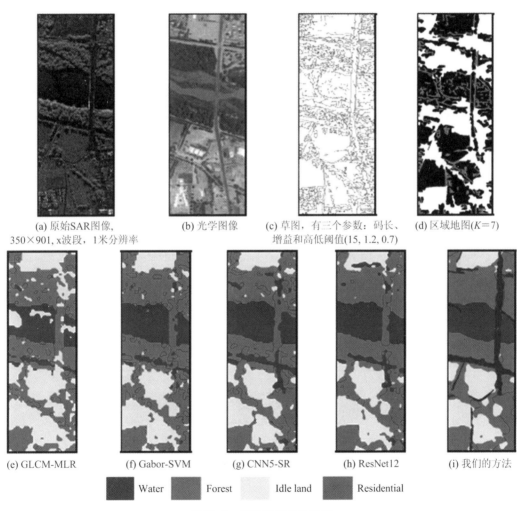

(a) 原始SAR图像，
350×901，x波段，1米分辨率

(b) 光学图像

(c) 草图，有三个参数：码长、增益和高低阈值(15, 1.2, 0.7)

(d) 区域地图($K=7$)

(e) GLCM-MLR　　(f) Gabor-SVM　　(g) CNN5-SR　　(h) ResNet12　　(i) 我们的方法

Water　　Forest　　Idle land　　Residential

图 11.3　桥梁图像的分类图

Noerdlin 图像的融合区域图如图 11.4(d)所示，将聚合区域划分为白色和灰色两类。

因此，我们用两种场景类型来标记聚合区域。分类图如图 11.4(e)～(i)所示，其中不同的颜色表示农田、草地、闲置土地、工业和住宅场景。GLCM-MLR 的结果如图 11.4(e)所示，我们可以看到它不能区分这五个场景，有严重的分类错误。Gabor-SVM 的分类结果优于GLCM-MLR，如图 11.4(f)所示，但由于散斑噪声的存在，区域连通性较差，呈现小颗粒状

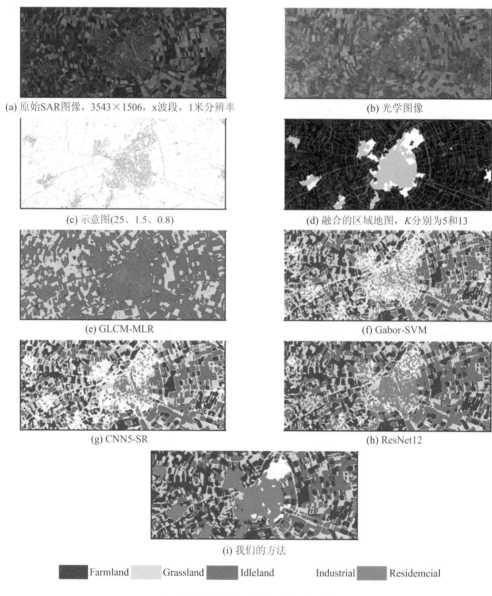

(a) 原始SAR图像，3543×1506，x波段，1米分辨率 (b) 光学图像

(c) 示意图(25、1.5、0.8) (d) 融合的区域地图，K分别为5和13

(e) GLCM-MLR (f) Gabor-SVM

(g) CNN5-SR (h) ResNet12

(i) 我们的方法

Farmland Grassland Idleland Industrial Residemcial

图 11.4 Noerdlin 图像的分类图

外观。这些结果表明，人工合成的特征并不能满足 SAR 图像的所有场景。如图 11.4(g)所示，CNN5-SR 方法的分类性能和空间连通性明显优于 Gabor-SVM 的结果，这说明 CNNs 具有强大的特征表示能力，引入散斑去噪正则化可以有效减弱噪声。然而，分类结果仍然不尽如人意，许多边界被错误分类为工业场景。ResNet12 的分类结果(见图 11.4(h))比 CNN5-SR 更准确，特别是边界的错误分类大大减少。与比较方法相比，我们的方法获得了最佳的分类结果，同时实现了语义一致性和结构的保存，如图 11.4(i)所示，并且定位的线目标用白色标记。这是因为该方法采用了对不同像素子空间的自适应场景分类框架。同时，我们设计了 Ridgelet-Nets 和去散斑正则化，使 SAR 图像的特征更具鉴别性和鲁棒性，具有更好的 SAR 图像场景分类性能。

本 章 小 结

本章分析并研究了具体任务中的深度脊波表征系统，对一个采用散斑抑制正则化的脊波网络进行了详细介绍，该网络主要解决的是 SAR 图像场景分类问题。

该脊波网络是基于脊波滤波器构造的，能够在减少训练参数的同时学习更多的鉴别特征。依托于 SAR 图像统计建模的先验信息，Ridgelet-Nets 中可以嵌入散斑降噪正则化，抑制散斑噪声的影响，得到平滑的分类图。本章首先对脊波核设计方案进行了概述，再给出具体的脊波网络(Ridgelet-Nets)框架。本章还提出了一种基于扩展层次视觉语义模型的自适应 SAR 图像场景分类框架，该框架能考虑到 SAR 图像中不同区域结构和空间关系的差异，获得较好的多尺度表征和分类效果。最后，本章给出了 SAR 图像区域地图融合与自适应场景分类算法，实验结果表明脊波网络(Ridgelet-Nets)框架和去散斑正则化，使 SAR 图像的特征更具鉴别性和鲁棒性，具有更好的 SAR 图像场景分类性能。

本章参考文献

[1]　QIAN X, LIU F, JIAO L, et al. Ridgelet-nets with speckle reduction regularization for SAR image scene classification[J]. IEEE Transactions on Geoscience and Remote Sensing, 2021, 59(11): 9290 – 9306.

[2]　MOREIRA A, PRATS-IRAOLA P, YOUNIS M, et al. A tutorial on synthetic aperture radar[J]. IEEE Geoscience and remote sensing magazine, 2013, 1(1): 6 – 43.

[3] YU H, JIAO L, LIU F. CRIM-FCHO: SAR image two-stage segmentation with multifeature ensemble[J]. IEEE Transactions on Geoscience and Remote Sensing, 2015, 54(4): 2400 - 2423.

[4] DUMITRU C O, SCHWARZ G, DATCU M. SAR Image Land Cover Datasets for Classification Benchmarking of Temporal Changes [J]. IEEE Journal of Selected Topics in Applied Earth Observations and Remote Sensing, 2018: 1 - 22.

[5] HUANG Z, PAN Z, LEI B. What, where, and how to transfer in SAR target recognition based on deep CNNs[J]. IEEE Transactions on Geoscience and Remote Sensing, 2019, 58(4): 2324 - 2336.

[6] HUBER R. Scene classification of SAR images acquired from antiparallel tracks using evidential and rule-based fusion[J]. Image and Vision Computing, 2001, 19(13): 1001 - 1010.

[7] MOREIRA A, PRATS-IRAOLA P, YOUNIS M, et al. A tutorial on synthetic aperture radar[J]. IEEE Geoscience and remote sensing magazine, 2013, 1(1): 6 - 43.

[8] HUANG Z, PAN Z, LEI B. Transfer learning with deep convolutional neural network for SAR target classification with limited labeled data[J]. Remote sensing, 2017, 9(9): 907.

[9] GENG J, WANG H, FAN J, et al. Deep supervised and contractive neural network for SAR image classification[J]. IEEE Transactions on Geoscience and Remote Sensing, 2017, 55(4): 2442 - 2459.

[10] CANDES E J. Ridgelets: theory and applications[M]. Stanford: Stanford University Press, 1998.

[11] MEJAIL M E, FRERY A C, JACOBO-BERLLES J, et al. Approximation of distributions for SAR images: proposal, evaluation and practical consequences[J]. Latin American Applied Research, 2001, 31(2): 83 - 92.

[12] YU M, DONG G, FAN H, et al. SAR target recognition via local sparse representation of multi-manifold regularized low-rank approximation[J]. Remote Sensing, 2018, 10(2): 211.

[13] NASCIMENTO A D C, CINTRA R J, FRERY A C. Hypothesis testing in speckled data with stochastic distances [J]. IEEE Transactions on geoscience and remote sensing, 2009, 48 (1): 373 - 385.

[14] WU J, LIU F, JIAO L, et al. Local maximal homogeneous region search for SAR speckle reduction with sketch-based geometrical kernel function[J]. IEEE Transactions on Geoscience and Remote Sensing, 2014, 52(9): 5751 - 5764.

[15] LIU F, SHI J, JIAO L, et al. Hierarchical semantic model and scattering mechanism based PolSAR image classification[J]. Pattern Recognition, 2016, 59: 325 - 342.

[16] LIU F, DUAN Y, LI L, et al. SAR image segmentation based on hierarchical visual semantic and adaptive neighborhood multinomial latent model[J]. IEEE Transactions on Geoscience and Remote Sensing, 2016, 54(7): 4287 - 4301.

[17] KINGMA D P, WELLING M. Auto-encoding variational bayes[J]. arxiv preprint arxiv: 1312. 6114, 2013.

第 12 章　深度曲线波散射网络

特征表示在图像分类中受到越来越多的关注。近年来的研究显示了卷积神经网络 (Convolutional Neural Network，CNN)在处理图像边缘和纹理方面的潜力，即其具备有效的特征提取能力。同时，研究者们也提出了一些方法来进一步改进 CNN 的特征表示过程。在本章中，研究者们提出了一种基于端到端的多尺度曲线波散射网络(Multi-Scale Curvelet Scattering Network，MSCCN) 的复杂图像分类方法。通过在 ResNet 中加入曲线波和三级散射过程，进行多尺度特征预提取，可以优化网络整体的特征表示过程。通过曲线波和散射变换的有效结合，MSCCN 可以在增强多分辨率散射特性的同时，增强神经网络的方向性特征表征能力。此外，我们还提出了一个单级曲线波散射模块，该模块可以被很容易地推广或嵌入到其他网络中。通过必要的消融实验、对比实验、评估实验、可视化实验可知，MSCCN 在复杂图像分类中具备良好的表现。此外，由于散射和曲线过程的支撑区间有限，使得 MSCCN 收敛速度更快，能量更集中。

12.1　多尺度特征表征与逼近

近年来，多尺度特征表示在复杂图像分类中发挥着重要作用，多种多尺度几何分析方法也被证明是有效的。

12.1.1　神经网络的特征表征

深度神经网络是捕获图像中的空间特征的有效工具，在识别和分类任务中表现出很好的性能。目前神经网络已被广泛使用在依赖于特征表征的任务中，例如，研究者们在 LeNet 中成功地将卷积神经网络应用于目标识别。在此之后，Alexnet 被提出，并获得了 ILSVRC 竞赛的冠军。近年来，ResNet 也逐步开始流行，其在许多领域都取得了显著的成果。2016 年，研究者们提出了 DenseNet，据此，更高性能的特征传输过程得以实现，同时，梯度消失问题得以缓解。近年来，SENets 和 RetinaNet 因其出色的特征表示能力受到了广泛的关注。

在本章中，我们提出的多尺度网络框架是基于卷积神经网络的基本结构的。通过将多尺度几何分析集成到神经网络中，可以实现更好的复杂图像特征表征。同时，就网络的复杂程度而言，预定义的先验性的多尺度系数可以减少计算资源的消耗。

12.1.2　多尺度表征与逼近

对于复杂影像目标而言，在早期的理论研究和探索中，研究者们已经考虑了多种数据驱动的深度学习算法。通过有效的特征分析和网络结构设计，深度神经网络已经被成功地应用于多种遥感问题。近年来，研究者们提出了一个基于多尺度卷积滤波器组的更深更广的网络模型。通过综合利用相邻像素向量的局部空间-光谱关系，建立多尺度联合空间-光谱特征图，并据此进行分类。此外，在多尺度稠密网络中，研究者提取出了不同尺度的深度特征，并结合这些尺度信息实现了遥感影像的分类。上述已有的研究成果均证明了对多尺度空间信息和特征进行有效表征是重要的。

为了寻求更好的特征表示以提高分类性能，研究者们在神经网络中引入了多尺度小波，将其作为一种更有意义的信号、特征分析工具。小波网络利用具有平移不变特性的图像表示，可以通过缩放和平移，实现对非线性函数的有效近似。此外，基于小波的优越性能，研究者们还提出了多种多样的改进版本以发挥其更大的作用。然而，由于复杂影像目标具有高维奇异性，小波很难直接应用于复杂图像的特征提取和分类。为了解决这一问题，研究者们提出了小波散射网络。通过将突出的散射特性与神经网络有效结合，可以大大提升整体架构的特征表示能力。在 2018 年，通过将多尺度光谱信息作为 CNN 架构的附加成分，分类任务的精度得以进一步提高。然而，上述方法中小波或散射分解基的方向和尺度的数量总是有限的，这也就促使着我们去寻找更有效的表征方式。

基于更多的分解基函数、更多的方向和尺度，自从傅里叶变换在 1807 年被首次提出，研究人员一直在试图寻找着非线性逼近的最优函数。研究表明，基于不同的多尺度基函数，多种多尺度几何分析方法可以对不同的图像特征进行有效近似。例如，脊波 Ridgelet 已被证明是高维函数（如图像）的一种有效的非自适应表示。目前已有的多尺度几何分析方法有 1999 年 Candes 和 Donoho 的 Curvelet、David L. Donoho 的 Beamlets 和 Wedgelet，2000 年 ELe Pennec 和 Stephane Mallat 的 Bandelet，2002 年 MN Do 和 Martin Vetterli 的 Contourlet 等。上述多尺度几何方法各不相同，在图像处理中应该被灵活地选择，以获得更好的多尺度和方向性特征表示。例如，曲线波可以近似光滑平面上的连续闭合曲线，在分类任务中具有重要意义。利用稀疏紧凑的方向基，曲线波变换可以有效地表示高维复杂图像中的奇异性特征。同时，基于不断丰富的数学理论，研究者们也逐步验证了曲线波函数在表征过程的有效性。另外，深度神经网络的隐藏层也可以被认为是简单的多尺度特征提取器，将其与曲线波变换过程相结合往往可以获得更优的表征结果。

12.2 深度多尺度表征模块及多分辨率表征框架

近年来，多尺度特征表示在复杂图像分类中发挥着重要作用，多种多尺度几何分析方法也被证明是有效的。在本节中，我们首先介绍了基于小波散射变换的多分辨率表征模块、基于曲线波变换的方向性特征表征，然后给出了多尺度多分辨率表征框架。

12.2.1 基于小波散射变换的多分辨率表征模块

在 2013 年，Joan Bruna 和 Stéphane Mallat 提出了一个小波散射网络，用于平移不变的图像表征。该网络利用预定义的小波作为滤波器，在通过散射过程保留高频信息的同时，可以对变形保持稳定。散射过程是基于深度卷积网络实现的，结合小波固有的散射特性，特征表示过程变得可靠。

在 2015 年，Edouard Oyallon 和 Stéphane Mallat 又提出了一种用于目标分类的深度散射卷积网络。该突破性的小波散射表示方法使用空间和角度变量上的复小波滤波器，在许多图像数据集如 Caltech 和 CIFAR 上均取得了不错的效果。这一开创性的研究表明，几何先验知识可以为目标分类提供所需的特征，并可融入神经网络的特征结构表征中。

近年来，散射小波表征工具包也日渐成熟。二阶散射变换可以通过一些模块容易地实现，这些模块包括二小波滤波器组 $\{\psi_{\lambda_1}^{(1)}[n]\}_{\lambda_1 \in \Lambda_1}$、$\{\psi_{\lambda_2}^{(2)}[n]\}_{\lambda_2 \in \Lambda_2}$，低通滤波器 $\phi_J[n]$，以及非线性模块 $\rho(t)$。此外，在 Kymatio 软件包中引入的非线性模块 $\rho(t)$ 并没有出现在最初的 Mallat 散射理论中，它是研究者后续添加的。在上述的这些模块中，λ_1 和 λ_2 代表频率集合 Λ_1 和 Λ_2 中的索引，整数 $J > 0$ 指定滤波器的平均尺度 2^J。

在 Mallat 的深度散射卷积网络论文中，可以查看到散射变换的逐步计算过程，不同尺度下的散射系数如下所示。

零阶散射系数：

$$S_0 x[n] = x \otimes \varphi_J[n] \tag{12.1}$$

一阶散射系数：

$$S_1 x[n, \lambda_1] = \rho(x \otimes \psi_{\lambda_1}^{(1)}) \otimes \phi_J[n], \lambda_1 \in \Lambda_1 \tag{12.2}$$

二阶散射系数：

$$S_2 x\left[n, \lambda_1, \lambda_2\right]=\rho\left(\rho\left(x \otimes \psi_{\lambda_1}^{(1)}\right) \otimes \psi_{\lambda_2}^{(2)}\right) \otimes \phi_J[n], \lambda_1 \in \Lambda_1, \lambda_2 \in \Lambda_2\left(\lambda_1\right) \quad (12.3)$$

在 2018 年，小波卷积神经网络被研究者们进一步提出与验证。在显著提高精度的同时，该网络减少了参数的数量，通过结合 DenseNet 和多分辨率分析实现了更好的表征。此外，高效的多尺度光谱信息也被采用，作为小波卷积网络体系结构中的重要附加组件。因此，小波卷积神经网络可以实现准确、高效的纹理分类。

12.2.2　基于曲线波变换的方向性特征表征

虽然小波卷积神经网络在分类任务中表现良好，但是小波分解基的方向和尺度数量依然是有限的。对于二维图像分类任务，研究者们需要重视更多的方向和尺度，并寻找更好的几何先验分解基函数来实现特征表征。

傅里叶变换在 1807 年被首次提出以来，研究者们一直致力于寻找更直接和简单的特征提取方法，来实现非线性的最优近似与表征。因此，多尺度几何分析被提出并广泛应用于图像处理任务中。

对于图像处理任务，较为基础的 Ridgelet 变换是由 Candes 和 Donoho 于 1999 年提出的。然而一般情况下，物体的边缘往往是一条曲线，不适合于传统的脊波分析。为了解决这个问题，研究者们尝试将曲线分割成几条近似直线，再进行后续运算。在已有的多尺度几何分析基础上，Candes 和 Donoho 提出了一种改进方法，称为多尺度曲线波变换。近年来，曲线波变换在图像去噪、图像分类、降维等诸多领域都取得了不错的成绩。

通过用空间网格在每个尺度和角度上平移曲线，可定义"笛卡尔"曲线，并计算曲线系数：

$$c(j, l, k)=\int \hat{f}(\omega) \widetilde{U}_j\left(S_{\theta_l}^{-1} \omega\right) \mathrm{e}^{i\langle b, \omega\rangle} \mathrm{d}\omega \quad (12.4)$$

下列算法简要介绍了通过封装实现快速数字曲线波变换（FDCT）的步骤。

算法 12.1　FDCT 计算过程

输入：图像

输出：离散曲线波参数

1 通过 2 维 FFT 计算傅里叶样本 $\hat{f}\left[n_1, n_2\right]$，$-n/2 \leqslant n_1, n_2 < n/2$

2 计算每个尺度和角度的 $\widetilde{U}_{j, l}\left[n_1, n_2\right] \hat{f}\left[n_1, n_2\right]$

3 在原点附近计算包络 $\widetilde{f}_{j, l}\left[n_1, n_2\right]=W\left(\widetilde{U}_{j, l} \hat{f}\right)\left[n_1, n_2\right]$

4 通过对每个 $\widetilde{f}_{j, l}$ 应用逆向 2 维 FFT，收集离散系数 $C^D(j, l, k)$

众所周知，曲线小波是求解具有稀疏紧致方向基的高维奇点的有效表示方法。参数设置应该适合该任务。在本节中，曲线波变换的尺度数为 4，第 2 粗尺度上的角度数为 16。这些参数被证明是合适的，没有多余的零系数。曲线频域平铺的一个例子如图 12.1 所示，四个方框表示刻度的数量。得到的曲线小波系数包括 4 个分解层，分别为 1、16、32 和 32 层。在这里，没有方向信息的最内层被忽略。对 C_l、C_m、C_h 三个层次的曲线小波系数（低尺度、中尺度、高尺度）进行处理，以增强遥感影像中的多尺度几何信息。

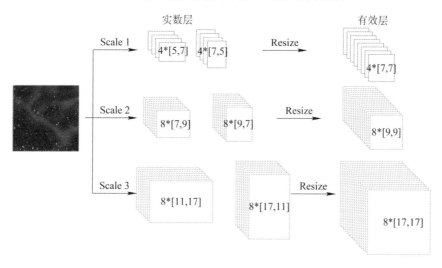

图 12.1　各层曲线波的有效参数尺寸

12.2.3　多尺度多分辨率表征框架

对于具有多尺度边缘和纹理信息的复杂图像，具有突出偏振特性的散射过程是进行多分辨率分析的绝佳工具。具有单调性、渐近完备性、可扩展性、平移不变性和正交性的子空间 $\{V_j\}_{j\in z}$ 可以看作空间 $L^2(R)$ 的多分辨率表示。为了描述这两个相邻尺度空间之间的差值，我们使用了正交补空间 W_j，具体如下：

$$\begin{cases} V_0 = V_1 \oplus W_1 \\ V_1 = V_2 \oplus W_2 \\ \quad\vdots \\ V_{j-1} = V_j \oplus W_j \end{cases} \tag{12.5}$$

当我们将空间分解过程类比为迭代过程时，$\{W_j\}_{j\in z}$ 实际上是空间 $L^2(R)$ 的正交分解，示意图如图 12.2 所示。

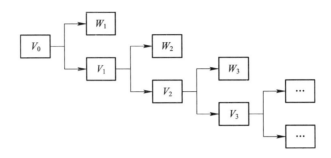

图 12.2   空间多分辨率分解过程

假设在 $L^2(R)$ 中有一个低通平滑函数 $\phi(x)$，整数位移集的内积满足以下公式：$\langle \phi(x-k), \phi(x-n)\rangle = \delta(k-n)$。在这种情况下，$\phi(x)$ 可以被认为是一个尺度函数，$\{\phi(x-k)\}_{k\in Z}$ 是 V_0 的一个标准正交基。根据多分辨率分析的可扩展性和位移性，$\phi_{j,k}(x) = 2^{j/2}\phi(2^j x - k)$，$k\in Z$ 可以形成子空间 V_j 的标准正交基。

同样，如果 $\{\psi(x-k)\}_{k\in Z}$ 是 W_0 的标准正交基，则 $\psi_{j,k}(x) = 2^{j/2}\psi(2^j x - k)$，$k\in Z$ 实际上是子空间 W_j 的一个标准正交基，$\psi(x)$ 可称为一个小波函数。因此，借助小波散射过程，可以将任何函数分解为有限的子空间集：

$$f(x) = V_0 = W_1 + \oplus V_1 = W_1 \oplus W_2 \oplus V_2$$
$$= W_1 \oplus W_2 \oplus \cdots \oplus V_j \tag{12.6}$$

其中，j 可称为最大尺度。当 j 足够大时，分解结果可以以令人满意的精度近似初始空间。

总之，多分辨率分析在小波散射过程中是一个非常具体的体系结构。利用预定义小波得到的复滤波器有效地表示了散射特性。此外，在整个多分辨过程中，每个散射层的系数都是基于前一散射层的。该散射结构对形变稳定，能够有效地表示复杂图像的高频信息。

12.3   基于多尺度散射与曲线波变换的特征表征框架

在图像分类任务中，分类精度往往会受到特征表征有效性的强烈影响，因此，我们设计了一个多尺度优化曲线波散射模块（CCM）表征过程。通过将三层曲线波和散射过程有效地结合起来，可以有效提取多尺度、多方向、多分辨的特征信息。

在本节中，我们首先介绍了深度曲线波散射网的基本结构框架，然后对该网络的学习过程和 CCM 模块进行了具体的阐述，该 CCM 模块是一种有效的可迁移的表征模块，可嵌入到计算机视觉领域现有的多种网络中。

12.3.1　深度曲线波散射网结构框架

我们提出的 MSCCN 框图如图 12.3 所示。这个端到端的网络是在 ResNet 的基础上设计的，原始图像被作为网络的输入。曲线波过程（用 C1～C3 表示）和散射过程（用 S1～S3 表示）被应用在神经网络中，以获得更有效的表征。另外，在图中已经标注了网络过程中不同层的尺寸变化。值得注意的是，大小为(384，1，81，8，8)的层尺寸也可以是(384，1，17，8，8)。同时，整个网络体系的表征结构是曲线波散射模块的。

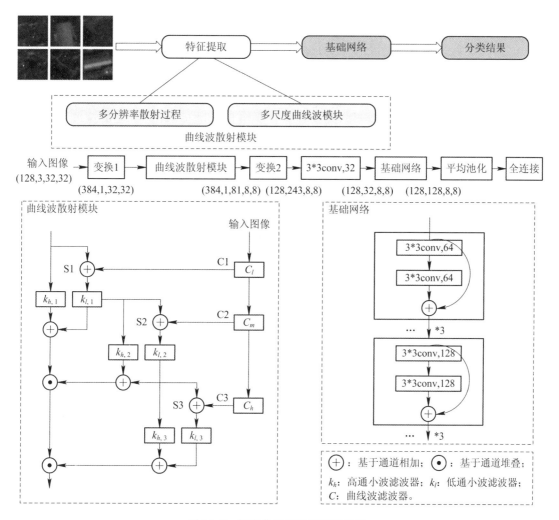

图 12.3　深度曲线波散射网结构图

利用散射过程中的多分辨率三级或两级特征,可以分别得到81层(81 * 8 * 8)或17层(17 * 8 * 8)的多尺度结构特征。其中的81层多尺度结构特征是由低级特征(1层)、中级特征(16层)和高级特征(64层)组成的。另外,通过对不同尺度的几层曲线波特征进行相加或堆叠,可以获取到更全面的方向性信息。在对特征进行必要的归一化和尺寸调整操作后,可以将三个尺度下的曲线波系数分别加入到散射过程中。

在多尺度特征提取层之后,我们采用的 ResNet 网络主干(backbone)可以被许多其他先进的网络结构所取代。ResNet 中的卷积核和残差模块也是神经网络的基本结构。为了简洁,图12.3中没有标出 ResNet 的整流线性单元(ReLU)。接着,通过平均池化层和全连接层的使用,可以最终得到复杂影像目标所属的类别。

在特征提取过程中,在每个尺度上,离散曲线波变换可以获取到多尺度的方向特征,而散射过程则增强了对多分辨率散射特征的表达。通过在散射过程中使用合适的高通和低通滤波器,在曲线波过程中使用准确的预定义参数,可以更好地获得和聚合多尺度特征。我们将多层的曲线波过程和散射过程聚合应用在 MSCCN 中,可以依赖更好的特征来提高分类精度。同时,曲线波系数的稀疏性可以简化网络的运算过程。基于多尺度散射过程和预定义曲线小波表示的结合,我们的网络可以从本质上提高分类精度,并获得更好的特征。

12.3.2 深度曲线波散射网学习过程及模块化描述

学习过程:利用图像预处理、调整大小和全局平均池化等操作可以获得适合特定层的数据特征。这些过程应该同时应用于训练数据和测试数据。输入图像自动裁剪和调整为 $3 \times 32 \times 32$ 的尺寸进行训练。前面已经介绍了曲线波过程和散射过程的预定参数,MSCCN 的 Batch-size 为128。此外,90代(Epoch)内学习率是逐步递减的,初始学习率为0.1,每20个 Epoch 衰减为原本的0.2倍。

CCM 模块:除了 ResNet,还有许多更深和更新颖的网络在分类任务中表现良好,如 PreActResNet、GoogLeNet、DenseNet、MobileNet、DPN、ShuffleNet、SeNet 和 EfficientNet 等。为了后续推广的方便,一级曲线波散射模块(CCM)被提出,其示意图如图12.4所示。该模块依赖于多尺度曲线波和散射过程,无需训练即可提供更好的多分辨率和方向表示。另外,由于神经网络具有良好的训练和学习框架。因此,可以将 CCM 嵌入到网络中,来优化学习过程中的多尺度表征过程。

基于输入、输出端口,基本组件(CCM)可以很容易地移植到许多神经网络中。为了获得更优异的多尺度特征,更多的曲线散射波模块可以被灵活使用。

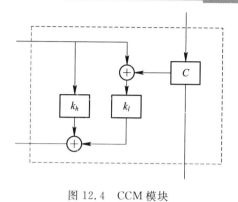

图 12.4　CCM 模块

12.4　深度曲线波散射网性能评估与分析

实验结果表明，该算法在 Igarss18、UC Merced Land Use（UCM）、AID、WHU-RS、NWPU-RESISC45（NWPU）、Challenging Remote Sensing Video（CRSV）等多个遥感数据集上均取得了不错的分类结果。

12.4.1　复杂遥感数据集

Igarss18：该数据集来源于 2018 IEEE GRSS 数据融合大赛，包含 5 厘米 GSD 的高分辨率 RGB 图像。Igarss18 的图像在 2017 年 2 月 16 日 16：31—18：18 被 NCALM 获得，其最初是用于城市土地利用和土地覆盖分类任务。采用的传感器是一台 DiMAC ULTRALIGHT＋（一种非常高分辨率彩色成像仪），焦距为 70 毫米，以及一台 ITRES CASI 1500（一种高光谱成像仪）。

UCM：它由 21 类用于研究目的的土地图像组成。UCM 中的图像是从 USGS 国家地图城市区域图像集合中手动提取的，该集合包含了美国各个城市地区的图像。UCM 数据集的像素分辨率为 1 英尺（0.3048 米）。

AID：2017 年，华中科技大学与武汉大学联合发布 AID 数据集。这个数据集包括 30 种不同的航拍场景类型，每种类型有 220 到 420 张图像。这 30 种类型包括机场、裸地、棒球场、海滩、桥梁、中心、教堂、商业、密集住宅、沙漠、农田、森林、工业、草甸、中等住宅、山区、公园、停车场、游乐场、池塘、港口、火车站、度假村、河流、学校、稀疏住宅、广场、体育场、贮水池和高架桥。每张图片的大小接近 600×600 像素。

WHU-RS：这是一个新的公开的数据集，包含 950 张 600×600 像素的图片。这些图片覆盖了 19 个类别，分布均匀。这些类别是机场、海滩、桥梁、商业、沙漠、农田、足球场、森林、工业、草地、山区、公园、停车场、池塘、港口、火车站、住宅、河流和高架桥。WHU-RS 数据集比 UCM 数据集更复杂，因为 WHU-RS 数据集中的光线、比例、分辨率和视角甚至在同一类别中都是不同的。

NWPU：由西北工业大学于 2017 年创建。该数据集被认为是一个公开的数据基准，有 31 500 张遥感图像用于分类，共包含 45 个场景类别，每个类别有 700 张图片。这些类别包括飞机、机场、棒球场、篮球场、海滩、桥梁、灌木丛、教堂、圆形农田、云层、商业区、密集住宅区、沙漠、森林、高速公路、高尔夫球场、地面跑道场、港口、工业区域、交叉口、岛屿、湖泊、草甸、中型住宅、移动住宅公园、山、立交桥、宫殿、停车场、铁路、火车站、矩形农田、河流、环形交叉口、跑道、海冰、船舶、雪山、稀疏住宅、体育场、储罐、网球场、露台、火电站、湿地。

12.4.2 基于深度多尺度表征的对比/消融实验

1. 对比实验

由于在 MSCCN 的设计过程中采用了 ResNet 作为骨干，因此"ResNet"和"ResNet＋散射"的分类精度应与"ResNet＋MSCCM"的分类精度进行比较，其中"MSCCM"为多尺度曲线波散射模块。此外，主干也可以替换为类似深度的"VGG"。我们也给出了"VGG＋散射"和"VGG＋MSCCM"的性能。

另外，我们还引入了三个典型网络（GoogLeNet、DenseNet 和 SENet）进行对比实验。通过在这些网络中嵌入曲线波散射模块，可以在一定程度上提高分类精度。

不同的网络结构确实会对实验结果产生很大的影响。除了"ResNet"和"VGG"，还有一些新颖的网络，可以取得很好的分类效果。但如果曲线波散射模块有助于提高现有各种神经网络的分类精度，则可以证明本节算法是有效的。

选择这三种网络的原因可以简单描述如下：GoogLeNet 内部已经包含了一个简单的多尺度结构；DenseNet 可以通过密集的连接和特征拼接获得丰富的特征；SENet 实际上是一个轻量级的块，导致了许多网络的通用改进。并且，如果曲线波散射模块能够有效地改进这三种不同的典型网络，则可以证明该方法的普适性。

将曲线波散射模块嵌入这些网络的具体方法如下：利用 MSCCN 中相同的曲线波散射模块，可以提取多尺度的方向特征。这些获得的特征可以被连接或添加到现有的网络层中。

经过一些尝试，我们发现将这些额外的特性添加到网络的中间层是有效的。

对比实验结果如表 12.1 所示。

表 12.1 对比实验结果

方　　法	分类精度/%				
	Igarss18	UCM	AID	WHU-RS	NWPU
ResNet	97.49	77.46	62.79	63.22	78.37
ResNet＋Scattering	97.61	80.58	65.59	71.34	82.22
ResNet＋MSCCM	97.78	81.06	67.17	75.07	83.18
VGG	97.55	77.37	62.49	64.44	78.65
VGG＋Scattering	97.91	80.43	65.19	72.19	82.88
VGG＋MSCCM	98.11	81.03	67.41	74.15	83.64
GoogLeNet	97.1	82.47	69.82	72.35	83.33
GoogLeNet＋MSCCM	97.35	82.62	70.42	72.65	83.94
DenseNet	97.54	82.37	70.04	72.31	83.8
DenseNet＋MSCCM	97.74	82.77	70.46	72.68	84.29
SENet	97.51	81.18	68.83	71.82	83.79
SENet＋MSCCM	97.61	81.65	69.81	72.54	84.38

注意到，Igarss18 的结果比其他数据集要好得多，这是因为 Igarss18 中的图像块简单而相似。

下面给出了一些图形结果，为了更加严谨和客观，这里忽略了部分没有定义类标签的像素，只考虑了十个类别的像素。初始 Igarss18 数据集的所有像素和待分类像素如图 12.5 所示。为了显示更多细节，一些典型的局部结果分别用不同的颜色标记，如住宅住宿、非住宅住宿和道路三类像素。显然，多尺度曲线波散射网络得益于其出色的定向多尺度表示能力，使得物体的边缘光滑清晰。

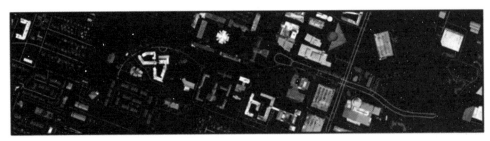

(a) Igarss18 data set to be classified. It needs to be mentioned that some pixels' labels are not available. They should be ignored in the process of testing(marked black in this figure).

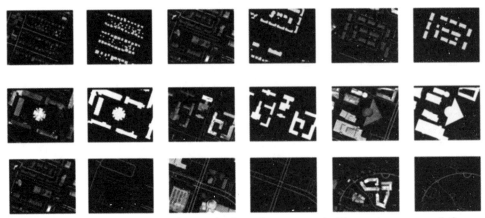

(b) Some typical local classification results from three categories(domestic accommodation. non-domestic accommodation and road).

图 12.5　Igarss18 数据集分类可视化结果

2. 消融实验

显然，不同的网络结构会对实验结果产生很大影响。本部分分别对不同水平的散射和曲线波过程进行了测试。

首先，在考虑曲线波特征之前，需要首先验证三级小波散射过程的有效性。我们在

ResNet 的基础上设计了主网络结构。三级散射过程在图 12.3 中被标记为 S1、S2 和 S3。表 12.2 总结了四个标准数据集（UCM、AID、WHU-RS 和 NWPU）上散射过程的实验结果。Igarss18 数据集不用于消融实验，因为它在不同结构中具有相似且过高的精度。

为了使结果更有说服力，表中所有的数据均是进行了多次实验获得的平均精度。

表 12.2　消融实验结果

方　　法	分类精度/%			
	UCM	AID	WHU-RS	NWPU
ResNet	77.46	62.79	63.22	78.37
ResNet+S1	77.78	63.51	64.06	79.02
ResNet+S1+S2	80.27	65.44	69.92	81.63
ResNet+S1+S2+S3	80.58	65.59	71.34	82.22
ResNet+…+C1	80.86	66.23	72.32	82.51
ResNet+…+C1+C2	80.95	66.7	73.45	82.73
ResNet+…+C1+C2+C3	81.06	67.17	75.07	83.18

如表 12.2 所示，在所有数据集上，ResNet＋S1＋S2＋S3 的分类精度都远远优于 ResNet 和 ResNet＋S1＋S2 的结果。因此，MSCCN 中的三能级散射过程是有效的。因此，该结构可以进一步与多尺度曲线波过程相结合。另外，我们可以看出，具有三级 Curvelet 过程的多尺度 Curvelet 散射网络（ResNet＋S1＋S2＋S3＋C1＋C2＋C3）的性能要优于其他结构。结果表明，我们提出的多尺度结构是有效的。

本 章 小 结

为了提高复杂图像的分类精度，本章提出了一种新的多尺度曲线波散射网络（MSCCN）。通过结合曲线小波变换和散射过程，MSCCN 成功地表征了多尺度方向特征。曲线波散射模块可以改善网络的学习过程，且易于推广。实验结果和评价表明，MSCCN 具有许多良好的性能。

然而，散射和曲线波过程中的参数是预先确定的，而不是对数据的自适应。因此，未来应该发展一个动态的、自适应的多尺度网络。此外，动态多尺度表示还有待数学证明。我们未来的工作将解决这些问题。此外，我们将探索特定于方向和频率的多尺度特征之间的平衡。

本章参考文献

[1] GAO J, JIAO L, LIU F, et al. Multiscale curvelet scattering network[J]. IEEE Transactions on Neural Networks and Learning Systems, 2023, 34(7): 3665 – 3679.

[2] HE K, ZHANG X, REN S, et al. Deep residual learning for image recognition[C]//Proceedings of the IEEE conference on computer vision and pattern recognition. 2016: 770 – 778.

[3] SIMONYAN K, ZISSERMAN A. Very deep convolutional networks for large-scale image recognition[J]. arxiv preprint arxiv: 1409.1556, 2014.

[4] HUANG G, LIU Z, VAN DER MAATEN L, et al. Densely connected convolutional networks[C]//Proceedings of the IEEE conference on computer vision and pattern recognition. 2017: 4700 – 4708.

[5] BRUNA J, MALLAT S. Invariant scattering convolution networks[J]. IEEE transactions on pattern analysis and machine intelligence, 2013, 35(8): 1872 – 1886.

[6] OYALLON E, MALLAT S. Deep roto-translation scattering for object classification [C]//Proceedings of the IEEE conference on computer vision and pattern recognition. 2015: 2865 – 2873.

[7] FUJIEDA S, TAKAYAMA K, HACHISUKA T. Wavelet convolutional neural networks[J]. arxiv preprint arxiv: 1805.08620, 2018.

[8] 焦李成, 侯彪, 王爽, 等. 图像多尺度几何分析理论与应用: 后小波分析理论与应用[M]. 西安: 西安电子科技大学出版社, 2008.

[9] DO M N, VETTERLI M. The finite ridgelet transform for image representation[J]. IEEE Transactions on image Processing, 2003, 12(1): 16 – 28.

[10] CANDES E, DEMANET L, DONOHO D, et al. Fast discrete curvelet transforms[J]. multiscale modeling & simulation, 2006, 5(3): 861 – 899.

[11] 焦李成, 赵进, 杨淑媛, 等. 深度学习, 优化与识别[M]. 北京: 清华大学出版社, 2017.

[12] LECUN Y, BOTTOU L, BENGIO Y, et al. Gradient-based learning applied to document recognition[J]. Proceedings of the IEEE, 1998, 86(11): 2278 – 2324.

[13] KRIZHEVSKY A, SUTSKEVER I, HINTON G E. ImageNet classification with deep convolutional neural networks[J]. Communications of the ACM, 2017, 60(6): 84 – 90.

[14] ANDREUX M, ANGLES T, EXARCHAKIS G, et al. Kymatio: Scattering transforms in python[J]. Journal of Machine Learning Research, 2020, 21(60): 1 – 6.

[15] TANG Y Y，LU Y，YUAN H. Hyperspectral image classification based on three-dimensional scattering wavelet transform[J]. IEEE Transactions on Geoscience and Remote sensing，2014，53 (5)：2467 - 2480.

[16] JIAO L C，TAN S. Development and prospect of image multiscale geometric analysis[J]. Acta Electronica Sinica，2003，31(Z1)：1975 - 1981.

[17] STARCK J L，NGUYEN M K，MURTAGH F. Wavelets and curvelets for image deconvolution：a combined approach[J]. Signal processing，2003，83(10)：2279 - 2283.

[18] WON K ，BISSON S E ，STARCK J L ，et al. Wavelets and curvelets in denoising and pattern detection tasks crucial for homeland security[J]. Proceedings of SPIE-The International Society for Optical Engineering，2004，5439：51 - 62.

[19] SZEGEDY C，LIU W，JIA Y，et al. Going deeper with convolutions[C]//Proceedings of the IEEE conference on computer vision and pattern recognition. 2015：1 - 9.

[20] HU J，SHEN L，SUN G. Squeeze-and-excitation networks[C]//Proceedings of the IEEE conference on computer vision and pattern recognition. 2018：7132 - 7141.

[21] 高捷. 多尺度散射网络表征学习理论及应用[D]. 西安：西安电子科技大学，2024.

第13章　深度动态曲线波散射网络

特征表示学习过程在很大程度上决定了网络在分类任务中的性能。通过多尺度几何工具和网络的结合，可以实现更好的表示和学习。然而，这些几何特征和多尺度结构是固定的，因此本章提出了一种更灵活的多尺度动态曲线波散射网络（MSDCCN）框架。这种数据驱动的动态网络基于多尺度几何先验知识，首先，对多分辨率散射和多尺度曲线特征进行不同层次的高效聚合，聚合后的这些特征可以根据多尺度干预标志在网络中灵活、动态地重用。多尺度标志的初始值基于复杂度评估，并根据预训练模型上的特征稀疏性统计更新。利用动态多尺度重用结构，可以在后续训练过程中改进特征表示学习过程。并且，通过多级微调，可以进一步提高分类精度。在此基础上，本章还提出了一种灵活的多尺度动态曲线波散射模块，可被进一步嵌入到其他网络中。大量的实验结果表明，MSDCCN可以达到更好的分类精度。此外，本章还进行了必要的评价实验，包括收敛性分析、洞察力分析和适应性分析。

对于图像分类任务，通过将多尺度、多分辨率特征作为有效的先验知识，可以进一步提高网络的表示和逼近能力。1807年傅里叶变换被首次提出以来，研究者们探索并总结了更多的多尺度几何工具。通过小波、脊波、曲波、束波、楔波、带波、轮廓波、方向波、散射等多尺度分解基，可以实现更灵活的归属和多分辨率的方向表示。

有了这些多尺度几何工具，许多人尝试将它们与深度网络相结合。在这些互补结构中，几何工具为网络提供了多尺度和方向表示，深度网络确保整个结构是可学习的。例如，为了更好地进行多分辨率分析，可以将三能级小波散射视为网络的补充成分。另外，通过将Contourlet变换融入到网络结构中，也可以实现统计特征融合。

多尺度曲线波散射网络（MSCCN）是一个将多尺度几何工具和神经网络有效结合的例子（详见第12章）。在MSCCN中，多分辨率散射过程和多尺度曲线波模块相结合，提高了网络的表示和学习能力，而这些多尺度的几何特征和结构在MSCCN中是固定不变的。这种情况促使我们探索更灵活的多尺度表示学习结构，以获得更好的分类结果。因此，在本章中，我们引入了多尺度动态网络结构。

深度动态曲线波散射网络实际上是 MSCCN 的一个改进动态版本。本章仍然使用 MSCCN 中用于分类的复杂图像（遥感数据集），根据不同的数据特征可以设计不同的动态结构，并在整个结构中使用多尺度几何工具。

13.1 多尺度多分辨率散射表征框架

13.1.1 基于小波散射的特征表征

组散射和平移不变表示理论是由 Mallat 提出的。在散射过程中使用预定义的小波滤波器，可以保留多尺度信息进行表示和分类。如今，散射过程已经集成到深度网络中，使得特征表示理论变得更加可靠。Mallat 的结果也已经被研究者们逐步充实形成了一套完整的数学理论，该理论涵盖了许多用于特征提取的几何算子。

在小波散射网络中，需要计算对小平移不变的局部描述子（$<$scale2^J），并保持空间变异性（$>$scale2^J）。在 Kymatio 软件包中，三级散射系数的计算方法如下：

$$S_0 x[n] = x \otimes \phi_J[n] \tag{13.1}$$

$$S_1 x[n, \lambda_1] = \rho(x \otimes \psi_{\lambda_1}^{(1)}) \otimes \phi_J[n], \ \lambda_1 \in \Lambda_1 \tag{13.2}$$

$$S_2 x[n, \lambda_1, \lambda_2] = \rho(\rho(x \otimes \psi_{\lambda_1}^{(1)}) \otimes \psi_{\lambda_2}^{(2)}) \otimes \phi_J[n], \ \lambda_1 \in \Lambda_1, \ \lambda_2 \in \Lambda_2(\lambda_1) \tag{13.3}$$

其中，$\{\psi_{\lambda_1}^{(1)}[n]\}_{\lambda_1 \in \Lambda_1}$ 和 $\{\psi_{\lambda_2}^{(2)}[n]\}_{\lambda_2 \in \Lambda_2}$ 是小波滤波器组，$\phi_J[n]$ 是一个低通滤波器，$\rho(t)$ 是一个非线性函数。另外，λ_1 和 λ_2 表示集合 Λ_1 和 Λ_2 中的频率指数。

为了更好地表达多尺度边缘或纹理特征，需要在小波散射过程中进行多分辨率分析。每个散射层的系数很大程度上依赖于前一层。此外，整个多分辨率散射过程对形变稳定，高频特征也因此得到有效表征。

具有单调性、渐近完备性、可扩展性、平移不变性和正交性的子空间 $\{V_j\}_{j \in Z}$ 可用于以下多分辨率分析过程：

$$V_0 = W_1 \oplus V_1 = W_1 \oplus W_2 \oplus V_2 = W_1 \oplus W_2 \oplus \cdots \oplus V_j \tag{13.4}$$

其中，j 为最大尺度。考虑 $\{\psi(x-k)\}_{k \in Z}$ 作为 W_0 的标准正交基，$\psi_{j,k}(x) = 2^{j/2} \psi(2^j x - k)$，$k \in Z$ 实际上是子空间 W_j 的标准正交基。因此，任何函数或图像都可以逐步分解，具有多分辨率的散射过程。

13.1.2　基于多尺度曲线波变换的方向性特征表征

傅里叶变换和小波变换被提出以来，研究人员一直在不断探索非线性逼近的最优特征表示。几何基函数有更多的方向和尺度，可以为表示过程提供有效的几何先验。

对于复杂任务，通过分析目标的特征，可以灵活选择不同的多尺度几何分析工具。例如，直线可以用脊波变换近似，C^2 光滑平面上的连续闭合曲线可以用曲线波变换近似。另外，Directionlet、Contourlet 和 Shearlet 变换可以分别表示相交线、光滑轮廓分割的区域和多方向奇异曲线。

参考 MSCCN 中的多尺度分析过程，本章依然采用了第二代快速离散曲线波变换（FDCT）来实现方向性特征表示。在复杂图像的实际应用中，曲线波可以与空间网格进行平移。同时，利用角度划分得到多方位多角度特征，使用已定义的"笛卡尔"曲线，系数可以写成如下形式：

$$c(j, l, k) = \int \hat{f}(\omega) \widetilde{U}_j (S_{\theta_l}^{-1} \omega) e^{i(b, \omega)} \tag{13.5}$$

曲线波基函数具有稀疏紧凑的特点，是高维奇异性的有效表示工具。本章将多尺度曲线波系数与网络动态结合，多尺度方向性特征表征可以作为多分辨率散射过程的补充。

13.2　多尺度动态曲线波散射网络框架

为了进一步提高网络的表示学习能力，我们设计了基于数据驱动的多尺度动态结构。在该多尺度动态网络中，多分辨率散射特征和方向曲线特征可以被有效地聚合在一起。基于预训练模型上特征的稀疏性统计，可以将融合后的多尺度特征动态添加到不同的层中。此外，多尺度几何系数的稀疏性和动态连接结构可以简化网络的计算过程。多尺度动态曲线波散射网络结构图如图 13.1 所示。

多尺度动态曲线波散射网络（MSDCCN）利用准备好的先验特征（多尺度曲线波散射特征）和必要的稀疏度统计量，可以进行动态特征重用。该网络基于 VGG 骨干网，采用多尺度干预标志，具有数据驱动和特征自适应的动态结构。其中的两个模块（A：多尺度曲线波散射模块；B：动态特征重用过程）将在后面详细描述。

下面介绍了一些必要的复杂度评估和特征准备过程，然后讨论了多分辨率动态曲线波散射特征重用和多阶段微调过程。

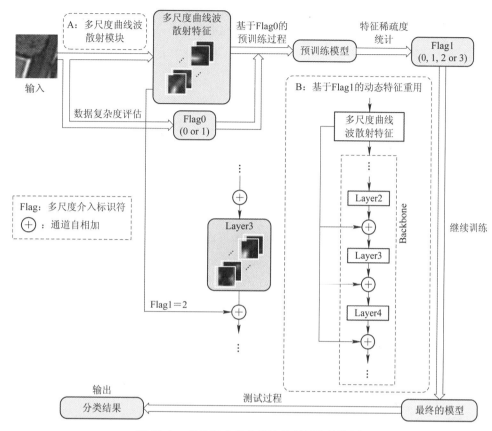

图 13.1　多尺度动态曲线波散射网络结构图

13.2.1　数据复杂度评估与多尺度特征准备

基于先验知识的多尺度动态网络的制备包括两个部分：数据复杂度统计与评估；多尺度曲线波散射特征准备，便于重用。

1. 数据复杂度统计与评估

如今，深度网络可以解决许多分类任务，多尺度结构可能会带来更好的表征学习结果。在实际应用中，考虑到算法的有效性和计算量，并不是所有的数据都需要用多尺度几何方法处理，不包含复杂信息的简单图像可以很容易地被常规网络分类。因此，复杂性评估是决定是否使用多尺度结构的必要前提。

复杂性的定义已经被研究者们探索了很多年。一般来说，任务的内在执行难度可以用来衡量对象或系统的复杂性。因此，任何复杂性的概念都应该是与任务相关的。在复杂性度量过程中，应考虑全局度量和依赖于区域的度量。在图像相关的任务中，可以使用一些易于计算的纹理特征来反映图像的复杂性。基于灰度空间依赖关系，可以列出四个纹理特征，分别是角秒矩（ASM）、对比度（CON）、熵（ENT）和逆差矩（IDM），它们可分别表示如下：

$$
\begin{cases}
f_{\mathrm{ASM}} = \sum_i \sum_j \{p(i,j)\}^2 \\
f_{\mathrm{CON}} = \sum_{n=0}^{N_{g-1}} n^2 \left\{ \sum_{\substack{i=1 \\ |i-j|=n}}^{N_g} \sum_{j=1}^{N_g} p(i,j) \right\} \\
f_{\mathrm{ENT}} = -\sum_i \sum_j p(i,j)\,\mathrm{lb}(p(i,j)) \\
f_{\mathrm{IDM}} = \sum_i \sum_j \dfrac{1}{1+(i-j)^2} p(i,j)
\end{cases}
\tag{13.6}
$$

动态地说，每幅图像需要的多尺度几何结构可能是不同的。因此，应该使用这些先验纹理特征来定义多尺度干预标志（Flag0）。

首先，我们进行了一些必要的数理统计来找出纹理特征与多尺度干预标志之间的关系。基于散射网络，将所有图像分为正确分类和错误分类两组，然后分别计算出这两组纹理特征的平均值和最大值。统计数据显示，分类错误的图像似乎具有稍高的 ENT 值和稍低的 ASM 值，如下所示：

$$
\begin{cases}
f_{\mathrm{ASM\_mean\_incorrect}} = 0.005\,132 \\
f_{\mathrm{ENT\_mean\_incorrect}} = 5.022\,53 \\
f_{\mathrm{ASM\_mean\_correct}} = 0.005\,293 \\
f_{\mathrm{ENT\_mean\_correct}} = 5.018\,24
\end{cases}
\tag{13.7}
$$

理论上来说，ASM 是图像均匀性和纹理厚度的度量，ENT 是图像中包含的信息的随机性和复杂性的度量。对于不包含复杂信息的简单图像，多尺度几何分析可能不太重要。然而，对于常规深度学习网络无法很好分类的复杂图像，多尺度干预过程可能会有所帮助。

因此，基于归一化的 ENT 和 ASM 特征，可以定义每张图像的多尺度干预标志：

$$
\mathrm{Flag0}_x = \begin{cases} 0, & f_x < f_{\mathrm{median}} \\ 1, & f_x \geqslant f_{\mathrm{median}} \end{cases}
\tag{13.8}
$$

式中，x 为图像的索引，f_x 为每张图像对应的多尺度干预特征，我们假设只有一半的图像需要进行多尺度几何处理。所有多尺度干预特征的中位数（f_{median}）可以作为判断 $\mathrm{Flag0}_x$ 应该是 0 还是 1 的标准。

以西北工业大学提出的 NWPU 数据集为例，所有 f_x 的中位数为 0.9732。这意味着，如果 $f_x \geqslant 0.9732$，则 $\mathrm{Flag0}_x$ 应该设置为 1。通过计算，分类正确和错误的图像中占比分别是 50.6% 和 49.4% 的图像应该进行多尺度干预，这与理论推理是一致的（不正确的图像应该受到重视）。这样，训练集和测试集中的所有图像都可以根据纹理复杂度分为两类，$Flag0_x$ 作为数据集中的附加参数。

2. 多尺度曲线波散射特征准备

除了多尺度干预标志的定义外，还需要提前准备整个动态结构中使用的多尺度特征。对于 $Flag0_x=1$ 的图像，多尺度特征的具体使用方法取决于后续的决策和设计过程。在设计多尺度动态网络体系结构之前，需要准备一些多尺度特征。使用多尺度模块，可以为该动态结构中提供用于补充的多尺度曲线波散射特征（见图 13.2）。利用三级散射过程，可以将输入图像（$[3×32×32]$）转换为一系列散射特征（$[3×81×8×8]$），它由低级特征（1 层）、中级特征（16 层）和高级特征（64 层）组成。对于复杂图像的分类任务，多尺度方向性特征可以通过曲线波变换来补充，曲线波变换尺度参数设置为 4，经过曲线波分解后，其角度数为 16，该变换过程与 MSCCN 相同。三种尺度下的实数曲线系数大小分别为 $4×[7,5]+4×[5,7]$、$8×[7,9]+8×[9,7]$、$8×[11,17]+8×[17,11]$。因此，在多尺度曲线波表示结构中，有用层的大小可以写成 $8×[7,7]$，$16×[9,9]$，$16×[17,17]$。

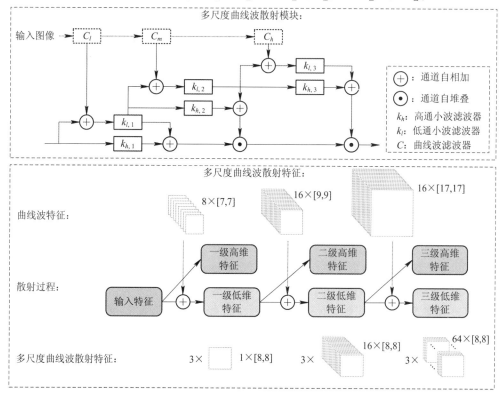

图 13.2　多尺度曲线波散射模块及其特征

多尺度曲线波散射模块及其特征图如图 13.2 所示。经过必要的归一化和调整大小操作后，可以将三个尺度的方向曲线波特征分别添加到多分辨率散射过程中，进而用于后续的动态网络。

13.2.2　多分辨率动态散射重用结构

利用所准备的多尺度干预标志和特征，我们可以进行动态结构设计。在网络的学习和表示过程中，不同层提取的特征是完全不同的。本节采用特征重用的方法来平衡不同层之间的特征关系。通过动态重用准备好的多尺度特征，可以改善表征学习过程。具体的动态重用步骤如下：

步骤 1：获取重用的特性。

步骤 2：确定适当的重用方法。

步骤 3：执行特性重用过程。

这里采用多分辨率散射特征进行重用，综合多尺度曲线波特征的重用过程将在后续讨论。在特征重用过程中，通过必要的大小转换和归一化，可以实现通道级添加。下面将介绍适当的重用方法是如何选定的。

1. VGG 层中的特征稀疏度统计

通过可视化，研究人员已经证明，随着层数的加深，每层的输出特征变得越来越抽象和稀疏。因此，特征稀疏度似乎是衡量从网络中学习的特征抽象程度的一个很好的指标。它可以定义如下：

$$\text{SP}_{x,L} = \frac{\text{Num}(\text{features}=0)_{x,L}}{\text{Num}(\text{features})_{x,L}} \tag{13.9}$$

式中，L 为层的索引，特征稀疏度可以被定义为稀疏特征个数与特征总数之比。

以 NWPU 数据集为例，在预训练的 40 代 VGG 散射模型上进行特征稀疏度统计，准确率为 80.08%。该网络结构共有 6 个核心层。统计结果表明，这 6 层对所有图像的平均特征稀疏度值分别为 0.5709、0.6929、0.7500、0.6583、0.5640 和 0.4486。进行简单假设如下：为了信息互补，在稀疏度最高的层中添加多尺度语义特征（散射特征）更为合理。通过分析，最高的稀疏度总是出现在第 2 层、第 3 层和第 4 层。因此，为了简化计算，后续的动态结构中只考虑这三层（2、3、4）。所有图像在这些层中出现最高稀疏度的概率分别为 10.99%、83.37% 和 5.64%。

另外，作者还对正确分类和错误分类图像的稀疏性统计进行了简单的分析。结果表明，正确分类的图像的最高稀疏性倾向于出现在第 3 层，而错误分类的图像的稀疏性统计则稍微混乱一些。因此，多尺度特征的介入可能有助于纠正网络学习过程中的稀疏性异常。

2. 基于稀疏度统计的动态特征重用

根据预训练的 40 代 VGG 散射模型，使用所有的训练集和测试集，记录当前状态下每张图像在第 2 层、第 3 层和第 4 层的特征稀疏度，多尺度干预标志值的更新如图 13.3 所示。

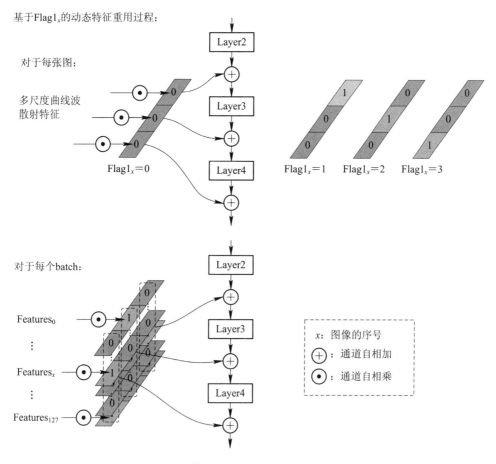

图 13.3　使用 Flag1 的动态特征重用过程

对于每张图像，当 $\text{Flag0}_x = 1$ 时，新的多尺度干预标志 Flag1_x 可以更新如下：

$$\text{Flag1}_x = \begin{cases} 0, & f_x < f_{\text{median}} \\ 1, & \text{SP}_{x,2} \geqslant \text{SP}_{x,3},\ \text{SP}_{x,2} \geqslant \text{SP}_{x,4} \\ 2, & \text{SP}_{x,3} > \text{SP}_{x,2},\ \text{SP}_{x,3} \geqslant \text{SP}_{x,4} \\ 3, & \text{SP}_{x,4} > \text{SP}_{x,2},\ \text{SP}_{x,4} > \text{SP}_{x,3} \end{cases} \tag{13.10}$$

从信息互补的角度来看，稀疏度最高的层学习到了高级语义特征，可以在这里加入重用的散射特征，在接下来的训练过程中突出多分辨率的语义信息。具体来说，散射变换的本质是带通滤波过程。随着层数的增加,深度网络的滤波特征也变得更加稀疏。多分辨率动态散射特征重用实际上是整体高维特征和细节多分辨率特征的补充。

使用更新后的 Flag1,可以实现多分辨率动态散射特征重用。这种动态结构依赖于每个图像在不同层的特征与预训练模型的稀疏性统计,研究人员在接下来的训练过程中实现了自适应的网络连接。具体来说,更新后的 Flag1 可以转换为矩阵掩码,其大小与特定的特征层相同。然后,通过简单的乘法运算,即可实现动态特征重用。

每层的多分辨率动态散射复用过程可以用下式表示:

$$F_{x,L}^{\mathrm{dy}} = \mathrm{Mask}_{x,L} \odot F_x^{\mathrm{scat}} + F_{x,L} \tag{13.11}$$

式中,$F_{x,L}$ 为预训练模型中的初始特征,F_x^{scat} 为重用的散射特征,$F_{x,L}^{\mathrm{dy}}$ 为 L 层中图像 x 的新动态特征。同样,$\mathrm{Mask}_{x,L}$ 表示 $\mathrm{Flag1}_x$ 的 one-hot 编码,$\odot$ 表示矩阵中相应的元素相乘。

值得注意的是,$\mathrm{Flag1}_x = 0$ 的图像不需要进行稀疏性计算。因此,对数据复杂性的评估可以在一定程度上简化计算过程。虽然 $\mathrm{Flag1}_x = 0$ 在后续的掩码乘法运算中仍然被用于计算,但由于乘法运算的快速性,额外的计算源消耗可以忽略不计。

3. 多阶段微调

考虑到动态网络训练过程的稳定性,根据 Flag1 的不同值逐步训练动态网络也是一种微调方法。实验结果表明,该方法可以提高分类精度。

例如,基于预训练模型和计算得到的 Flag1,可以首先训练 $\mathrm{Flag1}_x = 1$ 图像的动态散射重用。然后,在网络损耗和准确率趋于稳定的当前网络训练状态下,可以进一步实现 $\mathrm{Flag1}_x$ 分别等于 2 和 3 时图像的动态重用。在实践中,多阶段的训练过程可以是灵活的,但是,多阶段结构会引起损失的波动,这需要更多的总训练时间。因此,在实际应用时,必须在分类精度和计算消耗之间进行权衡。

13.3 基于多尺度散射与曲线波变换的特征表征框架

13.3.1 多尺度动态曲线波散射网络结构

先验知识、推理规则和决策过程构成了整个动态表示过程。VGG 作为 MSDCCN 的骨干网络,可以被其他流行的网络替代。注意,有一些简单的操作(如整流线性单元(ReLU))没有在大流程图中标注出来。经过必要的图像预处理后,将输入图像的大小调整为 $3 \times 32 \times 32$ 进行训练。将 batch-size 设置为 128,每个训练阶段的初始学习率为 0.1,每 20 个 Epoch 衰减 0.2

倍。值得一提的是，在 NWPU 数据集上，采用 30 代或 40 代的预训练的 VGG 散射模型即可。对于不同的数据集，只要能够评估可靠的特征稀疏度，则预训练模型所需的迭代次数不是固定的。

13.3.2　多尺度动态特征表征过程

在具体的表征过程中，深度网络可以实现高维的学习和近似，而多尺度几何工具可以提供一些低维的近似特征。就单层的表征过程而言，深度网络与多分辨率分析的区别如下：

假设 k 为卷积核，p 为下采样步幅，则网络中卷积和下采样的广义形式为

$$F_{L+1} = (F_L * k) \downarrow p \tag{13.12}$$

由于在散射过程中进行了分层分解操作，因此上述方程可以看作是多分辨率分析的一部分，即

$$\begin{cases} F_{l, L+1} = (F_{l, L} * k_{l, L}) \downarrow 2 \\ F_{h, L+1} = (F_{h, L} * k_{h, L}) \downarrow 2 \end{cases} \tag{13.13}$$

式中，$k_{l, L}$ 和 $k_{h, L}$ 是一对低频和高频分解的卷积核。因此，网络可以看作是多分辨率表示的一种有限形式。多分辨率散射特征补充了网络表示中缺失的部分。单层表示过程可以进一步更新为下式，增加了多尺度和多向的先验知识（曲线波特征）：

$$\begin{cases} F_{l, L+1} = ((F_{l, L} * k_{l, L}) \diamondsuit k_{l, L}^{\mathrm{cur}}) \downarrow 2 \\ F_{h, L+1} = ((F_{h, L} * k_{h, L}) \diamondsuit k_{h, L}^{\mathrm{cur}}) \downarrow 2 \end{cases} \tag{13.14}$$

式中，$k_{l, L}^{\mathrm{cur}}$ 和 $k_{h, L}^{\mathrm{cur}}$ 表示相应的低频分解曲线核和高频分解曲线核。另外，$\diamondsuit$ 表示曲线表征过程在这里实现，根据具体情况，它可以是功能叠加或功能添加操作。

总之，本章所提出的多尺度动态曲线波散射网络结构基于预训练模型和动态层间连接。在此过程中，多分辨率散射特征和多尺度曲线特征被用作几何先验知识。该网络的动态特性主要体现在以下几个方面：

（1）多尺度干预标志是动态的，它取决于图像本身（数据驱动）。

（2）网络的连接是自适应的，通过特征的稀疏性统计来实现。动态利用多尺度散射和曲线特征，可以实现更好的多尺度表示学习。

（3）对于网络的训练过程，多尺度特征的逐步干预和多步微调是动态的。

13.4　深度动态曲线波散射网性能评估与分析

与深度曲线波散射网类似，实验结果表明，该算法的动态版本在 Igarss18、UC Merced

Land Use（UCM）、AID、WHU-RS、NWPU-RESISC45（NWPU）等多个遥感数据集上均取得了不错的分类结果。由于这里介绍的是深度曲线波散射网络的后续工作，因此依然沿用第 12 章中的公开遥感数据集进行消融实验和对比实验。

13.4.1 消融实验结果与分析

为了证明 MSDCCN 设计过程的合理性，这里进行了消融实验，分别验证了多分辨率动态散射复用、多尺度动态曲线互补和多尺度干预标志的有效性。消融实验采用 5 个标准数据集（NWPU-RESISC45、AID、Igarss18、UCM 和 WHU-RS）。为了使结果更有说服力，实验进行了多次以得到平均精度。

首先，只考虑多分辨率动态散射复用过程。利用预训练模型和 VGG 层特征的稀疏性统计，可以得到多尺度干预标志（Flag1）。为了验证动态连接结构是否有用，还需要进行其他使用固定 Flag1 的实验比较。例如，当 Flag1 分别等于 1、2、3 时，所有重用的特性都添加到 Layer2、Layer3、Layer4。同时，也可以通过 Flag1 是否含有 0 或 1 来检验初始数据复杂度评估的合理性。

然后，在动态散射复用结构中进一步加入多尺度曲线作为信息补充。同样，下面也给出了其他使用固定 Flag1 的实验结果。上述实验结果见表 13.1 和表 13.2。之后，通过多级微调，可以进一步提高网络的分类精度，结果见表 13.3，其中，"MSDCN"表示"多尺度动态散射网络"，"MSFT"表示"多阶段微调"。

表 13.1　基于固定 Flag1 和动态散射结构的消融实验结果

散射重用方法（MSDCN）	正确率/%				
	NWPU	AID	Igarss18	UCM	WHU-RS
Flag1＝1（考虑标识符 0）	83.75	68.12	97.18	81.16	74.06
Flag1＝1（不考虑标识符 0）	83.55	68.08	97.32	81.01	73.6
Flag1＝2（考虑标识符 0）	83.88	68.24	97.33	80.97	73.69
Flag1＝2（不考虑标识符 0）	83.94	68.17	97.35	80.94	74.41
Flag1＝3（考虑标识符 0）	83.86	68.34	97.3	81.05	74.7
Flag1＝3（不考虑标识符 0）	83.59	68.16	97.33	80.9	74.06
VGG＋散射	82.88	65.19	97.91	80.43	72.19
动态标识符（散射）	83.99	68.4	97.86	81.42	74.79

表 13.2 基于固定 Flag1 和动态曲线波散射结构的消融实验结果

曲线波散射重用方法（MSDCCN）	正确率/%				
	NWPU	AID	Igarss18	UCM	WHU-RS
Flag1＝1（考虑标识符 0）	83.95	68.01	97.95	81.22	74.43
Flag1＝1（不考虑标识符 0）	83.8	68.37	97.65	81.18	74.5
Flag1＝2（考虑标识符 0）	84.14	67.88	97.94	80.94	74.97
Flag1＝2（不考虑标识符 0）	84.13	68.46	97.98	81.19	74.57
Flag1＝3（考虑标识符 0）	84.03	68.27	97.9	81.05	75.05
Flag1＝3（不考虑标识符 0）	84.04	68.63	97.91	81.13	74.91
VGG＋MSCCM	83.64	67.41	98.11	81.03	74.15
MSCCM（动态标识符）	84.42	68.64	97.98	81.51	75.22

表 13.3 基于多级微调的消融实验结果

多阶段微调方法	正确率/%				
	NWPU	AID	Igarss18	UCM	WHU-RS
MSDCN（动态标识符）	83.99	68.4	97.86	81.42	74.79
MSDCN＋MSFT	84.13	68.65	97.89	81.53	74.98
MSDCCN（动态标识符）	84.42	68.64	97.98	81.51	75.22
MSDCCN＋MSFT	84.53	68.68	98.08	81.64	75.35

以上内容表明所提出的多尺度动态复用结构是有效的。与 VGG＋散射结构相比，动态散射复用网络在 4 个复杂数据集（NWPU-RESISC45、AID、UCM 和 WHU-RS）上具有更好的分类精度。此外，在附加的动态曲线补充下，这些结果可以进一步改善。在 Igarss18 数据集上出现了一个例外，其使用 MSDCCN 的分类精度比使用 VGG＋MSCCM 的分类精度略差，原因可能是 Igarss18 数据集的纹理特征过于简单。对于简单的图像，额外的动态重用操作可能导致局部最优解。因此，多尺度动态曲线波散射网络更适用于复杂数据集。

至于 Flag1 的值，很明显，使用动态的 Flag1 比使用固定的 Flag1 可以获得更好的精度。这意味着 Flag1 更新的值是有效的，动态重用多尺度特征比将它们添加到一个固定的层中要好。

此外，似乎使用含或不含 0 的 Flag1 对实验结果影响不大（好一点或差一点）。因此，决定是否进行多尺度干预 Flag1 等于 0 或 1 的初始数据复杂性评估是合理的。在不影响整体分类精度的前提下，可以节省部分计算资源。

最终，通过多级微调可以获得更好的结果，如表 13.3 所示。值得注意的是，学习率的调整可以进一步改善分类结果。然而，为了保证消融实验的一致性，这里没有对学习速率进行额外的调整。

13.4.2　对比实验结果与分析

基于灵活的多尺度动态模块，本章用到的主干网（VGG）可以被许多其他网络所取代。另外三种典型网络（GoogLeNet、Densenet 和 SENet）在对比实验中被统一使用。这三种网络分别可以代表多尺度相关网络、密集连接网络和轻量级网络，以此来证明所提出的多尺度动态曲线波散射模型（MSDCCM）的通用性和有效性。

对比实验结果如表 13.4 所示，多尺度曲线波散射模块（MSCCM）总体上能有效提高不同的主干网络的分类精度。利用本章提出的额外的多尺度动态结构，可以进一步改进特征的表征学习过程。与骨干网＋MSCCM 相比，骨干网＋MSDCCM 的分类准确率更高。需要注意的是，由于 Igarss18 的纹理特征过于简单，这里没有使用 Igarss18 数据集。此外，稀疏性的统计和多尺度干预 Flag 的计算都应该被设置在网络的中间层。

表 13.4　对比实验结果

对比实验	正确率/%			
	NWPU	AID	UCM	WHU-RS
VGG	78.65	62.49	77.37	64.44
VGG＋MSCCM	83.64	67.41	81.03	74.15
VGG＋MSDCCM	84.42	68.64	81.51	75.22
ResNet	78.37	62.79	77.46	63.22
ResNet＋MSCCM	83.18	67.17	81.06	75.07
ResNet＋MSDCCM	83.33	67.9	81.34	75.38
GoogLeNet	83.33	69.82	82.47	72.35
GoogLeNet＋MSCCM	83.94	70.42	82,62	72.65
GoogLeNet＋MSDCCM	84.41	72.96	82.85	73.69
DenseNet	83.8	70.04	82.37	72.31
DenseNet＋MSCCM	84.29	70.46	82.77	72.68
DenseNet＋MSDCCM	84.59	70.75	83.6	73.95
SENet	83.79	68.83	81.18	71.82
SENet＋MSCCM	84.38	69.81	81.65	72.54
SENet＋MSDCCM	84.52	70.73	82.38	73.83

本 章 小 结

为了提高复杂图像的分类精度，在已知多尺度散射过程和多尺度曲线波变换能够提供更丰富特征的前提下，本章提出了一种数据驱动的多尺度动态曲线波散射网络（MSDCCN）。通过结合多尺度几何先验特征和稀疏度统计方法，我们借助多尺度干预标志构建了动态化的多尺度网络结构。实验结果验证了该动态结构的有效性。然而，MSDCCN是一个多步骤的动态结构，这可能会导致更多的整体计算时间和损失的波动。因此，研究者们未来可以进一步探索自动化的端到端动态架构。

本章参考文献

[1] GAO J, JIAO L, LIU X, et al. Multiscale dynamic curvelet scattering network [J]. IEEE Transactions on Neural Networks and Learning Systems, 2022.

[2] GAO J, JIAO L, LIU F, et al. Multiscale curvelet scattering network[J]. IEEE Transactions on Neural Networks and Learning Systems, 2023, 34(7): 3665 – 3679.

[3] GALUSHKIN A I. Neural networks theory[M]. Berlin: Springer Science & Business Media, 2007.

[4] BENGIO Y, COURVILLE A, VINCENT P. Representation learning: A review and new perspectives [J]. IEEE transactions on pattern analysis and machine intelligence, 2013, 35(8): 1798 – 1828.

[5] 焦李成, 侯彪, 王爽, 等. 图像多尺度几何分析理论与应用: 后小波分析理论与应用[M]. 西安: 西安电子科技大学出版社, 2008.

[6] JIAO L, GAO J, LIU X, et al. Multiscale representation learning for image classification: A survey [J]. IEEE Transactions on Artificial Intelligence, 2021, 4(1): 23 – 43.

[7] MALLAT S. A wavelet tour of signal processing[M]. Amsterdam: Elsevier, 1999.

[8] DO M N, VETTERLI M. The finite ridgelet transform for image representation [J]. IEEE Transactions on image Processing, 2003, 12(1): 16 – 28.

[9] CANDES E, DEMANET L, DONOHO D, et al. Fast discrete curvelet transforms[J]. multiscale modeling & simulation, 2006, 5(3): 861 – 899.

[10] DONOHO D L, HUO X. Beamlets and multiscale image analysis [M]. Berlin: Springer Berlin Heidelberg, 2002: 149 – 196.

[11] DONOHO D L. Wedgelets: Nearly minimax estimation of edges[J]. The Annals of Statistics,

1999，27(3)：859 - 897.

[12] LE PENNEC E, MALLAT S. Bandelet image approximation and compression[J]. Multiscale Modeling & Simulation, 2005，4(3)：992 - 1039.

[13] DO M N, VETTERLI M. The contourlet transform：an efficient directional multiresolution image representation[J]. IEEE Transactions on image processing, 2005，14(12)：2091 - 2106.

[14] VELISAVLJEVIC V, BEFERULL-LOZANO B, VETTERLI M. Space-frequency quantization for image compression with directionlets[J]. IEEE Transactions on Image Processing, 2007，16(7)：1761 - 1773.

[15] BRUNA J, MALLAT S. Invariant scattering convolution networks[J]. IEEE transactions on pattern analysis and machine intelligence, 2013，35(8)：1872 - 1886.

[16] FUJIEDA S, TAKAYAMA K, HACHISUKA T. Wavelet convolutional neural networks[J]. arxiv preprint arxiv：1805.08620, 2018.

[17] HAN Y, HUANG G, SONG S, et al. Dynamic neural networks：A survey[J]. IEEE Transactions on Pattern Analysis and Machine Intelligence, 2021，44(11)：7436 - 7456.

[18] HUANG G, CHEN D, LI T, et al. Multi-scale dense networks for resource efficient image classification[J]. arxiv preprint arxiv：1703.09844, 2017.

[19] MALLAT S. Group invariant scattering[J]. Communications on Pure and Applied Mathematics, 2012，65(10)：1331 - 1398.

[20] OYALLON E, MALLAT S. Deep roto-translation scattering for object classification [C]// Proceedings of the IEEE conference on computer vision and pattern recognition. 2015：2865 - 2873.

[21] WIATOWSKI T, BÖLCSKEI H. A mathematical theory of deep convolutional neural networks for feature extraction[J]. IEEE Transactions on Information Theory, 2017，64(3)：1845 - 1866.

[22] ANDREUX M, ANGLES T, EXARCHAKIS G, et al. Kymatio：Scattering transforms in python[J]. Journal of Machine Learning Research, 2020，21(60)：1 - 6.

[23] PETERS R A, STRICKLAND R N. Image complexity metrics for automatic target recognizers [C]//Automatic Target Recognizer System and Technology Conference. 1990：1 - 17.

[24] PETERS R A, STRICKLAND R N. Image complexity metrics for automatic target recognizers [C]//Automatic Target Recognizer System and Technology Conference. 1990：1 - 17.

[25] SZEGEDY C, LIU W, JIA Y, et al. Going deeper with convolutions[C]//Proceedings of the IEEE conference on computer vision and pattern recognition. 2015：1 - 9.

[26] HU J, SHEN L, SUN G. Squeeze-and-excitation networks[C]//Proceedings of the IEEE conference on computer vision and pattern recognition. 2018：7132 - 7141.

[27] RATAJCZAK R, CRISPIM-JUNIOR C F, FAURE É, et al. Automatic land cover reconstruction from historical aerial images：An evaluation of features extraction and classification algorithms[J]. IEEE Transactions on Image Processing, 2019，28(7)：3357 - 3371.

[28] 高捷. 多尺度散射网络表征学习理论及应用[D]. 西安：西安电子科技大学，2024.

第 14 章　深度轮廓波网络

轮廓波(Contourlet)是一种被广泛应用的多尺度工具。Contourlet 变换的核心是：通过类似轮廓段的基结构来实现对图像的有效逼近，其支撑区间是灵活的"长条形"结构。与小波相比，Contourlet 是一种新型的信号稀疏表示方法，在遥感图像的地物分割、图像增强等领域具有广泛的应用。

本章将从轮廓波卷积神经网络和基于自适应 Contourlet 融合聚类的 SAR 图像变化检测这两方面出发，对深度轮廓波网络的具体应用过程进行简单介绍。

14.1　轮廓波卷积神经网络

由于纹理尺度的不确定性和纹理模式的杂波性，提取有效的纹理特征一直是纹理分类中一个具有挑战性的问题。对于纹理分类，传统的方法是在频域进行光谱分析，而最近的研究也显示了卷积神经网络(CNN)在处理空间域纹理分类任务时的潜力。我们尝试在不同的领域结合这两种方法来获得更丰富的信息，并提出了一种新的网络结构，称为 Contourlet CNN (C-CNN)。该网络旨在学习图像的稀疏和有效的特征表示。其分为 4 个过程：

(1) 应用 Contourlet 变换从图像中提取光谱特征；

(2) 设计空间–光谱特征融合策略，将光谱特征融合到 CNN 体系结构中；

(3) 通过统计特征融合将统计特征融合到网络中；

(4) 对融合特征进行分类，得到结果。

我们也研究了轮廓波分解中参数的行为。在广泛使用的 3 个纹理数据集(kth-tips2-b、DTD 和 CUReT)和 5 个遥感数据集(UCM、WHU-RS、AID、RSSCN7 和 NWPU-RESISC45)上的实验表明，该方法在分类精度方面优于几种常用的分类方法，且可训练参数较少。

14.1.1 多分辨纹理表征

基于多分辨率分析的方法描述光谱域的能量分布，能有效地捕捉纹理的内在几何结构。此外，进行压缩处理后能还能获得更精确的纹理信息。多尺度变换主要包括小波变换、Shearlet 变换、脊波变换、Curvelet 变换、Contourlet 变换、Brushlet 变换，这些变换的多分辨率和定向表示适合描述具有重复结构的纹理。

传统的分类方法，如支持向量机和 K-NN 分类器都有较好的分类效果。然而，相关算法提取的手工特征严重依赖于经验，且其特征提取与分类过程需要两个阶段。近年来，CNN 作为一种端到端的方法在许多领域取得了显著的成果。随着深度学习的研究，一种受生物学启发的多级结构的卷积神经网络(CNN)在一些任务中显示出优异的性能，如图像分类、语义分割和目标检测，它直接利用网络提取的特征获得，而不用经过精心设计。基于CNN 的方法比以往的方法要好得多。

2006 年，CNN 首次被引入到纹理分类任务中，在同一个四层网络中进行特征提取和分类。之后，CNN 在 2014 年被应用于肺图像分类和森林物种识别，因为这两个任务都可以看作是纹理分类问题。然而，这些方法并不是专门为纹理量身定制的。

CNN 不能很好地处理纹理分类任务，原因是重复模式在纹理上的复杂性较低，而CNN 适合提取高级语义特征。此外，参数和计算复杂度也较大。在这种情况下，CNN 上改进的纹理分类以端到端的方式被专门处理。FV-CNN 是一个有效的纹理描述符，通过 CNN 滤波器组的 Fisher 向量池得到。

纹理 CNN (T-CNN)在 AlexNet 上开发，采用能量度量，即对每个特征图的输出进行平均，从上一个卷积层派生出一个新的能量层。它类似于滤波器组的能量响应。该方法使用较少的参数，略微提高了分类精度，降低了复杂度。在小波 CNN 中，研究者们将 Haar小波分解作为谱分析方法集成到 CNN 中。通常来讲，池化和卷积可以被认为是光谱分析的一种有限形式，因此，小波 CNN 可以在单个模型下很好地同时捕获高、低频特征。小波CNN 使用投影快捷方式来最大限度地保留网络中流动的信息，使用密集连接来适应维数的变化。与 T-CNN 中的能量层类似，为了防止过拟合，小波 CNN 使用了全球平均池(GAP)而不是全连接层。小波 CNN 在参数较少的情况下获得了比 CNN 更好的精度，但不能优于Fisher 向量 CNN (FV-CNN)。

从上述基于 CNN 的纹理分类方法中，可以总结出以下三个主要挑战：

(1) 纹理图像通常包含不确定性尺度的局部或全局属性和各种模式。在固定尺度内的特征表示可能不是健壮的和鉴别的。因此，研究纹理尺度之间像素的遗传性或依赖性是非常重要的。

(2) 纹理图像除了包含空间信息，还包含丰富的光谱信息。因此，如何挖掘和充分利用这两种信息,将非常有助于有效的表示和分类。

（3）CNN 提取的高级语义特征不适合用于纹理表示,因为纹理中的重复模式复杂度较低。当模型较复杂时,计算量明显增加。

为了解决上述问题,研究者又提出了 Contourlet CNN（C-CNN）,并将小波作为谱分析方法应用到 CNN 中。轮廓波变换是一种多尺度几何分析工具,具有局域性和方向性等显著优点。它可以引入到神经网络中,以增强几何变换的能力,同时避免了网络过早陷入局部最优。多尺度几何滤波器组的引入增加了网络的可解释性和可控性,增强了尺度的鲁棒性和方向性。

与小波变换相比,Contourlet 变换具有更好的方向性、各向异性、空间局部性和带通特性,符合人类视觉系统（HVS）的主要特征。它能有效地捕捉边缘奇异特征的轮廓几何,而小波只能捕捉点奇异特征。因此,Contourlet 变换具有更稀疏的表示。此外,小波变换的方向性有限,它只捕捉水平、垂直和对角线的细节,而 Contourlet 变换是对小波变换的一种新的扩展,提供了更丰富的纹理方向信息。因此,基于 Contourlet 变换的 C-CNN 和 CNN 有效地提供了多方位、多尺度的信息。

14.1.2 轮廓波稀疏表征理论

哺乳动物视觉皮层的感受野可表现为定位、定向和带通,这与 Contourlet 变换的基函数相似。接受野的特征使 HVS 能够以最少的视觉神经元数量"捕获"自然场景中的关键信息,与自然场景的最稀疏表示相当。

根据生理学家对 HVS 和自然图像统计模型的研究成果,"最优"图像表示方法应具有以下特征:

（1）多分辨率:图像可以从粗到细连续逼近,相当于"带通"。

（2）局部性:无论是在空间域还是光谱域,表示基础都应是局部性的。

（3）方向性:基应具有方向性,且不限于可分离二维小波的三个方向。

图 14.1 是用小波和轮廓波逼近曲线的表示。小波对于曲线的逼近过程是逐点实现的,小波基在不同分辨率下有不同大小的平方支持区间。随着尺度的细化,非零小波系数的数量呈指数增长,出现了大量的不可忽略系数,因此,曲线不能"稀疏"表示。

轮廓波是一种信号表示工具,类似于物体自然图像中的边缘。它可以充分利用几何规律性来获得稀疏表示。Contourlet 变换是小波变换的一种扩展,它可以用系数少得多的线段来描述光滑的轮廓,如图 14.1（b）所示。然而,小波变换中存在大量低效的分解点,如图14.1（a）所示。由于轮廓是图像的基本单位,因此用 Contourlet 变换表示图像是稀疏的。轮廓波的稀疏性不仅限于视觉质量,还与逼近率有关。接下来简要描述近似误差。

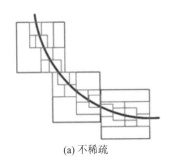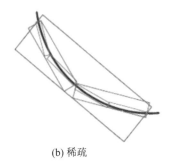

(a) 不稀疏   (b) 稀疏

图 14.1 小波和轮廓波逼近曲线的表示

给定一个二维分段光滑函数 f，将其定义为

$$f = \sum_{i=1}^{\infty} \alpha_i \phi_i \tag{14.1}$$

将 f 的基定义为 $\{\phi_i\}_{i=1}^{\infty}$，这个基可以是傅里叶基或者小波基。它的展开式可以用非线性的形式进行衡量：

$$\hat{f}_M^B = \sum_{i \in I_M} \alpha_i \phi_i \tag{14.2}$$

其中，$\hat{f}_M^B$ 是函数 f 在基 B 下的最佳 M 项逼近。I_M 是 M 项逼近的系数总个数，$\hat{f}_M^B$ 就可以通过 $\{\phi_i\}_{i=1}^{\infty}$ 来反映出系数的稀疏性。因此，最佳的 M 项逼近误差可以被写为 $\| f - \hat{f}_M^B \|_{L_2}^2$（$L_2$ 范数平方的形式）。对于轮廓波逼近框架而言，这个 M 项逼近误差满足下式：

$$\| f - \hat{f}_M^{(\text{contourlet})} \|_{L_2}^2 \leqslant C (\text{lb} M)^3 M^{-2} \tag{14.3}$$

其中，C 为常数。为了简明地比较不同基的逼近性能，定义"$\asymp$"为等价符号。

那么不同基（傅里叶、小波、轮廓波）下的 M 项展开式的误差如下：

$$\begin{cases} \| f - \hat{f}_M^{(\text{fourier})?} \|_{L_2}^2 \asymp M^{-1/2} \\[2ex] \| f - \hat{f}_M^{(\text{wavelet})?} \|_{L_2}^2 \asymp M^{-1} \\[2ex] \| f - \hat{f}_M^{(\text{contourlet})?} \|_{L_2}^2 \asymp M^{-2} \end{cases} \tag{14.4}$$

上式中傅里叶和小波的衰减率分别为 $O(M^{-1/2})$ 和 $O(M^{-1})$，而 Contourlet 的衰减速率为 $O(M^{-2})$。因此，最优近似速率为 $O(M^{-2})$。在这种情况下，轮廓波展开可以看作是一种更优的逼近。它将信号/函数 f 压缩成几个系数，实现了最优稀疏表示。

14.1.3　C-CNN 网络框架及算法流程

在纹理分类中，有效地表达纹理是应对纹理尺度不确定性和纹理模式杂波等挑战的关键。下面有效地解释了为什么轮廓波变换是稀疏表示而不是小波。同时，以多尺度、多方向的方式描述了结合 CNN 和特征表示的 Contourlet 变换。建议方法的实现细节也被详细给出。C-CNN 主体流程图如图 14.2 所示。

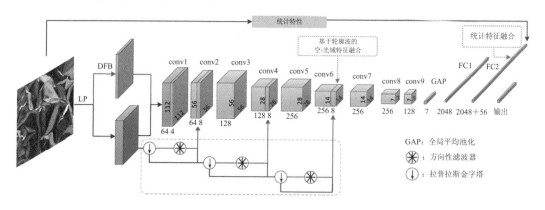

图 14.2　C-CNN 主体流程图

C-CNN 算法的学习过程如下所示：

算法 14.1　C-CNN 算法的学习过程

输入：训练数据集 $x = \{x_n \mid n = 1, 2, \cdots, N\}$

其相对应的类标：$y = \{y_n \mid n = 1, 2, \cdots, N\}$

类别数目：T

输出：分类结果 $\hat{y} = \{\hat{y}_n \mid n = 1, 2, \cdots, N\}$

1 预处理：基础网络可以表示为 [conv1, $\cdots$, conv9, GAP, FC1, FC2, FC3]，nlevels $=[0, 3, 3, 3]$，$l = 1, \cdots, L$，$F_{LP} = {}'\text{maxflat}'$，$F_{DFB} = {}'d\,\text{maxflat7}'$。

2 开始

3 对于：$n = 1$ to N

4 输入图片 x_n，获取一组系数 $C_k^l(x, y)$，k 是每个分解层的子代系数

5 计算 $C_k^l(x, y)$ 的分布特征 f

6 如果：$\text{height}(C_k^l(x, y)) \neq \text{width}(C_k^l(x, y))$，那么

7 将 $C_k^l(x, y)$ 的尺寸变换为 M^2，其中，$M = \max(\text{height}(C_k^l(x, y)), \text{width}(C_k^l(x, y)))$

8 结束如果

9 特征图为 conv1$\oplus C_k^l(x,y)$，conv2$\oplus C_k^2(x,y)$，conv4$\oplus C_k^3(x,y)$，conv6$\oplus C_k^4(x,y)$

10 联系统计特征图到 FC2：f$\oplus$FC2

11 更新参数直到收敛

12 结束对于

13 结束

通过使用 C-CNN 来提取、整合空间和光谱特征，从而可以进行纹理分类。Contourlet 变换在光谱领域能有效地提供更多的多向多尺度信息。将光谱分析融合到具有统计特性的 CNN 中进行纹理稀疏表示是一种新颖的方法。SSFF 算法通过 Contourlet 在不同的分解级别上增强了不同区域的特征图之间的相关性。

14.1.4　C-CNN 网络性能评估与分析

额外的统计特征增强了鉴别特征的表示和旋转不变量。下面进一步讨论 C-CNN 的理论分析和完整实验。

遥感数据集上的实验结果证明了轮廓波卷积神经网络在分类任务上的有效性和可靠性。在模型通用性方面，不需要预先训练就能获得良好的特征表示。同时，本章提出的模型还可以被应用于其他相关的视觉任务，实验结果如表 14.1 所示。

表 14.1　对比实验（多种网络的分类精度）

数据集	UCM	WHU-RS	AID	RSSCN7
MDDC	96.92±0.57	98.27±0.53	—	—
CCP-net	97.52±0.97	98.23±0.40	—	—
Fusion-A	97.42±1.79	98.65±0.43	91.87±0.36	—
FACNN	98.81±0.24	98.61±0.44	95.45±0.11	—
VGG-16_Fine	97.10±0.51	96.91±0.21	93.78±0.36	—
CaffeNet	95.02±0.81	96.24±0.56	89.53±0.31	88.25±0.62
VGG-VD-16	95.21±1.20	96.05±0.91	89.64±0.36	87.18±0.94
GoogLeNet	94.31±0.89	94.71±1.33	86.39±0.55	85.84±0.92
SE-MDPMNet	98.95±0.12	98.97±0.24	97.14±0.15	94.71±0.15
TEX-Nets-LF	97.72±0.54	98.88±0.49	95.73±0.16	94.0±0.57
Wavelet CNN	98.58±0.13	97.96±0.90	96.65±0.24	94.89±0.67
Contourlet CNN	98.97±0.21	98.95±0.82	97.36±0.45	95.54±0.71

另外，对于不同的多分辨层数和参数设置，不同的消融实验结果如图 14.3 所示。

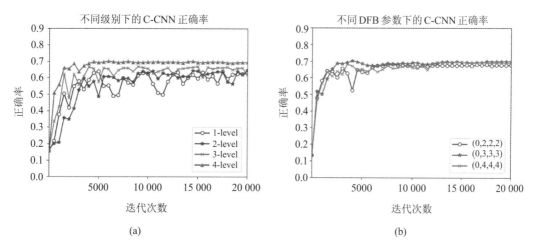

图 14.3　C-CNN 消融实验结果（采用不同的轮廓波分解级数和 DFB 参数）

实验结果表明，更多的层和最优的参数(0，3，3，3)往往可以获得更好的分类准确率。

14.2　基于自适应 Contourlet 融合聚类的 SAR 图像变化检测

近年来，研究者们提出了一种基于自适应 Contourlet 融合和快速非局部聚类的多时间合成孔径雷达(SAR)图像无监督变化检测方法——自适应 Contourlet 融合聚类。该方法采用一种新的模糊聚类算法，从 Contourlet 融合差分图像中生成一个表示变化区域的二值图像。Contourlet 融合利用来自不同类型的差分图像的互补信息，对于未改变的区域，应该限制细节，而对于已改变的区域，应突出显示，并针对 Contourlet 系数的低频波段和高频方向波段设计了不同的融合规则。研究者们还提出了一种快速非局部聚类算法(FNLC)对融合图像进行分类，生成变化区域和不变区域；为了在保留变化区域细节的同时减少噪声的影响，模糊融合了局部信息和非局部信息。在小型和大型数据集上的实验，显示了所提方法在实际应用中的最新性能。

变换检测不仅应用于自然图像处理中，在遥感图像处理应用中也是一项相当重要的任务。合成孔径雷达(SAR)可以全天候工作，它不受天气条件的影响。关于 SAR 的图像变化检测已有广泛的研究，但由于 SAR 传感器的固有特性，SAR 图像受到散斑噪声的严重破坏。因此，散斑噪声对于 SAR 图像处理任务是一项很大的挑战。大多数研究人员正在为他们的方法寻找一个过滤器来去除或避免散斑噪声的影响。对于 SAR 图像的无监督变化检测，由于散斑噪声对许多细节的破坏，因此主要的挑战也是避免散斑噪声的影响。

本章以降低散斑噪声的影响为重点，在改进差分图像生成和差分图像分析的基础上，继承了传统的变化检测范式。要生成高质量的差分图像，有效的方法之一是对不同类型的差分图像进行融合。图像融合策略可以使融合后的图像从多个源图像中获得互补的信息，从而更适合后续的计算。有的研究者提出的基于小波变换的图像融合方法是有效的。基于小波的图像融合能够表现点的不连续，并能保留图像的频率细节。然而它不能很好地处理线的不连续情况，从而导致更多的散斑噪声。Contourlet 变换对图像进行了灵活的多分辨率和多向分解，比小波变换更适合于分析图像的奇异性。因此，我们设计了一种新的基于 Contourlet 变换的融合策略，从对数比和平均比图像中生成新的差分图像。在差分图像的分析中，引入非局部信息，将局部信息有机地结合起来，可以使分析结果更加翔实和精确。考虑到时间复杂度，将非局部信息与局部空间信息相结合，改进快速广义模糊 C 均值 (FGFCM) 框架，我们提出了一种快速非局部聚类算法 (FNLC) 对融合后的差分图像进行分割。综上所述，本工作的贡献可以概括为以下四点：

(1) 针对 SAR 图像无监督变化检测，提出了一种新的 Contourlet 融合聚类算法 (CFC)。

(2) 设计了新的基于能量的自适应 Contourlet 融合规则，充分利用了不同比率类型 (均值比和对数比) 的差值图像中的变化信息和不变信息。

(3) 提出了一种既考虑局部信息又考虑非局部信息的快速非局部聚类算法 (FNLC)，在不考虑任何分布假设的情况下对 Contourlet 融合差分图像中的噪声进行了抑制。

(4) 在不同场景下的实验表明，CFC 达到了最先进的性能，能够准确检测大尺度 SAR 图像的变化。

14.2.1　散斑噪声及差分图像分析

如前所述，SAR 图像变化检测的主要挑战是避免散斑噪声的影响。但去噪工作也会导致图像细节的丢失，使变化区域的边缘变得模糊，导致小区域的漏检。因此，充分利用原始图像的信息，在保留图像细节的同时，减少散斑噪声的影响是很重要的。利用局部信息处理散斑噪声的方法很多，均值比是一种典型的方法，但这种方法会使局部像素是简单平均的，不能保留细节。为了生成差分图像，也可以利用基于神经网络的方法提取局部特征进行比较，但这种方法主要集中在处理多时间图像的独特外观，没有特别考虑散斑噪声。对于差分图像的分析，许多方法将局部信息融合到模糊聚类算法中，在聚类目标函数中加入局部约束，充分利用邻域像素对中心像素进行分割。近年来，有研究者将局部像素作为网络的输入，生成中心像素的标签，但在训练过程中没有特别考虑噪声。因此，人们提出了许多改进方法来处理 SAR 图像。Li 等人利用 CNN 学习了原始图像的空间特征，通过在网络的输出层引入局部约束，可以利用空间约束来减小散斑噪声的影响。在 DBN 的基础上，研究者们引入了形态算子来选择更有用的标记样本，从而训练出更精确的网络。

我们还关注了如何减小散斑噪声的影响问题。在生成差分图像时，需要保留更多的细节，以便更好地进行分析。在不破坏细节的情况下，可利用对数运算将乘性噪声转换为加性噪声。但对数运算也抑制了变化区域的高光，因为它们的强度高。均值比利用了局部均值信息，相当于对噪声进行滤波，可以在一定程度上抑制噪声。因此，我们试图利用两类图像的互补信息来融合两类不同的图像。在变化检测中，小波变换已应用于图像融合领域。然而，小波变换被设计用来表示点的不连续，能够保留图像的频率细节，但不善于分析图像的线性/曲线奇点。Do 和 Vetterli 提出了 Contourlet 变换，它可以有效地表示包含轮廓和纹理的图像。由于 Contourlet 变换可以在多分辨率下对图像进行不同方向的分解，因此 Contourlet 变换可以对图像进行更灵活的多分辨率和多方向的分解。Contourlet 相对于小波的优势在于它联合分析了视觉信息的三个基本参数——尺度、空间和方向，使 Contourlet 能够适应奇点属性的图像。此外，在逼近精度和稀疏性描述方面比小波变换有更好的表现。因此，我们选择 Contourlet 变换来完成图像融合。

去噪是差分图像分析的关键，因为最终的变化检测结果既要保留变化区域的边缘，又要避免噪声造成的检测丢失和漏检。如上文所述，由于局部像素的相干性，局部信息对去噪很重要，但在噪声严重破坏的情况下，局部信息的使用也会破坏纹理、轮廓和边缘等细节，因此，为了更好地保留细节，应该考虑其他信息。对于一幅图像，在邻域之外也存在类似的像素。这些像素可以用来帮助减少对图像细节的破坏。因此，我们提出了一种兼顾非局部信息和局部信息的快速非局部聚类算法（FNLC），以提高差分图像分析的精度。非局部策略被广泛应用于图像去噪过程中，并在许多图像处理问题中取得了优异的性能。具体来说，融合后图像的概率统计量不可能符合规则模式，因此要使分割方法对概率统计量不敏感。由于搜索非局部像素比较耗时，为了提高计算效率，我们选择了一种快速聚类算法 FGFCM 作为 FNLC 的基线算法。

14.2.2　基于自适应 Contourlet 的融合聚类框架

为了提高 SAR 图像变化检测的性能，研究者们提出了一种基于 Contourlet 融合和快速非局部聚类算法（FNLC）的 Contourlet 聚类方法。为了充分利用均值比和对数比图像中变化和不变的信息，研究者们设计了 Contourlet 融合方法。FNLC 是为了降低变化检测结果中的散斑噪声。本节首先介绍生成比率差值图像的过程，然后描述 Contourlet 融合的细节，最后介绍在 Contourlet 融合差分图像上的 FNLC。

自适应 Contourlet 融合对数比差分图像可以将 SAR 图像中的乘性噪声转化为易于处理的加性噪声。有的研究者提出了一种比值均值检测器（RMD），它通过使比值算子对图像的像素均值进行修改来生成差分图像。另一种方法是使用均值比图像，这种方法能在一定程度上抑制噪声。这两种方法对 SAR 图像的变化检测具有积极的效果，但同时也带来了一些不足。由于对数比运算增强了低强度像素，同时削弱了高强度像素，因此对数比图像得到的变化信息通常不能最大程度地反映真实的变化趋势。对于产生差分图像的 RMD，修改像素均值可以抑制噪声，但同时减少了图像的细节信息。对于以上情况，研究者提出了基于小波变换的图像融合方法。与小波变换相比，Contourlet Transform（CT）是一种利用拉普拉斯金字塔（LP）和方向滤波器组（DFB）协同作用提取多尺度、多方向信息的图像分析工具。CT 的工作原理如下：首先用 LP 捕获不连续点，然后用 DFB 连接点的不连续点来构造线性结构。LP 是一个多尺度金字塔，由一组不同尺度的带通图像组成，每一层的图像是由高斯金字塔中当前层图像与上采样的下一层图像的差值生成的，然后利用 DFB 从高频子带构造多向系数。图 14.4 为 Contourlet 滤波器组设计方案与 Contourlet 变换（CT）示意图。

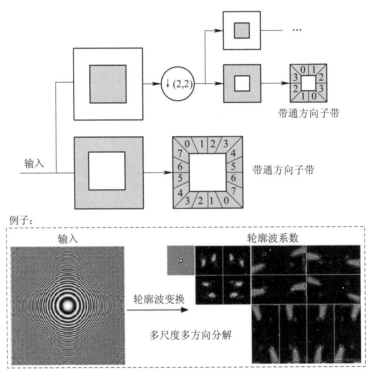

图 14.4　轮廓波滤波器组设计方案与轮廓波变换（CT）示意图

在图 14.4 中，CT 分解的 nlevels 设为 $\{2,3\}$。CT 第一次分解产生一个低频分量和 $8(2^3)$ 个高频方向分量。第二分解产生一个低频分量和 $4(2^2)$ 个高频方向分量。

基于 Contourlet 融合方法的图像融合方案可以总结如下：首先，对两幅图像分别进行

Contourlet 变换(CT)分解，得到多分辨率、多方向的分解系数；然后利用所提出的融合规则对分解后的源图像的低频和高频分解系数进行融合；最后对融合系数进行 Contourlet 逆变换(CIT)，得到融合后的图像。Contourlet 融合框架如图 14.5 所示，均值比和对数比图像被分解为多尺度多方向的子带，由用户定义的参数 nlevels 确定。nlevels 是一个向量，表示在 DFB 的每个金字塔级别中分解级别 j 的个数。nlevels 可以表示为：nlevels $= \{j_1, j_2, \cdots, j_n\}$，如果 j 为 0，则相当于小波分解；如果 j 不为 0，则将子图像分解为 2^j 个方向。Contourlet 分解系数 Y 也是一个向量，Y 的长度等于 nlevels 加 1 的长度。如果 nlevels $= \{2, 3\}$，则 Y 的长度为 3(一个低频分量($Y\{l\}$)，一个 $Y^{j=2}\{i\}$ ($i=1, 2, 3, 2^2$) 高频分量和一个 $Y^{j=3}\{i\}$ ($i=1, 2, 3, 4, 5, 6, 7, 2^3$)高频分量)。一般 Y 可表示为 DFB 分解后的一个低频分量 $Y\{l\}$ 和高频分量 $Y^j\{i\}$，i 表示金字塔 j 中的分解方向。

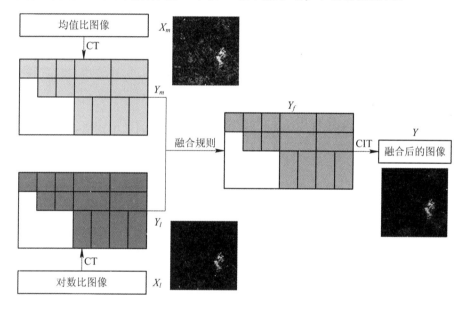

图 14.5　Contourlet 融合框架

融合差分图像生成的关键问题是如何有效地选择融合规则，在抑制背景信息的同时增强变化区域的信息。在图像融合任务中，人们提出了许多典型的融合规则来生成融合系数。对于高频分量，一般方法是选取绝对值中的最大值，从局部特征中选取系数(最大方差或最大对比度)；对于低频分量，一般采用主成分分析(PCA)和选取对应系数平均值的方法，以突出融合图像的显著系数。这样，融合后的图像可以保留原始图像的边缘或梯度信息。扩大变化区域与不变区域的信息差距，就意味着生成的图像应该抑制背景信息，同时最大程度地增强变化区域。一般来说，简单地通过最大化梯度或边缘特征，就可以模糊差分图像中的背景信息。因此，有必要设计一种自适应 Contourlet 融合框架，在抑制背景信息的同时，增强变化区域的信息。

设 Y_l、Y_m、Y_f 分别为对数比图像的 CT 分解系数（X_l）、均值比图像的 CT 分解系数（X_m）和融合后的 Y_l、Y_m 的融合系数，它们可以表示为

$$Y_l = CT(X_l) \tag{14.5}$$

$$Y_m = CT(X_m) \tag{14.6}$$

其中，CT 表示 Contourlet 变换。基于 Contourlet 的融合系数生成的融合规则如下：

对于低频分量 $Y_f\{l\}$，我们采用平均规则：

$$Y_f\{l\} = \frac{\{Y_l\{l\} + Y_m\{l\}\}}{2} \tag{14.7}$$

对于高频分量，当 $j = 0$ 时，我们将融合规则设计为

$$Y_f^j(i)(i,j) = \begin{cases} Y_l^j(i)(i,j), & E_l^j(i)(i,j) < E_m^j(i)(i,j) \\ Y_m^j(i)(i,j), & E_l^j(i)(i,j) < E_m^j(i)(i,j) \end{cases} \tag{14.8}$$

式中，$E_x^j(i)(i,j)$ 表示各子带中各系数的区域能量，可通过如下公式计算：

$$E_x^j(i)(i,j) = \sum_{i \leqslant h,\, j \leqslant w} \left[Y_x^j(i)(i,j) \right]^2 \tag{14.9}$$

其中，$x = l$ 或 m。

当 $j = 0$ 时，在第 j 级进行小波分解。对于低频分量，我们使用均值规则：

$$Y_f^0\{l\} = \frac{\{Y_l^0\{l\} + Y_m^0\{l\}\}}{2} \tag{14.10}$$

式中，$Y_f^0\{i\}$ 为融合图像的低频系数。对于水平、垂直和对角线高频分量，融合规则随局部区域能量系数的最小值自适应变化。步骤与上文所述相似。最后，Contourlet 融合差分图像（Y）通过下式表达：

$$Y = CIT(Y_f) \tag{14.11}$$

其中，CIT 表示 Contourlet 逆变换。

14.2.3　SAR 图像变化检测性能评估

我们针对低频和高频分量设计了不同的融合规则。低频分量代表了原始图像的轮廓特征，能够显著反映两个比值图像中变化的信息。因此，可以使用平均融合规则来融合低频分量。由于高频分量包含更详细的源图像信息（边缘和线），可以采用最小局部面积能量融合规则来合并对数比和平均比差图像的齐次区域。在这种情况下，背景将被抑制，并在融合图像中尽可能突出变化区域的细节。

为了评估 CFC 中基于 Contourlet 的自适应融合方法用于 SAR 图像变化检测的有效性，我们将所提出的差分图像生成方法与均值比算子、对数比算子、基于小波的融合和基于 Shearlet 的融合进行了比较，如图 14.6、14.7、14.8、14.9 所示，Contourlet 融合中的参

数 nlevels 设置为 $\{1, 2, 3, 4, 5\}$。首先，对于伯尔尼数据集，在视觉意义上，基于融合的方法生成的融合图像比两个源图像包含更多有效的信息。由于 Contourlet 融合结合了对数比图像 CT 的系数来修改融合图像的系数，因此在一定程度上抑制了融合图像中的背景区域（未改变的区域）。基于 Shearlet 的融合可以很好地抑制背景，但会丢失一些变化区域的细节。Contourlet 融合图像优于其他两种融合图像。对于渥太华数据集，直观地看，基于融合的方法生成的融合图像比原始图像更有效地反映了变化和不变的区域。与平均比图像相比，Contourlet 融合图像的图像边缘更加清晰，同时由于考虑了对数比图像，抑制了背景信息的传播。融合图像的变化区域比对数比图像更清晰。结果表明，Contourlet 融合图像的性能优于基于融合的比较方法。

(a) 对数比算子　　(b) 均值比算子　　(c) 小波融合　　(d) Shearlet 融合　　(e) Contourlet 融合

图 14.6　由不同方法生成的伯尔尼数据集的差分图像

(a) 对数比算子　　(b) 均值比算子　　(c) 小波融合　　(d) Shearlet 融合　　(e) Contourlet 融合

图 14.7　由不同方法生成的渥太华数据集的差分图像

(a) log-ratio 算子　　(b) mean-ratio 算子　　(c) Wavelet 融合　　(d) Shearlet 融合　　(e) Contourlet 融合

图 14.8　由不同方法生成的面积 m 的差分图像

(a) log-ratio 算子　　(b) mean-ratio 算子　　(c) Wavelet 融合　　(d) Shearlet 融合　　(e) Contourlet 融合

图 14.9　通过不同方法生成的面积 n 的差分图像

本 章 小 结

　　轮廓波与小波相比，是一种新型的信号稀疏表示方法。本章从轮廓波卷积神经网络和基于自适应 Contourlet 融合聚类的 SAR 图像变化检测这两个方面出发，对轮廓波算子表征过程及深度轮廓波网络的具体应用过程进行了简单介绍。本章重点介绍了多分辨纹理表征、Contourlet 稀疏性、C-CNN 网络结构、自适应 Contourlet 融合聚类的相关细节。

　　实验结果表明，轮廓波网络在遥感数据集上具有有效性和可靠性。在模型通用性方面，不需要预先训练就能获得良好的特征表示。同时，该模型还可以被拓展应用于其他相关的视觉任务。另外，研究者们可以针对低频和高频分量设计不同的融合规则。低频分量代表了原始图像的轮廓特征，能够显著反映两个比值图像中变化的信息。基于 Contourlet 的自适应融合方法在 SAR 图像变化检测任务中是有效的。

本章参考文献

[1] DONOHO D L，VETTERLI M，DEVORE R A，et al. Data compression and harmonic analysis[J]. IEEE transactions on information theory，1998，44(6)：2435 – 2476.

[2] MALLAT S. A wavelet tour of signal processing[M]. 2nd ed. Amsterdam：Elsevier，1999.

[3] JIAO L，PAN J，FANG Y. Multiwavelet neural network and its approximation properties[J]. IEEE Transactions on neural networks，2001，12(5)：1060 – 1066.

[4] LIU M，JIAO L，LIU X，et al. C-CNN：Contourlet convolutional neural networks[J]. IEEE Transactions on Neural Networks and Learning Systems，2020，32(6)：2636 – 2649.

[5] FUJIEDA S，TAKAYAMA K，HACHISUKA T. Wavelet convolutional neural networks[J]. arxiv preprint arxiv：1805. 08620，2018.

[6] DO M N，VETTERLI M. Contourlets：a directional multiresolution image representation[C]// Proceedings. International Conference on Image Processing. IEEE，2002，1：357 – 360.

[7] HUBEL D H，WIESEL T N. Receptive fields and functional architecture in two nonstriate visual areas (18 and 19) of the cat[J]. Journal of neurophysiology，1965，28(2)：229 – 289.

[8] OLSHAUSEN B A，FIELD D J. Emergence of simple-cell receptive field properties by learning a sparse code for natural images[J]. Nature，1996，381(6583)：607 – 609.

[9] ZHANG W，JIAO L，LIU F，et al. Adaptive contourlet fusion clustering for SAR image change

detection[J]. IEEE Transactions on Image Processing, 2022, 31: 2295 – 2308.

[10] LIU J, GONG M, QIN A K, et al. Bipartite differential neural network for unsupervised image change detection[J]. IEEE Transactions on Neural Networks and Learning Systems, 2019, 31(3): 876 – 890.

[11] WANG Q, YUAN Z, DU Q, et al. GETNET: A general end-to-end 2-D CNN framework for hyperspectral image change detection[J]. IEEE Transactions on Geoscience and Remote Sensing, 2018, 57(1): 3 – 13.

[12] LI Y, PENG C, CHEN Y, et al. A deep learning method for change detection in synthetic aperture radar images[J]. IEEE Transactions on Geoscience and Remote Sensing, 2019, 57(8): 5751 – 5763.

[13] GONG M, ZHOU Z, MA J. Change detection in synthetic aperture radar images based on image fusion and fuzzy clustering[J]. IEEE Transactions on Image Processing, 2011, 21(4): 2141 – 2151.

[14] INGLADA J, MERCIER G. A new statistical similarity measure for change detection in multitemporal SAR images and its extension to multiscale change analysis[J]. IEEE transactions on geoscience and remote sensing, 2007, 45(5): 1432 – 1445.

[15] LIU J, GONG M, QIN K, et al. A deep convolutional coupling network for change detection based on heterogeneous optical and radar images[J]. IEEE transactions on neural networks and learning systems, 2016, 29(3): 545 – 559.

第 15 章　深度复数神经网络

本章对常见的深度复数域相关的神经网络进行简单介绍，这些网络包括深度复数神经网络、复数的卷积神经网络、复数的轮廓波网络以及半监督复值 GAN 网络。

15.1　深度复数神经网络的相关概念

目前，深度学习中使用的绝大多数构件的技术和体系结构都是基于实值操作和表示的。但是，最近关于递归神经网络以及较早的基础理论分析的结果表明，复数往往具有极其丰富的表示能力，同时还能促进噪声鲁棒的记忆检索机制。但是，虽然复数可能会给全新的神经架构带来吸引人瞩目的潜能，却因为缺乏设计此类模型所需的构件，导致复数深度神经网络在实际应用中逐渐边缘化。通过不断对复数神经网络进行探索，研究者提出了复数深度神经网络的关键组件，同时将它们应用于卷积前馈网络和卷积网络 LSTM 中。具体而言，可以依靠复数卷积及目前的算法来实现复数值的神经网络的批量归一化，以及权重初始化策略，同时在端到端训练方案的实验中对其进行利用。结果表明，这种复数值的模型的效果与其对应的实数模型差不多或者更好。Chiheb Trabelsi 等人在 2018 年给出了复数神经网络的核心，为实现深度神经网络的复值构建块奠定了数学框架。

15.1.1　复数值表征方式

本节首先概述了在我们提出的框架中复数的表示方式。一个复数 $z = a + ib$ 有一个实分量 a 和一个虚分量 b，这里 $i^2 = -1$。将复数的实部 a 和虚部 b 作为逻辑上不同的实值实体，就可以用实值算法内部模拟复数算法。

15.1.2　复数卷积

为了执行相当于传统的实值在复数域的二维卷积，我们将卷积复数滤波器矩阵 $\boldsymbol{W} = \boldsymbol{A} + i\boldsymbol{B}$

和一个复的矢量 $\boldsymbol{h}=\boldsymbol{x}+\mathrm{i}\boldsymbol{y}$ 进行卷积，其中 $\boldsymbol{A}$ 和 $\boldsymbol{B}$ 是实数的矩阵，$\boldsymbol{x}$ 和 $\boldsymbol{y}$ 是实数的向量。该过程是采用实值来模拟计算的。由于卷积算子是分配的，因此将向量 $\boldsymbol{h}$ 与滤波器 $\boldsymbol{W}$ 进行卷积，得到

$$\boldsymbol{W} * \boldsymbol{h} = (\boldsymbol{A} * \boldsymbol{x} - \boldsymbol{B} * \boldsymbol{y}) + \mathrm{i}(\boldsymbol{B} * \boldsymbol{x} + \boldsymbol{A} * \boldsymbol{y}) \tag{15.1}$$

如果使用矩阵表示法来表示卷积运算的实部和虚部，可得

$$\begin{bmatrix} \Re(\boldsymbol{W} * \boldsymbol{h}) \\ \Im(\boldsymbol{W} * \boldsymbol{h}) \end{bmatrix} = \begin{bmatrix} \boldsymbol{A} & -\boldsymbol{B} \\ \boldsymbol{B} & \boldsymbol{A} \end{bmatrix} * \begin{bmatrix} \boldsymbol{x} \\ \boldsymbol{y} \end{bmatrix} \tag{15.2}$$

15.1.3　复数可微性

为了在复值神经网络中进行反向传播，一个充分条件是网络中每个复参数的实部和虚部具有可微的代价函数和激活函数。通过约束激活函数为复可微的或全实数的，我们限制了复值神经网络中激活函数的使用。

参照链式法则，复数可微的公式可写为如下的形式：如果 L 是实值损失函数，z 是复变量，使 $z=x+\mathrm{i}y$，其中 $x, y \in \mathbf{R}$，则有

$$\nabla_L(x) = \frac{\partial L}{\partial z} = \frac{\partial L}{\partial x} + \mathrm{i}\frac{\partial L}{\partial y} = \frac{\partial L}{\partial \Re(z)} + \mathrm{i}\frac{\partial L}{\partial \Im(z)} = \Re(\nabla_L(z)) + \mathrm{i}\Im(\nabla_L(z)) \tag{15.3}$$

15.1.4　复值激活

研究者们已经提出多种典型的复值激活函数。三个典型的公式如下：

$$\mathrm{modReLU}(z) = \mathrm{ReLU}(|z|+b)c^{\mathrm{i}\theta_z} = \begin{cases} (|z|+b)\dfrac{z}{|z|}, & |z|+b \geqslant 0 \\ 0, & \text{其他} \end{cases} \tag{15.4}$$

$$\mathbf{CReLU}(z) = \mathrm{ReLU}(\Re(z)) + \mathrm{iReLU}(\Im(x)) \tag{15.5}$$

$$z\mathrm{ReLU}(z) = \begin{cases} z, & \theta_z \in [0, \pi/2] \\ 0, & \text{其他} \end{cases} \tag{15.6}$$

15.1.5　复值批归一化

深度网络通常依靠批处理归一化来加速学习。在某些情况下，批处理规范化对于优化模型至关重要。批处理归一化的标准公式只适用于实数值。因此，需要提出一批可用于复值的归一化公式。

如果要将复数数组标准化为标准正态复数分布，是不足以平移和缩放它们，使其均值为 0，方差为 1 的。这种类型的归一化不能保证实分量和虚分量的方差相等，并且结果的分布不能保证是可循环的。

为解决这个问题，我们选择将这个问题作为一个漂白的 2D 向量来处理。这就意味着沿着两个主分量将数据按其方差的平方根缩放。这可以通过用以 0 为中心的数据 $(x - E[x])$ 来乘以 2×2 协方差矩阵 V 的平方根倒数来实现：

$$\bar{x} = (V)^{-\frac{1}{2}} (x - E[x]) \tag{15.7}$$

其中，协方差矩阵 V 如下：

$$V = \begin{pmatrix} V_{rr} & V_{ri} \\ V_{ir} & V_{ii} \end{pmatrix} = \begin{pmatrix} \mathrm{Cov}(\Re(x), \Re(x)) & \mathrm{Cov}(\Re(x), \Re(x)) \\ \mathrm{Cov}(\Im(x), \Re(x)) & \mathrm{Cov}(\Im(x), \Re(x)) \end{pmatrix} \tag{15.8}$$

15.1.6　复值权重初始化

在一般情况下，特别是在未执行批处理规范化时，适当的初始化对于降低梯度消失或爆炸的风险至关重要。通过批归一化方法，不仅输入层可以被进行归一化处理，同时，每一个中间层的输入也可以被进行归一化处理，从而实现输出服从正态分布（均值为 0，方差为 1）的目的，有效地避免内部协变量偏移。具体步骤如下：第一步，对于同一批次（batch）的输入数据，隐藏层的输出结果可以进行归一化处理；第二步，缩放（scale）和平移（shift）操作可以被进行，最后采用 ReLU 激活函数，并将其送入下一层。在这个过程中，特定模式的瑞利分布的单个参数被用来进行初始化。

至此，新的方差公式可以被写为如下的形式：

$$\mathrm{Var}(W) = \frac{4 - \pi}{2}\sigma^2 + \left(\sigma\sqrt{\frac{\pi}{2}}\right)^2 = 2\sigma^2 \tag{15.9}$$

其中，σ 为瑞利分布的单个参数。

15.2　复数卷积神经网络

复数卷积神经网络（Complex Convolution Neural Network，CCNN）可在传统卷积神经网络的基础上，把 CNN 从实数域推广到复数域，它的网络结构流程图如图 15.1 所示。

图 15.1　CCNN 的结构流程图

深度卷积神经网络在计算机视觉领域取得了巨大成功，在此基础上，研究者们尝试提出了一种适用于合成孔径雷达（SAR）图像判读的复值 CNN（CV-CNN），它利用了复杂 SAR 图像的振幅和相位信息，将 CNN 的输入输出层、卷积层、激活函数、池化层等所有元素扩展到复域。此外，针对 CV-CNN 的训练，研究者们提出了一种基于随机梯度下降的复杂反向传播算法，然后在典型的极化 SAR 图像分类任务上测试所提出的 CV-CNN，该任务通过监督训练将每个像素分类为已知的地形类型。

15.2.1　复数运算过程

对于两个复数向量，分别将其表示为 $z_1 = x_1 + iy_1$ 和 $z_2 = x_2 + iy_2$，用于进行复数运算，具体的过程如下：

$$z = z_1 \times z_2 = (x_1 + iy_1) \times (x_2 + iy_2)$$
$$= (x_1 \times x_2 - y_1 \times y_2) + (y_1 \times x_2 + x_1 \times y_2) \tag{15.10}$$

根据实数卷积运算和复数运算理论，可以实现复数 2D 卷积运算。假设 $h = x + iy$ 是复数向量，$W = A + iB$ 是复数滤波矩阵，对这两者进行卷积，A、B 均为实数矩阵，同时 x、y 为实数向量，那么就可以用实数数据来对复数卷积计算过程进行模拟，详见公式(15.1)。

另外，对应的矩阵形式下的复数卷积运算过程可写为如下的形式：

$$\begin{bmatrix} \Re(W * h) \\ \Im(W * h) \end{bmatrix} = \begin{bmatrix} A & -B \\ B & A \end{bmatrix} * \begin{bmatrix} x \\ y \end{bmatrix} = \begin{bmatrix} \Re(A * x - B * y) \\ \Im(B * x + A * y) \end{bmatrix} \tag{15.11}$$

15.2.2　复数卷积神经网络的结构设计

用基准数据集进行的实验表明，使用 CV-CNN 代替传统的实值 CNN，在同等自由度下，可以进一步降低分类误差。CV-CNN 在整体分类精度方面的性能可与现有的最先进的方法媲美，并将 CNN 的输入输出层、卷积层、激活函数、池化层等元素扩展到复域。此外，针对 CV-CNN 的训练，研究者们提出了一种基于随机梯度下降的复杂反向传播算法，然后在典型的极化 SAR 图像分类任务上测试所提出的 CV-CNN，该任务通过监督训练将每个像素分类为已知的地形类型。实验表明，使用 CV-CNN 代替传统实值 CNN 可以进一步降低分类误差的自由度。CV-CNN 在整体分类精度方面的性能可与现有的最先进的方法媲美。

CV-CNN 的结构如图 15.2 所示。

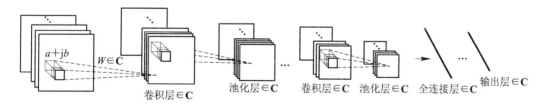

图 15.2　CV-CNN 的结构

CCNN 结构往往能够处理复数数据，但并不能解决池化层和全连接层所产生的问题。

另一方面，全卷积神经网络尽管解决了 CNN 结构中来自池化层和全连接层的问题，但并不能有效地处理包含幅度和相位的复数数据。综上所述，研究者们也将 CCNN 和全连接神经网络结构（Fully Convolutional Networks，FCNN）进行有效融合，在解决 CNN 结构缺陷问题的同时，处理好复数数据的复数全连接卷积网络（Complex Fully Convolutional Networks，CFCNN）结构。

CFCNN 的结构如图 15.3 所示。

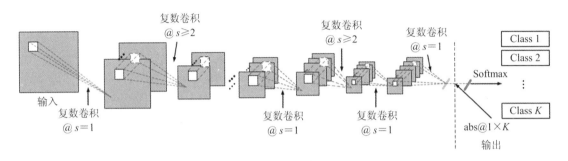

图 15.3　CFCNN 的结构

CFCNN 结构中包含输入层、输出层，同时还包括步长为 s 的卷积层的组合以及取模层。CCNN 的池化层在 CFCNN 中，用步长大于等于 2 的复数卷积层来替换。另外，CCNN 的复数全连接层在 CFCNN 中，用步长为 1 的复数卷积层替换。步长为 2 的复杂卷积层可以在不丢失特征位置信息的情况下完成池化层的降维。复杂卷积层的步长为 1，可以实现复杂全连接层的功能，避免了全连接层带来的问题。与 CCNN 和 FCNN 相比，CFCNN 不仅具有较高的网络性能，而且具有更好的鲁棒性。

15.3　复数轮廓波网络

深度卷积神经网络作为可直接处理图像块的一类前馈神经网络，可以引入像素空间相关性，进而减弱相干斑影响，提升遥感图像的分类精度。如果进一步将深度卷积神经网络延伸至复数域来进行运算，就可以充分使用遥感图像的相位信息，构造复数卷积神经网络。轮廓波变换通过不同尺度、不同方向的子带来对图像进行逼近，从而捕捉图像的内部几何结构，得到判别特征。以复数卷积神经网络为基础，通过引入轮廓波变换，进一步构造多尺度深度学习模型，能够有效地解决背景复杂的遥感图像分类问题。

15.3.1　复数轮廓波网络的原理描述

极化 SAR 图像通常表示为极化相干矩阵 T，包含丰富的幅度和相位信息。针对极化 SAR 图像的传统的特征提取方法均将极化相干矩阵 T 中的复数元素分为实部以及对应的虚部，然后分别对实部、虚部进行处理以得到最终的分类特征。这些特征提取方法没有利用复数极化 SAR 数据的相位信息，因而对于背景复杂的极化 SAR 图像，这些方法难以取得较高的分类精度。

将经典的深度卷积神经网络延拓至复数域，在复数域中重新定义卷积层、池化层、全连接层等的运算规则，如此构造得到的网络命名为复数卷积神经网络。把复数极化 SAR 数据作为整体用作复数卷积神经网络的输入直接进行运算，可充分利用极化 SAR 图像的相位信息，减少由复数域到实数域转化过程中的信息损失，增强网络的泛化能力。

复数轮廓波卷积神经网络的网络结构如图 15.4 所示。

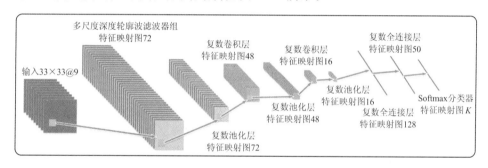

图 15.4　复数轮廓波卷积神经网络的网络结构

用非下采样轮廓波变换中的尺度滤波器和方向滤波器构造多尺度深度轮廓波滤波器组并替换复数卷积神经网络的第一个复数卷积层中随机初始化的滤波器，得到复数轮廓波卷积神经网络。该网络能够有效利用极化 SAR 图像包含的相位信息，并且提取具有多方向、多尺度、多分辨特性的判别特征。

复数轮廓波网络的主要工作如下：利用基于复数轮廓波卷积神经网络的遥感图像分类方法，可以在复数域上对深度卷积神经网络中的卷积层、下采样层、归一化层和全连接层的运算规则进行重新定义，进而得到复数卷积神经网络。利用多尺度深度轮廓波滤波器组来代替复数卷积神经网络中第一个复数卷积层中的滤波器，可以构造出多尺度深度学习模型，将其命名为复数轮廓波卷积神经网络。这个模型可以有效地提取出具有多方向、多尺度、多分辨的幅度特征、相位特征，进而提高遥感图像的分类精度。

15.3.2　复数域计算过程

将深度卷积神经网络从实数域向复数域延拓，各个模块的运算规则改进如下：

（1）复数域卷积。输入数据为复数形式，可写为 $x = a + \mathrm{i} \cdot b \in \mathbf{C}^{n \times m}$，卷积核定义为 $w = u + \mathrm{i} \cdot v \in \mathbf{C}^{u \times v}$。因此，对应于 x 与 w 的卷积计算式如下：

$$x * w = (a * u - b * v) = \mathrm{i} \cdot (a * v + b * u) \in \mathbf{C}^{(n-u+1) \times (m-v+1)} \tag{15.12}$$

其中，符号 i 是虚数单位。

（2）复数域非线性。假设复数域卷积计算后的输出为 $\Gamma = x * w + c$，复数域非线性函数 φ 与实数域上非线性函数的取法一致，但是需要针对数据的实部和虚部分别进行运算，计算式如下：

$$\varphi(\Gamma) = \varphi(\mathrm{Re}(\Gamma)) + \mathrm{i} \cdot \varphi(\mathrm{Im}(\Gamma)) \in \mathbf{C}^{(n-u+1) \times (m-v+1)} \tag{15.13}$$

（3）复数域池化。设卷积非线性处理得到的输出为 $\Omega = \varphi(\Gamma)$。复数域池化实际上类似于实数域的池化过程，但同样需要分别对实部和虚部进行操作，具体如下：

$$P = \mathrm{Maxpooling}(\mathrm{Re}(\Omega), r) + \mathrm{i} \cdot \mathrm{Maxpooling}(\mathrm{Im}(\Omega), r) \in \mathbf{C}^{n_1 \times n_2} \tag{15.14}$$

其中，r 是池化半径，Maxpooling 代表最大池化操作。根据上式，可得

$$\begin{cases} n_1 = \left\lfloor \dfrac{n - u + 1}{r} \right\rfloor \\ n_2 = \left\lfloor \dfrac{m - v + 1}{r} \right\rfloor \end{cases} \tag{15.15}$$

（4）复数域批量归一化。这里的归一化操作其实和实数域上的归一化方式是相同的，都通过加速计算并保持拓扑结构对应性。对 P 的实部和虚部进行归一化，可以写为

$$F = \mathrm{Normalization}(\mathrm{Re}(P)) + \mathrm{i} \cdot \mathrm{Normalization}(\mathrm{Im}(P)) \tag{15.16}$$

（5）复数域全连接。复数域批量归一化后的特征映射可以写成 $F \in \mathbf{C}^{M@n_S \times m_S}$。其中，$S$ 表示卷积流模块的个数，M 表示特征映射图的个数。当获得若干个卷积流处理后的特征映射之后，通常可以继续进行拉伸或向量化操作计算出相应的特征，接着利用全连接层进行进一步的处理。

（6）分类器设计。可以将输入的深层抽象特征的实部与虚部堆栈分别看作分类器的输入，从而构成实域上的特征，那么此时的网络输出就不用扩展为复域。在实域上进行 Softmax 分类器设计就可以实现图像的逐像素分类。

针对待分类极化 SAR 图像的地物特征，设定复数轮廓波卷积神经网络的结构为：输入层→多尺度深度轮廓波滤波器层→复数池化层→复数卷积层→复数池化层→复数卷积层→复数池化层→复数全连接层→复数全连接层→Softmax 分类器。

15.3.3　复数轮廓波卷积神经网络的参数设计

复数轮廓波卷积神经网络各层的参数如下：

- 输入层，特征映射图数目为 18；
- 第 1 层，多尺度深度轮廓波滤波器层，特征映射图数目为 72；
- 第 2 层，复数池化层，池化半径为 2；
- 第 3 层，复数卷积层，特征映射图数目为 48，滤波器尺寸为 4；
- 第 4 层，复数池化层，池化半径为 2；
- 第 5 层，复数卷积层，特征映射图数目为 16，滤波器尺寸为 4；
- 第 6 层，复数池化层，池化半径为 2；
- 第 7 层，复数全连接层，特征映射图数目为 128；
- 第 8 层，复数全连接层，特征映射图数目为 50；
- 第 9 层，Softmax 分类器，特征映射图数目为 K。

复数轮廓波卷积神经网络中多尺度深度轮廓波滤波器组的滤波器值是固定的，在网络训练过程中不需要反向传播修改滤波器值，可以减弱复数卷积层中交叉运算导致的计算复杂度提高的影响。且该滤波器组继承了非下采样轮廓波变换的非下采样特性，卷积运算不会改变输入图像块的大小，能够保持极化 SAR 图像的旋转不变性。

15.4　半监督复值 GAN 网络

极化合成孔径雷达(PolSAR)图像广泛应用于灾害探测、军事侦察等领域，但也存在标记数据不足、数据信息利用不足等问题。一种复值生成对抗网络(GAN)可以用来解决这些问题。模型的复数形式符合 PolSAR 数据的物理机制，有利于利用和保留 PolSAR 数据的幅度、相位信息。将 GAN 体系结构与半监督学习结合起来，解决了标记数据不足的问题。GAN 扩展了训练数据，利用半监督学习对生成的、有标记的和未标记的数据进行训练。在两个基准数据集上的实验结果表明，该模型优于现有的最先进的模型，特别是在标记数据较少的情况下。

半监督复值 GAN 网络的网络结构如图 15.5 所示。一般实值 GAN 生成的数据在特征和分布上与 PolSAR 数据不同。因此，可以将实值 GAN 扩展到复数域。半监督复值 GAN 网络由复值生成器和复值判别器组成，包括复值全连接(CFC)、复值反卷积(CDe Conv)、复值卷积(CConv)、复值激活函数(CA)和复值批处理归一化(CBN)。此外，复值网络还充分利用了 PolSAR 数据的幅值和相位特征。

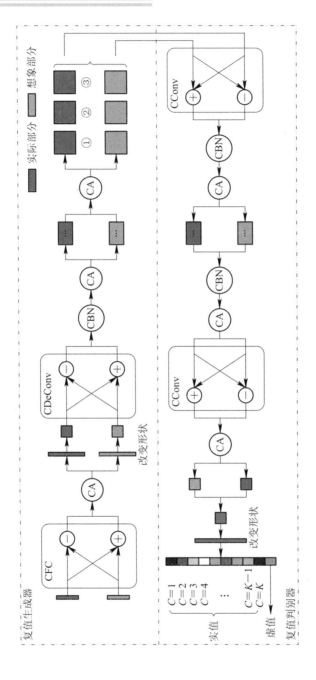

图 15.5 半监督复值 GAN 网络的网络结构

在复值生成器中，经过一系列的复值运算，将两个随机生成的向量转换成与 PolSAR 数据具有相同形状和分布的复值矩阵。

在复值判别器中，可以利用复值运算来提取一对形式的完整复值特征。然后，将最后一个特征的实部和虚部连接到实域进行最终分类。

在模型训练中，利用生成的假数据、有标记的实际数据和未标记的实际数据，通过半监督学习对该复值 GAN 进行交替训练，直到网络能够有效识别输入数据的真实性，实现正确的分类。

15.5　复数 Transformer 网络

虽然近年来深度学习在各个领域都受到了极大的关注，但主要的深度学习模型几乎都不使用复数。然而，语音、信号和音频数据在经过傅里叶变换后自然是复数，并且有研究表明，复杂网络具有更丰富的潜在表示。因此，研究者们提出了一个复数 Transformer 网络，将 Transformer 模型作为序列建模的主干，还开发了复杂输入的注意和编、解码器网络。该模型在 MusicNet 数据集上实现了最先进的性能。

复数编码器由六个相同的堆栈组成，每个堆栈有两个子层。第一个子层为复数注意力层，第二个子层为复值前馈网络。两个子层都有残差连接和层标准化结构。在编码器的剩余连接之前，研究者们采用了层标准化方法。

复数解码器也由六个相同的堆栈组成，每个堆栈有三个子层：复数注意力层、复数前馈网络和另一个复数注意力层。第一个复数注意力层与附加的对角线蒙版相结合。第二个复数注意力层将在编码表征和解码器输入上执行。

在模型中，研究者们提出了复数注意力机制模块。给定复数 $x = a + \mathrm{i} \cdot b$，研究者们想要实现不同时间步长的高维信息同步处理。因此，可以计算出查询矩阵 $\boldsymbol{Q} = \boldsymbol{X}\boldsymbol{W}_Q$，关键矩阵 $\boldsymbol{K} = \boldsymbol{X}\boldsymbol{W}_K$，值矩阵 $\boldsymbol{V} = \boldsymbol{X}\boldsymbol{W}_V$（其中 $\boldsymbol{Q}$、$\boldsymbol{K}$、$\boldsymbol{V}$ 均为复值）。定义复数注意力模块的运算公式如下：

$$\boldsymbol{Q}\boldsymbol{K}^{\mathrm{T}}\boldsymbol{V} = (\boldsymbol{X}\boldsymbol{W}_Q)(\boldsymbol{X}\boldsymbol{W}_K)^{\mathrm{T}}(\boldsymbol{X}\boldsymbol{W}_V) = \boldsymbol{A}' + \mathrm{i}\boldsymbol{B}' \tag{15.17}$$

其中，$\boldsymbol{A}'$ 和 $\boldsymbol{B}'$ 分别指代的是复数注意力模块中的实数和虚数部分。

复数 Transformer 网络的网络结构如图 15.6 所示。

由图 15.6 可以看出，复数编码、复数解码以及复数注意力机制模块被有效地与 Transformer 网络结构相结合，这就启发着我们思考与探索：复数结构及其优良特性是否能够与最新的网络结构不断结合，从而实现更好的效果？

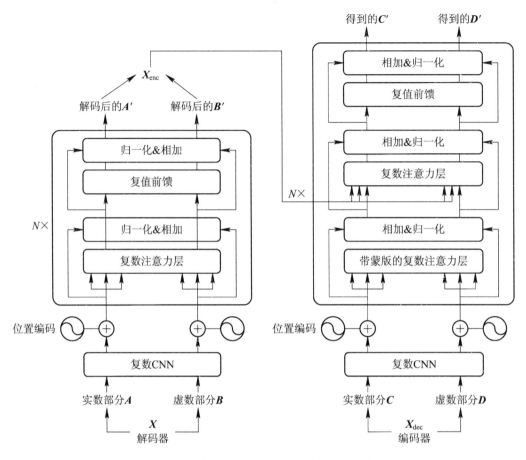

图 15.6　复数 Transformer 网络的网络结构

本 章 小 结

　　本章着眼于复数信息与实数神经网络的区别，分别对深度复数神经网络、复数的卷积神经网络、复数的轮廓波网络、半监督复值 GAN 网络和复数 Transformer 网络的结构和表征计算过程进行了理论说明。

　　分析可知，复数运算过程可被用于提升卷积神经网络、轮廓波网络、半监督 GAN 网络和 Transformer 网络的效果，其表征、卷积、可微性、激活、批归一化、权重初始化、非线性、池化、编码、解码、注意力机制等表征、计算、学习过程均能在复数的参与下获得很好

的性能提升。因此，基于复数计算机制的表征与学习将成为未来的重点研究方向，并在多
种网络结构中发挥重要作用。

本章参考文献

[1]　TRABELSI C, BILANIUK O, ZHANG Y, et al. Deep complex networks[J]. arxiv preprint arxiv:
1705.09792, 2017.

[2]　HIROSE A, YOSHIDA S. Generalization characteristics of complex-valued feedforward neural
networks in relation to signal coherence[J]. IEEE Transactions on Neural Networks and learning
systems, 2012, 23(4): 541 - 551.

[3]　KRIZHEVSKY A, SUTSKEVER I, HINTON G E. Imagenet classification with deep convolutional
neural networks[J]. Communications of the AMC, 2017, 60(6): 84 - 90.

[4]　ARJOVSKY M, SHAH A, BENGIO Y. Unitary evolution recurrent neural networks [C]//
International conference on machine learning. PMLR, 2016: 1120 - 1128.

[5]　GUBERMAN N. On complex valued convolutional neural networks[J]. arxiv preprint arxiv: 1602.
09046, 2016.

[6]　IOFFE S, SZEGEDY C. Batch normalization: Accelerating deep network training by reducing internal
covariate shift[C]//International conference on machine learning. pmlr, 2015: 448 - 456.

[7]　GLOROT X, BENGIO Y. Understanding the difficulty of training deep feedforward neural networks
[C]//Proceedings of the thirteenth international conference on artificial intelligence and statistics.
JMLR Workshop and Conference Proceedings, 2010: 249 - 256.

[8]　HE K, ZHANG X, REN S, et al. Delving deep into rectifiers: Surpassing human-level performance
on imagenet classification[C]//Proceedings of the IEEE international conference on computer vision.
2015: 1026 - 1034.

[9]　ZHANG Z, WANG H, XU F, et al. Complex-valued convolutional neural network and its application
in polarimetric SAR image classification[J]. IEEE Transactions on Geoscience and Remote Sensing,
2017, 55(12): 7177 - 7188.

[10]　SHANG R, WANG G, A. OKOTH M, et al. Complex-valued convolutional autoencoder and
spatial pixel-squares refinement for polarimetric SAR image classification[J]. Remote Sensing,
2019, 11(5): 522.

[11]　SUN Q, LI X, LI L, et al. Semi-supervised complex-valued GAN for polarimetric SAR image
classification [C]//IGARSS 2019 - 2019 IEEE International Geoscience and Remote Sensing
Symposium. IEEE, 2019: 3245 - 3248.

[12]　COGSWELL M, AHMED F, GIRSHICK R, et al. Reducing overfitting in deep networks by

decorrelating representations[J]. arxiv preprint arxiv：1511.06068，2015.

[13] SRIVASTAVA N，HINTON G，KRIZHEVSKY A，et al. Dropout：a simple way to prevent neural networks from overfitting[J]. The journal of machine learning research，2014，15(1)：1929 - 1958.

[14] 胡跃红. 基于复数全卷积神经网络和卷积自编码器的 SAR 目标分类[D]. 赣州：江西理工大学. 2020.

[15] 马丽媛. 基于深度轮廓波卷积神经网络的遥感图像地物分类[D]. 西安：西安电子科技大学. 2017.

[16] LI L，MA L，JIAO L，et al. Complex contourlet-CNN for polarimetric SAR image classification[J]. Pattern Recognition，2020，100：107 - 110.

[17] YANG M，MA M Q，LI D，et al. Complex transformer：A framework for modeling complex-valued sequence[C]//ICASSP 2020 - 2020 IEEE International Conference on Acoustics，Speech and Signal Processing (ICASSP). IEEE，2020：4232 - 4236.

第 16 章　公开问题与潜在方向

本章将对本书中给出的多尺度稀疏深度网络理论及其应用的公开问题进行总结，并给出未来的潜在研究方向展望。

16.1　多尺度稀疏深度学习的公开问题

随着深度学习在诸多应用领域不断地取得成功，其应用成果也直观地影响着人们对以深度学习为核心要素的人工智能有了更新的认知与理解，但这些应用成果背后的深度学习理论研究仍举步维艰。

当前，无论是工程应用还是理论分析，与稀疏深度学习相关的研究已经越来越多。特别是随着稀疏特性融入网络的方式呈现多样性，稀疏深度学习这一有效的计算模式在实践应用中取得了显著的效果，但仍有许多的研究难点。从网络的架构、模型的优化以及模型的压缩等角度来看，稀疏深度学习的研究难点包括以下六个方面：一是沿用经典的堆栈思维，由浅层可解释性模型构建的深度可解释性模型通常可满足较好的可解释性，但模型的可微性与稳定性较差，并且在一些复杂的视觉任务上，其泛化性能若要媲美深度可微分系统仍需要质的提升；二是稀疏深度学习仍采用以误差反向传播为思想的梯度下降策略更新网络的参数，虽然一些优化技巧可以缓解梯度消失问题，但从本质上来看，设计避免局部极值和鞍点的高效优化算法仍是有待解决的难题；三是稀疏性虽然有助于深度网络的压缩，但如何利用稀疏深度学习来进一步探索过拟合缺失问题的本质，是目前研究的一个难点；四是在深度学习模型中嵌入稀疏性的方式种类繁多，虽然模型的稀疏化有诸多优点，但是过度的稀疏性也常会导致模型的稳定性变差，进而导致网络的泛化性能降低，如何合理地在深度学习模型中引入稀疏性以解决网络模型的稳定性问题是研究的难点之一；五是如何利用稀疏深度学习中隐层输出的稀疏特征的特性(如衰减特性)来分析网络的泛化性能以及鲁棒性成为有待解决的难题；六是随着网络层级的加深，用于重构任务的有效信息不断地丢失或被遗弃，如何设计一个用于分解重构任务的稀疏深度学习模型是目前的研究难点之一。

当利用稀疏理论对多尺度深度网络结构及理论进行进一步的探索时，研究者们发现，多尺度基函数所固有的稀疏属性往往会给网络的表征与学习过程起到正向积极的作用，使得表征过程更加合理、学习过程更加充分。但是在多尺度深度网络理论及其应用的不断发展过程中，也存在着较明显的问题。多尺度深度学习及其表征过程的研究公开问题包括以下三个方面：一是多尺度基函数及多尺度特征的选择，众所周知，多种不同的多尺度基函数在被结合进神经网络时能实现完全不同的表征与学习过程，那么选择最适合当前任务和数据的多尺度特征及基函数就尤为重要；二是可解释性，多尺度基函数或者网络结构由于其固有的良好的表征特性、方向性、相位信息等，往往能够提升深度神经网络的性能，但是这一过程目前缺乏成熟的数学推理及可解释性理论依据；三是在多尺度表征与神经网络学习具体的结合过程中，网络结构、多尺度连接、特征融合等方面目前还没有统一的架构，需要研究者们逐步探索。

16.2　多尺度稀疏深度学习的潜在方向

本书通过研究深度学习系统与稀疏性之间的关系，详细介绍了六种特定机制下的典型稀疏深度神经网络模型。另外，本书对多尺度几何逼近与表征过程进行了较为详细的介绍，同时对近年已研究成熟的部分深度多尺度网络进行了具体的分析与介绍。但考虑到深度学习稀疏系统与多尺度表征过程的复杂多样性，我们认为还应从以下几个方面进行更深层次的研究。

16.2.1　稀疏机制与深度学习的潜在方向

1. 数据稀疏机制

通常，相同类型的样本具有不同的背景样式、不同的空间逻辑关系或者不一致的分辨率等，这些特性或关系严重地影响着深度学习系统的泛化特性。与深度学习不同，数据学习强调的是训练样本中目标的同一性，即处理前后的样本中的目标的信息应该一致。另外，数据学习的内容也涵盖样本的稀疏筛选机制，即通过计量逻辑对每一个待处理样本的质量进行量化与评估。

2. 组合机制

相比传统的深度学习模型，组合模型具有许多理想的特性。但是，学习组合模型是很困难的，它需要构建核心模块和规则库，可以说，最严峻的挑战是开发能够应对组合机制的算法。研究人员需要在越来越现实的条件下处理越来越复杂的视觉任务。虽然深度网络肯定是解决方案的一部分，但我们认为还需要包含组合原则和因果模型的补充方法，以捕捉样本中目标的基本结构或空间逻辑关系等。就本书中给出的多种稀疏网络结构，在后续研究过程中可以演变出无数种结合与改进方向。此外，面对组合爆炸，我们需要重新思考如何训练和评估视觉算法。

3. 安全性问题

随着理论认识的不断深入，应用深度学习技术来解决不同领域所出现的问题成为当下的研究热点。深度学习模型已经被证明很容易受到数据中难以察觉的扰动，这些扰动会欺骗模型做出错误的预测或分类。随着对大型数据集的依赖越来越大，人工智能系统需要防范此类攻击数据。尽管深度学习技术在众多领域表现出众，特别是在计算机视觉领域，出现了无人驾驶、人脸识别等技术，能够通过深度学习模型自动识别人脸、路标等图像，但是，伴随着深度学习应用范围与领域的不断扩大，它在面对对抗样本时，也暴露出了其内在的缺陷。但是，有攻必有防，从安全性角度来审视现有的深度学习系统，构建强有力的编码与解码系统仍任重道远，如解决或加密应用深度学习技术过程中所出现的系统不稳定、对抗性补丁问题、安全编码问题等，否则人工智能仍缺乏可靠性，犹如沙滩建别墅，看似富丽堂皇，实则充满危险。因此，面对深度系统的安全性问题，我们需要结合数学理论与深度学习理论，进行合理的探究。

4. 深度学习中的注意力机制

视觉注意力机制是人类视觉所特有的大脑信号处理机制。人类视觉通过快速扫描全局图像，获得需要重点关注的目标区域，也就是所谓的注意力焦点，然后对这一区域投入更多的注意力资源，以获取更多所需要关注目标的细节信息，从而抑制其他无用信息。这是人类利用有限的注意力资源从大量信息中快速筛选出高价值信息的手段，是人类在长期进化中形成的一种生存机制。人类视觉注意力机制极大地提高了视觉信息处理的效率与准确性。深度学习中的注意力机制借鉴了人类的注意力思维方式，被广泛地应用在自然语言处理、图像分类及语音识别等不同类型的深度学习任务中，并取得了显著的成果。因此，注意力机制的原理是深度学习中的研究重点。

5. 深度学习应对小数据大任务问题

尽管深度学习取得了重大进展，但人们对人工神经网络拓扑与性能的对应关系仍然缺少理论上的认知，网络拓扑选择目前还是一项工程技术而并没有成为一门科学。这直接导致了现有深度学习多半是缺少理论基础的启发式方法。深度网络模型设计难、解释难、结果不可预知，已成为深度学习公认的缺憾。众所周知，深度学习是一种标准的数据驱动型方法，它将深度网络作为黑箱，依赖大量数据，而模型驱动方法则是从目标、机理、先验出发首先形成学习的一个代价函数，然后通过极小化代价函数来解决问题。模型驱动方法的最大优点是只要模型足够精确，解的质量就可达预期效果甚至最优，而且求解方法是确定的，但缺陷是在应用中难以精确建模，而且对建模的精确性追求通常只是一种奢望。模型驱动深度学习方法有效结合了模型驱动和数据驱动方法的优势，以实现小数据大任务的识别认知模式。

16.2.2 多尺度学习表征的潜在方向

1. 选择与融合方法

就基函数选择而言，本书证明了多尺度几何基函数是特征表示学习的良好工具。不同种类的基函数都有各自的优点。受此启发，在未来的工作中可以确定多个几何基函数，以便更好地表示。选择聚合的最佳几何基函数仍有待研究。这种聚合可以是纯手工的，也可以由神经网络自主实现。就特征选择而言，随着多尺度表示技术的快速发展，特征提取不再是一个研究瓶颈。找到最稀疏、最有效的特征也是一个重要的探索方向。就融合方法而言，对于多尺度几何结构或网络获取的多尺度特征，不同的融合方法直接决定了分类性能。叠加、调整大小、添加等策略值得思考，需要建立一个完整的特征融合系统。

2. 自适应结构设计

就自适应滤波器设计而言，对于复杂多变的数据集，预定义的多尺度滤波器是否自适应影响着多尺度表示学习过程的质量。例如，几种多分辨率分析工具(小波、曲线波、剪切波、轮廓波等)都显示出了出色的特征表示能力。但是，预定义的参数可能会导致适应性不足。就自适应调整而言，多尺度表征学习应该是简单有效的。在此前提下，我们应该提出一个微调方案，以提高所选特征对每个特定问题的适应度和敏感性。就自适应尺度而言，在多尺度几何变换的实际操作中，通常通过经验来确定最优的预设尺度。因此，未来的工作可能集中在开发一种自适应和自动的方法来搜索最优尺度。另外，方法的自适应组合也是值得关注的方向。调查结果表明，多尺度几何分析工具和网络已经成熟，能够很好地完成分类任务。自适应地结合最新的多尺度工具或网络进行更好的表征学习，可以是一个划时代的创新。

3. 数据结构与网络结构

就数据结构而言，对于大量未标注的数据，对场景或图像进行人工标注非常耗时。研究人员正在试图寻找一种弱监督或无监督的方法来提高注释效率。未来，多尺度几何分析可能成为对数据集进行分区或注释的有效工具。同时，更重要的数据也可以提前突出显示。另外，就功能结构而言，一个合理高效的特征结构无疑决定了算法的性能。通过多尺度分析或网络得到的高维特征和低维特征需要很好地结合起来，充分利用它们的潜力。在多尺度表征学习中，适当的特征结构可能会产生意想不到的效果。对于网络结构，将多尺度几何表示与网络结合，可以构造出更合适的综合网络。网络融合及其构建方法仍值得研究。

4. 泛化理论

就网络的泛化而言，在未来的工作中，我们需要考虑如何提高多尺度结构的泛化能力和鲁棒性。泛化能力决定了未来的发展前景。就目前较火的可解释的证明和数学系统而言，多尺度几何分析和网络的良好性能已被证明，但多尺度表示学习的可解释性仍有待进一步研究。同时，我们强烈希望研究者在未来能够提出一个统一完整的数学体系来涵盖多尺度学习和表示理论。

本 章 小 结

本章首先对多尺度稀疏深度学习的公开问题进行了具体的分析，接着基于这些公开问题给出了稀疏机制、深度学习和多尺度表征过程相关的潜在研究方向。这些潜在研究方向包括：数据稀疏机制、组合机制、安全性问题、深度学习中的注意力机制、深度学习应对小数据大任务问题、选择与融合方法、自适应结构设计、数据结构与网络结构以及泛化理论。

本章参考文献

[1]　赵进. 稀疏深度学习理论与应用[D]. 西安：西安电子科技大学，2019.

[2]　JIAO L，GAO J，LIU X，et al. Multiscale representation learning for image classification：A survey[J]. IEEE Transactions on Artificial Intelligence，2021，4(1)：23 – 43.